谨以本书献给所有参加雷州青年运河建库开河的亲历者，

并向他们致以崇高的敬意！

雷州青年运河建库开河亲历者口述史

林　兴　编著

暨南大學出版社
JINAN UNIVERSITY PRESS

中国·广州

图书在版编目（CIP）数据

雷州青年运河建库开河亲历者口述史 / 林兴编著. 广州 : 暨南大学出版社, 2024. 12.

ISBN 978-7-5668-4014-1

Ⅰ. TV882.865.3

中国国家版本馆 CIP 数据核字第 2024AW2696 号

雷州青年运河建库开河亲历者口述史

LEIZHOU QINGNIAN YUNHE JIANKU KAIHE QINLIZHE KOUSHUSHI

编著者：林　兴

出 版 人：阳　翼
策　　划：武艳飞
责任编辑：王莎莎
责任校对：许碧雅　陈慧妍
责任印制：周一丹　郑玉婷

出版发行：暨南大学出版社（511434）
电　　话：总编室（8620）31105261
　　　　　营销部（8620）37331682　37331689
传　　真：（8620）31105289（办公室）　37331684（营销部）
网　　址：http：//www. jnupress. com
排　　版：广州良弓广告有限公司
印　　刷：佛山市浩文彩色印刷有限公司
开　　本：787mm × 1092mm　1/16
印　　张：23. 5
字　　数：355 千
版　　次：2024 年 12 月第 1 版
印　　次：2024 年 12 月第 1 次
定　　价：89. 80 元

粤西通讯

中共湛江地方委员会作出决定

兴建雷州半島青年运河

1958 年 5 月 15 日，中共湛江地委作出《关于兴建雷州半岛青年运河的决定》（建库开河纪念馆藏资料）

國務院獎狀

獎給農業社會主義建設先進單位

廣東省雷州半島青年運河工程

總理 周恩来

一九五八年十二月　　日

1958 年 12 月，雷州半岛青年运河工程荣获农业社会主义建设先进单位称号（建库开河纪念馆藏资料）

人民日报图文数据库（1946-2019）

1960年4月13日
星期三

请输入关键词　检索

17.人民日报 1960.04.13 第11版

雷州半岛江水倒流　　赵光炬代表谈青年运河的修建

我完全拥护两位李副总理所作的报告，并坚决贯彻执行。

这里我把广东青年运河修建的经过情况向大会做个简单汇报。雷州半岛广大人民群众在党的社会主义建设总路线的光辉照耀下，发挥了人民公社的无比优越性和强大的生命力，坚持了大跃进，因而创造了开天辟地的、前人不敢想像的业迹。

雷州半岛在我国大陆的最南端，地处亚热带。是我国热带、亚热带植物种植的基地之一。解放后，经过十年的种植实践证明：海南岛可以种植的大部分热带、亚热带植物，如橡胶、咖啡、椰子等，在这里也完全可以种植而有收获，雷州半岛的土地面积很大，据统计可耕地面积最少有五百万亩。但是，这样一个种植热带、亚热带植物的理想基地，过去由于干旱未有解决，所以很多可耕地未曾开发（占可耕地６０％），二百三十多万亩的农田也经常

1960 年 4 月 7 日，赵光炬代表在全国人民代表大会上汇报雷州青年运河建设情况

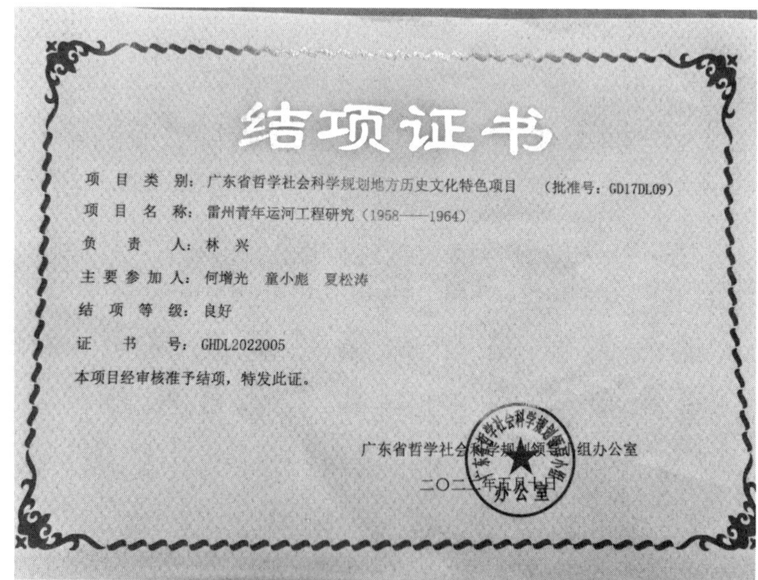

结项证书

项目类别：广东省哲学社会科学规划地方历史文化特色项目　（批准号：GD17DL09）

项目名称：雷州青年运河工程研究（1958——1964）

负责人：林兴

主要参加人：何增光　童小彪　夏松涛

结项等级：良好

证书号：GHDL2022005

本项目经审核准予结项，特发此证。

广东省哲学社会科学规划领导小组办公室

二〇二二年五月十日

广东省哲学社会科学规划地方历史文化特色项目“雷州青年运河工程研究（1958—1964）”结项证书

内容简介

本书是2017年广东省哲学社会科学规划地方历史文化特色项目“雷州青年运河工程研究（1958—1964）”（批准号：GD17DL09；证书号：GHDL2022005；结项等级：良好）的部分研究成果，内容由34名建库开河亲历者口述和近400个注释组成，是国内第一本关于雷州青年运河建库开河亲历者口述史的书籍。

本书的口述者来自湛江各市县的10多个乡镇，建库开河期间，他们的身份是党支部书记、团支部书记、民工营长、连长、排长、工地记者、工具厂长、技术人员、施工员、统计员、宣传员、机械管理员、泥水匠、事务长、护士、保健员、普通民工、教师、学生、移民等。

他们从宣传动员、调兵遣将、物资押运、排工领料、设备管理、统计规划、拖料搭棚、开路搭桥、钻探土质、清基铲草、淘砂筛石、缝衣做饭、伐木烧炭、拖树锯木、装药爆破、偷岩取土、挖沟开渠、采卸石头、砌石护坡、拉车挑担、打桩砸硪、围堰截流、筑坝抢险、吹号放哨、保健护理等角度，讲述建库开河期间的思想动态、心理感受、遣派抽调、民工管理、起居饮食、制造工具、建库开河、险情预报、突击冲锋、竞赛挑战、工地保卫、立功受奖、入党入团、文化娱乐、迁移安置、带水还乡等200多个碎片化故事。

本书具有通俗性、学术性特点，大量引用原始档案、工地报纸等第一手资料，具有较高的史料价值。

出版说明

由于雷州青年运河建库开河期间变化因素多，为了便于本书的阅读，特做几点说明：

（1）关于雷州青年运河名称变化问题。该运河前期叫雷州半岛青年运河，后期叫雷州青年运河，建库开河亲历者在口述时，两个名称都有使用。本书在相应时期使用相应名称。

（2）关于雷州青年运河建库开河分期施工问题。分为库渠同时施工时期、库区全面施工时期、运河北段施工时期、运河南段全面施工时期、运河配套工程施工时期。本书口述内容主要集中在第二至第四期。

（3）关于民工组织机构问题。施工时期不同，组织机构名称不同，按照上述施工时期，以公社（现为乡镇）为单位，相继出现民工社（中队）、民工团、民工大队、民工纵队。因建库开河年月已久，亲历者记忆模糊，讲述民工团居多，故本书不做区分。

（4）关于民工参加建库开河时间问题。雷州青年运河工程于 1958 年 6 月 1 日动工，1960 年 5 月 14 日主河全线放水，施工历时 23 个月 13 天，并非所有的建库开河亲历者全程参与。本书口述者参加建库开河时间长短不一，有的全程参与，有的仅参加其中某个时期的施工，甚至仅参加一个月的抢险。因此，他们讲述的仅是自己的经历。

（5）关于民工粮食供应问题。建库开河期间，民工粮食供应分自带口粮和国家补助、国家供应，国家供应又分按人数供应和按土方等供应。本书的建库开河亲历者在口述时对粮食供应可能会有不同感受。

（6）本书方言使用问题。建库开河亲历者使用雷州话、白话、涯话进行口述，笔者在整理时尽量保留方言、口语，确保口述内容的原汁原味。

（7）本书内容生成问题。本书虽为口述史，但并非建库开河亲历者口述资料的简单记录，是笔者在忠于口述内容的前提下进行的二次创作。部分整理内容已经口述者或其后人审阅。

（8）关于口述者身份问题。笔者根据口述者本身明显的共性加以分类，分为8个部分：留住记忆，口述者为国家企事业单位工作人员；功臣模范，口述者为建库开河期间的模范；守护健康，口述者为工地卫生人员；人生转折，口述者在建库开河期间掌握相关技能，因而改变了个人生活；特殊工种，口述者在建库开河期间从事特殊工作；填筑堤坝，口述者在建库开河期间主要从事土方工作；师生抢险，口述者为支援鹤地水库抢险的师生；遥思故乡，口述者为定居遂溪的鹤地水库移民。他们因身份、思想认识、年龄、所在组织、参加建库开河时间、施工工段、从事的工种不同，对建库开河的感受不同。

（9）关于人名、村庄名称问题。人名存在一音多字的现象，早期采访建库开河亲历者时，未对照身份证件核对名字，现个别无法核对的按音写出，脚注说明。建库开河亲历者提到别人的名字时，不宜署真名的，用化名，称呼昵称、绰号的给予保留。村庄名称，有的村庄既是自然村又是建制村，建库开河时，建制村又存在乡、社、生产大队、营等称呼；几个村庄地理位置相近、名称相似，如百桔、百桔仔、百桔埇，建库开河亲历者讲述时可能无法区分，只做概述。能考订的，根据工地报纸、档案资料、地方志进行考证，否则保留口述者口述时的称谓。

（10）关于注释中的档案编号问题。引自雷州青年运河管理局档案，由档案室编号，按案卷号、顺序号和页码标注。如标注“53－6－39”档案，即案卷号53，顺序号6，页码39。有少数档案没有编号，仅标明雷州青年运河管理局档案室藏。

（11）关于照片署名问题。本书中使用的照片，大多由口述历史团队拍摄，不再一一署名，个别由他人拍摄者单独署名。

序

一

冬日的书桌上，摆放着30余万字的《雷州青年运河建库开河亲历者口述史》书稿，作者是岭南师范学院的林兴先生。一年前，他嘱托我为该书作序。承蒙他信任，却迟迟难以落笔，因怕轻慢了当年建库开河的30余万建设者。

雷州青年运河工程（含鹤地水库）从1958年开工到1964年竣工，动员人数达30多万，地域横跨两省三市十县区（市）。至今这个水利工程仍在发挥防汛抗旱、灌溉农田的效用。举世闻名的苏伊士运河总长173公里，数十万人花了整整10年时间建成。总长81公里的巴拿马运河先后花了近40年才建成，而湛江人民仅用3年时间，依靠人力和手工建成了时为中国十大水库之一的鹤地水库和规模巨大的雷州青年运河主干渠。这是湛江人民汗水和智慧的结晶，是中国共产党领导下自力更生创造的人间奇迹。只是随着岁月流逝，雷州青年运河的修建历史渐被时光湮没。2015年，林兴指导学生做了“雷州青年运河历史认知”专题调查，发现湛江当地的新生代及新移民对当年建库开河的历史几乎一无所知，甚或以为雷州青年运河作为湛江400多万居民的“母亲河”纯属大自然的杰作。进入新时代，红色精神谱系的发掘与研究日渐受到重视，河南林州的红旗渠作为自力更生时代的典范水利工程已经备受推崇，相较而言，雷州青年运河的建库开河历史却鲜为人知。

我首次知晓鹤地水库与雷州青年运河是因阅读林兴所撰的口述史论文。林兴从事建库开河亲历者口述历史的研究受其母亲的影响颇巨，其母亲沈玉英女士是建库开河的亲历者。林兴回忆说："2011 年，我带母亲到鹤地水库游玩。在鹤地水库建设工程指挥部旧址门前，母亲上前抚摸大石碾，笑着说：'想不到有生之年还能来到鹤地！'在展览室里，她踱着步，盯着一幅幅旧照片，自言自语地讲起偷岩取土、锁江截流、突击抢险、筑坝修库等情景，听得我目瞪口呆。因为母亲无论是爬丹霞、游漓江，还是登天安门城楼，都是只观不语。她的主动讲述使我突然想到：古稀之年的母亲务农一辈子，鹤地经历发生在五十多年前，且只有一年多，占其人生七十五分之一，却能触发她内心记忆。"母亲异乎寻常的反应诱发了林兴的好奇心，他的这本书中已收录了他对母亲的访谈记录。他还想知道，与母亲同时代的人对建库开河有没有同样的感慨呢？

2015 年，雷州青年运河管理局在鹤地水库着手筹建建库开河纪念馆，征集到 1.3 万多名亲历者的亲笔签名，准备把他们的名字烙印在纪念馆外的群英万寿墙上。林兴当时刚看完《我的抗战》，这本书是由以抗战老兵口述为底色的同名纪录片解说词编辑而成。我为这部纪录片做过历史顾问，也为《我的抗战》写过序。后来到北京参加《我的抗战》新书发布会，听到崔永元对口述历史的阐述，颇受启发。巧的是，《我的抗战》也让林兴对口述史产生浓厚兴趣并心生顿悟，他意识到寻访建库开河亲历者就是研究建库开河史最好的切入点，因为这些亲历者是雷州青年运河建库开河的"活历史"，可以通过访谈他们，形成口述史料，用来研究建库开河史。

从 2015 年起，讷于言而敏于行的林兴开始寻找建库开河亲历者进行访谈。最初只是他个人的自发行为，没有经验，没有经费，没有助手，遭遇重重困难，包括可供采访的亲历者也难以寻觅。最初他只能借助《雷州青年运河·鹤地水库建库开河签名录》所记载的数十位建库开河亲历者联系方式按图索骥，但收效甚微。

和抗战老兵口述史、抗美援朝口述史等口述项目一样，雷州青年运河建库开河口述史属于极有价值但却错过访谈黄金期的口述项目，作为采访人只能只争朝夕，和时间赛跑，进行着近乎终极性的记忆抢救。正如大英图书馆口述史馆馆长罗伯特·珀克斯（Robert Perks）所言，一个睿智老人的死亡带走的是一部历史。建库开河始于1958年，距项目开始的2015年已近一个甲子。书中访谈的最年轻的亲历者是当年只有15岁的鹤地水库工地民工杨炎，而年龄最大的已有95岁高龄。林兴深知自己单枪匹马难以奏效，便于2015年着手组建以大学生为主体的团队，利用周末或寒暑假，辗转于遂溪、廉江、雷州等地的乡村角落进行寻访和口述访谈，一直延续至今。

二

口述史的特点之一就是入门容易，然而想要做出专业水准的口述成果却相当困难。考虑到雷州青年运河建库开河亲历者群体已到了古稀、耄耋之年，口述工作更是难上加难。难在70岁以上的老人记忆力严重衰退，大量细节已遗忘，采访人不主动提示，老人可能根本想不起来；难在事件发生的年代过于久远，采访人若不事先踏实做好功课，访谈时不得要领，就很可能深入宝山却所获甚微；难在采访人若不懂得与受访人沟通情感，受访人就会怀有各种顾虑，难以畅所欲言；难在访谈工具造成的障碍，比如访谈时使用摄像机就容易诱发受访人心理紧张，讲述稍涉敏感性的话题就会自我过滤；当然也难在受访人的心境容易随时代的情境而变化，致使讲述的侧重点有所改变，甚至投采访人所好而重新建构，导致回忆失去历史的本真。

在口述访谈工作开展之初，林兴就遭遇过“电话打通没人接、来到村口家难寻、进门老人不愿讲、话不投机半句多”的尴尬局面。他化解上述困难的方法之一，就是尝试通过朋辈、同学和学生，寻找相识的亲历者。这个做法受《黄河边的中国》的影响，作者曹锦清称进入田野调查最有效的办法是“沿着私人的亲情朋友关系网络进入现场”。通过亲友、学生寻觅到的亲历者因彼此已经建立了信任关系，访谈时能够敞开心扉，讲述其建库开河期间的劳动与生活、心理与感受等。这个操作方法把握住了中国是熟人社会的特性，和西方口述访谈注重双方权利、义务的契约差异明显，但不失为因地制宜的变通之法，且收效显著。

真实是史学的第一生命。口述史自诞生以来，记忆的真实性就引发了各种质疑并被广泛讨论。做好雷州青年运河建库开河亲历者口述项目更非易事，需要采访人具备一些基本素养，如果对中国水利文化、中国近现代史、中共党史、新中国史缺乏起码的知识，对口述文本、文献档案的处理缺少方法，不知道口述史的操作规范，未掌握口述访谈资料整理方法与基于口述史料的调研报告写作方法，那口述访谈的质量就难以保证。比如，整理过的口述文本应该尽量保持口述回忆的原貌，尽量保留一切有价值的资料，尽量保持受访人叙述的个人语言风格。

作为大学思政课教师，林兴治学严谨又勇于创新。他深切体认到雷州青年运河建库开河亲历者口述项目的政治与学术双重价值，作为亲历者的后人又对这个项目怀有特殊的情感。他主持的口述访谈工作质与量俱佳。因为访谈时双方情感融洽，采访人发问合宜，能切中要害，所以亲历者讲述时才能没有心理隔阂，而且他们非常珍惜这个难得的机会。中国共产党早期领导人瞿秋白临终前曾在《多余的话》中写道：“人往往喜欢谈天，有时候不管听的人是谁，能够乱谈几句，心上也就痛快了。”对那些朴实无华、默默无闻的亲历者来说，这样的口述访谈既得到社会对他人生价值的某种肯定，也是耄耋老人走出心理孤寂的良机。这些亲历者以前觉得自己在数十万建设者队伍中只是低到尘埃里的无名小卒，而在接受口述访谈时，许多长者不约而同地流露出当年的付出被社会认可的自豪。

佛经中有个熟悉的词——众生平等。口述史则强调“众声平等”。只不过这个“声”是声音的“声”而不是生命的“生”。新时代强调“人民至上”。人民既是抽象的概念，也是个人化的存在，是活生生的人，每个人的人生都是一道独特的风景。只见树木不见森林是不妥的，而只见森林不见树木同样偏颇。书稿中亲历者是以第一人称的“我”来叙事。他们讲述自己的亲历、亲见、亲闻，喜怒哀乐，话语质朴而鲜活，既对创业历史、人生轨迹进行梳理与回顾，也静下心来反思人生意义、重新发现和肯定自我价值。大量的细节呈现着过往真实的面貌，就是讲同一个事件，也不会讲出一模一样的故事。人民是国家的主人，口述访谈有助于他们直接发声，作为一个普普通通的公民从精神上找到主人的尊严。由一斑可窥全豹。新中国水利建设的精华就浓缩在他们口述的鲜活故事里，阅读这本书能让我静心聆听他们的诉说，感受那火热建设年代里谱写出的人民史诗。

透过这本书，前辈们当年建库、开河、挑土、挖山、推车等情景一幕幕呈现。建库开河的工程能够映射出 20 世纪 50 年代后期大规模建设时代的特有图景。如数十万建设者队伍的军事化管理，好几位受访人均提及听军号以定行止的场景，火热的工地犹如没有硝烟的战场。农村办公共食堂直接影响到建库开河建设者的营养状况。民以食为天，食物的重要性对重体力的建设者更是自不待言。亲历者回忆挑土方与推车最为消耗体力，时时挑战身体的极限，也会有人因体力不支而晕倒。当时，党和政府将雷州青年运河工程列为优先级，工地建设者的食品供应得到了当时最大程度的保障。

通过建库开河亲历者的口述，我们得以窥见水利工程建设的本真历史。若没有择善固守的气质，雷州青年运河口述项目实在难以为继。林兴最初以一己之力承担起记录与传承的重任，其后和他的团队近十年来行程万里，寻访了数以百计的建库开河亲历者，潜心收集与雷州青年运河相关的档案、日记、书信，乃至工地上的宣传小报等，精确复原出雷州青年运河开挖的缘起、过程与结果。其志其行，何其壮也！我知晓这个口述项目后不禁为之动容，邀请林兴出席在南京召开的新中国记忆与口述史学术研讨会，2019 年 12 月 5 日，在江苏警官学院的会场首次见到林兴，感受到他的质朴、坚毅。此后，他多次来江苏，向同仁分享他的口述访谈经验，讲述雷州青年运河的故事。

口述历史的本质是当代人治当代史，采访人必须具备强烈的社会责任感。雷州青年运河亲历者口述历史就是典型的例证。2015 年，当林兴开始对雷州青年运河建库开河亲历者进行访谈时，他还是口述历史方面的新军，经费严重匮乏，最初采访时只能使用录音机，用现今规范化的标准来衡量，难免留有一些遗憾，但口述记忆以内容为王，比起固化的形式与程序，最后呈现的结果才是最重要的。

列宁说过，一个行动胜过一打纲领。这句话运用在口述历史上可谓至理名言。现代口述历史源自美国，但单就利用口述访谈来修史，中国古已有之。《史记》之所以千古流传，被誉为“史家之绝唱，无韵之《离骚》”，原因颇多。其中司马迁长途跋涉，四处寻访亲历、亲见、亲闻者实为关键因素之一。做好口述历史需具有人文情怀、学术底蕴、力行的勇气和持之以恒的精神。读万卷书不如行万里路，行万里路不如访千百人。口述访谈期间的收获，身体力行者最为清楚，正所谓冬日饮寒冰，冷暖自知。林兴和他的团队跟踪访谈雷州青年运河建库开河亲历者已历 9 年，访谈人数已过百。本书精选收录的亲历者口述内容达 34 篇，所有的口述史研究成果被编撰成这部沉甸甸的著作，在诸多方面为口述史同仁提供了一个范本。

作为林兴编撰的首本口述历史著作，《雷州青年运河建库开河亲历者口述史》已经数易其稿，林兴和他的团队至今还在继续访谈亲历者，补充最新的口述史料。口述历史自有其特有的功能，如弥补文本资料不足，纠正文献史料偏见；让弱势者发声，增进其主体意识；让各种历史的当事人发声，弥补历史记忆的断层；复兴历史固有的叙事功能，增强其对大众的吸引力；让普通人书写自己的历史，塑造社会共同记忆，等等。

林兴的这本书是一部原创性的著作，已在不同程度上达成了口述历史作品的功能，实现了其记录前辈建库开河记忆与弘扬创业者奋斗精神的初心。是金子就会发光。本书的出版恰恰证明，只要心理纯正、目标合理、操作规范、敬业精进，就能够诞生优秀的口述史作品。而雷州青年运河建库开河亲历者口述项目的社会影响已远超当时的预计，可谓功德无量。

三

如今，网络、芯片储存和录音摄影器材的价廉物美，更让口述历史插上了飞翔的翅膀，展现出强劲的渗透性，犹如水银泻地，无孔不入。口述史学的一大特点是多学科的结合与多元化的运用。雷州青年运河建库开河亲历者口述项目从初心的发起、项目的进行到成果的运用都凸显了这一特点。

雷州青年运河工程的启动有着当时特殊的战略性考量，更有驯服水患、灌溉农田、改善居民饮水的直接动机。这一水利工程也是新中国大规模兴修水利方略的具体落实，最终成为造福当代、泽被后世的民生工程。雷州青年运河工程无疑有着被打造成红色文化品牌的优秀潜质，但在打造过程中必须尊重文化研究、创作与传播的规律。林兴主持的雷州青年运河建库开河亲历者口述项目对“雷州青年运河”这一红色文化品牌的打造具有长久而深远的价值。

这本书对数百位亲历者的记忆做了采集和整理，访谈样本的选择富有代表性，考虑到了受访人的年龄结构、岗位职责、地域分布、性别差异、奖励荣誉等诸多因素，甚至顾及了当年因为建库开河而不得不离开故土的那部分民众。经这样合理的设计后留下的亲历者记忆就不再是碎片化的，而具有某种整体性。

值得称道的是，林兴不只是留下亲历者的记忆，他还结合报刊、档案、书信、日记、回忆录、文件集等诸多文本史料对整个雷州青年运河建库开河的历史进行了缜密的梳理和叙述，在这个坚实的基础上，对受访人的口述内容进行整理，访谈文稿中添加的许多注释就是在阅读大量文献档案后写出的，弥补了口述的不足。这样一来，亲历者的口述记忆就从原始素材变成可信度高的口述史料。作为口述访谈的成果，能够上升到这样学术化的层次绝非易事。学术化甚至成为一些口述项目难以逾越的瓶颈。具备这样深厚的学术质地，又有大量利于讲好故事的细节，加上亲历者浓郁深厚的情感，这部著作自然成为高校思政课的极好教材，大学生阅读这些普通但不平凡的人的故事，更容易产生思想上的触动，从而有助于他们认识社会、研究社会、理解社会、服务社会。

近年来，广东省、湛江市等各级党组织和政府日益重视雷州青年运河建库开河历史的挖掘与其精神的弘扬，最近，中央电视台《国家记忆》栏目也在拍摄以雷州青年运河为题的纪录片。我坚信林兴的这本书能为讲好雷州青年运河故事，传承和弘扬建库开河创业者的奋斗精神发挥不可替代的作用。

雷州青年运河工程是党执政初心的体现，是顺应民心的体现。它将千年历史，包括新中国的历史贯通起来，见证了中华文明从传统到现代的沧桑巨变，见证了新中国的建设成就，见证了中国现代化的长足进展。

水利兴则人心稳，人心稳则百业兴。二十世纪五六十年代，水利建设基本靠人工，锹挖肩挑。七八十年代初则是半人工半机械化并举，而到当下，修建跨江、跨海大桥与隧道，都已仰仗现代化的设备。参与 20 世纪南京秦淮新河开挖工程的一位工作人员曾去湛江的雷州青年运河考察调研。他感叹，雷州青年运河的开挖几乎都靠人工，而秦淮新河的开挖已经半机械化了。但当时建设者依旧倍尝艰辛，施工时因操作机械不熟练而切断手指者并不鲜见。雷州青年运河动员的人数更多，时代更早，周期更长，施工设备更为简陋，他们的牺牲和奉献之大可以想见。当年的建设者早已甘于平淡和寂寞，然而受惠的后人理应饮水思源，怀抱感激、感恩之情，对当年的建设者送上崇高的敬意，记录他们的记忆和身影。尽管这些口述者不是经天纬地的大人物，但普通人的生命经历同样可以揭示复杂、深刻的人类主题，可以呈现人民大众所具有的无与伦比的力量。

借助口述历史，历史与现实的壁垒不攻自破。口述史正在与文博、文旅等产业进一步融合，将口述史的成果衍生开发成展览、书籍、视频和戏剧等各种文化产品，激发当代人的共鸣，讲好创业者的故事，起到存史、资政、育人的作用。林兴的这本书有助于雷州青年运河建设者当年激情洋溢、艰苦奋斗、团结协作的精神世代流传，有助于将“雷州青年运河”这一优质文化品牌继续擦亮发光。作为同行，我也殷切期待林兴先生未来在既有成果的基础上继续奋进，百尺竿头更进一步！

江苏省口述历史研究会会长

李继锋

2024 年 12 月

目　录

导论

一、雷州青年运河

亿万年的地壳运动，构造出形如长靴、伸入南海的雷州半岛，中部南渡河将其分为雷南与雷北两部分。雷北地势较高，因火山爆发形成以螺岗岭（海拔223米）为最高点的雷北火山台地，略有起伏，无明显峰谷，地势较平缓，坡度3~5度。境内较大河流有九洲江、南渡河和遂溪河，较小河流有杨柑河等5条，除遂溪河以及5条小河全流域在雷北境内，九洲江和南渡河仅有部分流域在雷北境内，流域面积为2000~3000平方公里，相对于超过7000平方公里的雷北地区来说，虽在大片缓坡地之间有水田、小溪或冲刷沟等，但还有约2/3属于干旱地区，需靠降雨解决用水问题。雷北地区降雨集中在每年4—9月，年均降雨量1400~1700毫米，雨水除了部分形成地下水外，其余均流向大海。境内没有明显峰谷，拦蓄水困难，容易形成水灾。据统计，雷北地区的遂溪、廉江两地从道光三十年（1850年）到1960年110年间共发生大水灾15次；雷北地区年日照时间约2000小时，年蒸发量约1700毫米，这使雷北地区旱上加旱，110年间遂溪、廉江两地发生大旱灾21次。①

千百年来，雷州半岛赤地千里，水贵如油。群众饱受旱、洪、涝、潮之苦，甚至为争水大打出手，水是抑制雷北地区经济发展的根源，治水成为雷州半岛历代官府的主要任务之一。自北宋寇準（1022年）带领雷州半岛先民兴修水利工程开始，雷州半岛人民拉开与旱情抗争的序幕，近一千年过去了，雷州半岛依然苦于旱情。中华人民共和国成立初期，在中国共产党的带领下，湛江人民通过“蓄、引、挖、堵”的方式开展群众性水利运动，兴修众多的小型水利工程，却依然无法改变雷州半岛历史性干旱

① 广东省遂溪县水利志编写组编：《遂溪县水利志》，广州：广东高等教育出版社，1990年，第7-8页。《廉江县水利志》编辑组编：《廉江县水利志》，广州：广东科技出版社，1992年，第116-117页。

的局面。要彻底改变雷州半岛历史性干旱问题，必须修建大型水利工程。

这项大型水利工程即雷州青年运河，它由库容 11.5 亿立方米的鹤地水库与灌区 74 公里主河[①]、49 公里东运河、50 公里西运河、56 公里东海运河、16 公里西海运河、75 公里四联河以及 5426 公里 4039 条干支斗毛渠组成。自 1958 年开始修建，1964 年建成，结束了雷州半岛历史性干旱局面。现在，雷州青年运河被誉为湛江人民的母亲河，它在解决雷州半岛北部干旱问题、促进湛江社会经济发展以及保障 400 万湛江人民的生活用水等方面仍然发挥着至关重要的作用。

二、兴建雷州青年运河的历史背景

（一）高雷[②]垦殖橡胶

1950 年 10 月 25 日抗美援朝战争爆发，至 1951 年 6 月 10 日，中国人民志愿军把美军从鸭绿江边击退到“三八线”附近。美国为了扭转他们在战场上的劣势局面，采取“绞杀行动”，轰炸志愿军后勤运输线，炸毁大量汽车。志愿军在入朝头 7 个半月内，损失汽车 3000 多辆，平均每月 400 多辆[③]。车辆损失造成志愿军后勤补给不足，中国政府希望从苏联购买或借用车辆，但苏联无法从国际市场获得天然橡胶，要求与中国合作垦殖橡胶。

1951 年 8 月 31 日，中央人民政府政务院第 100 次会议通过《关于扩大培植橡胶树的决定》，并建立华南橡胶生产基地，投入了大量的人力、财力和物力。1953 年完成海南、高雷和广西南部的橡胶宜林地勘测设计工作，面积达 852 万亩，折合净面积约 680 万亩；计划于 1955 年完成植

① 《世界运河名录》记载“雷州青年运河有 74 公里长”，仅是指主河部分，不包括东运河、西运河、东海运河、西海运河以及四联河。魏向青、邓清、郭启新等主编：《世界运河名录》，南京：南京大学出版社，2017 年，第 70 页。

② 高雷：旧时高州府与雷州府的合称。

③ 洪学智：《抗美援朝战争回忆》，北京：解放军文艺出版社，1990 年，第 215 页。

胶800万亩的总任务，其中有部分在雷北地区垦殖。在垦殖过程中因深信李森科主义所鼓吹的“生物可以适应环境”的垦殖技术，忽视橡胶畏风、畏旱、畏寒等“小气候”因素，导致橡胶垦殖初期经济损失高达8550万元①。1953年6月13日宣布垦殖工作“大转弯”，将植胶重点转移到海南岛，放弃已开垦但不宜种植橡胶树的土地284万亩，其中高雷垦区29万亩，但保留在雷州半岛中北部的东升、黎明、红江、晨光、前进、湖光等垦殖场（下称农场）。这些农场地势高，如前进农场地处雷州半岛地势最高的螺岗岭周围，是干旱之地。继续种植橡胶，必须解决橡胶的防寒、防风、防旱问题。1954年7月31日，“林业部拟缩小范围开辟荒地种热带植物，如咖啡和其他经济作物”②。垦殖工作由单一的橡胶垦殖转向热带资源开发。历史证明，华南垦殖场的建立对后来修建雷州青年运河有两个影响：一是影响鹤地水库水位。“雷北地区有148万亩要由九洲江干流水库供水灌溉”③，只要鹤地水库水位提高到一定高程，即可将九洲江水引到流域外，并开挖经过廉江东北、遂溪县城附近、城月、客路等渠道，解决遂溪、海康（今雷州）等地一向认为无法解决的灌溉问题。二是对雷州青年运河干、支渠走向有一定程度的影响。1958年6月1日，雷州青年运河湛江支河勘测甲、乙两条线路，终点都在位于湖光农场附近的新圩。1959年6月21日中共湛江地委第一书记孟宪德对青年运河工程工作的指示中提出：“关于运河规划，7月底测量规划好。”④ 灌溉农场是运河规划必须考虑的因素，“国营农垦场各县均有受益面积”⑤，像雷州半岛北部的前进、

① 广东省地方史志编纂委员会编：《广东省志·农垦志》，广州：广东人民出版社，1993年，第8页。

② 苏宗伟、高庄主编：《竺可桢日记》（Ⅲ）（1950—1956），北京：科学出版社，1989年，第467页。

③ 水利部广州勘测设计院：《九洲江流域规划提要（草稿）》（1957年12月30日），雷州青年运河管理局档案室藏，53-6-39。

④ 湛江地委：《孟书记对当前施工工作指示》（1959年6月24日），雷州青年运河管理局档案室藏，39-13-44。

⑤ 中共湛江市委党史研究室编：《孟宪德在湛江研究资料》，北京：中共党史出版社，2014年，第130-131页。

湖光、晨光、黎明等农场分别从主河、西海运河、东海运河引水灌溉。

（二）热带自然资源开发

为了避免热带资源开发重蹈覆辙，党和政府调动专家学者、师生员工以及政府人员参与，各司其职。1955 年 10 月 14 日，国务院副总理邓子恢召集农林、计委、科学院以及两广农业厅谈开发华南热带资源工作[①]。湛江等地相继成立亚热带资源开发委员会，于 1955 年底至 1956 年 8 月对湛江等三区进行调查，对华南热带资源进行综合考察。1955 年，中国科学院院长郭沫若提出要开展“配合流域规划进行调查与华南热带资源调查”[②] 等 10 项工作。1956 年，中国科学院成立以副院长竺可桢为主任的自然资源综合考察委员会，建立华南热带生物资源综合考察队，对这些地区热带和亚热带生物资源的综合开发和利用进行考察和研究，重点是“查明资源，提出方案”[③]。1957 年 2 月至 3 月，竺可桢带队考察海南岛、雷州半岛的热带和亚热带资源，认为建造一些大型水库，恢复一部分已被破坏的森林，橡胶树在华南亚热带地区是可以推广种植的[④]。

（三）规划建设鹤地水库

1954 年第一届全国人民代表大会提出水利建设工作要进行各河流域规划，水利部提出：“对于一个河系的开发治理，必须首先制订流域规划，综合利用，统筹安排，然后根据国民经济最迫切的需要，选定、进行第一

---

① 苏宗伟、高庄主编：《竺可桢日记》（Ⅲ）（1950—1956），北京：科学出版社，1989 年，第 583 页。

② 苏宗伟、高庄主编：《竺可桢日记》（Ⅲ）（1950—1956），北京：科学出版社，1989 年，第 565 页。

③ 孙鸿烈、成开魁、封志明：《60 年来的资源科学：从自然资源综合考察到资源科学综合研究》，《自然资源学报》2010 年第 25 卷第 9 期，第 1416 页。

④ 竺可桢：《竺可桢全集》（第三卷），上海：上海科技教育出版社，2007 年，第 331－332 页。

期工程。”[①] 广东省亚热带资源开发委员会经过调查，于1956年11月完成《湛江区九洲江流域规划提要》，对九洲江流域提出初步规划意见，把鹤地水库作为开发九洲江第一期重点工程，其灌溉要求是无条件利用水源灌溉流域中下游的廉江县部分地方，以及“在流域外的雷州半岛北部，无法利用本地水源解决灌溉的、须急待开发或急需改善灌溉的地区。鹤地水库水位提高到一定的高程，即可将九洲江水引到流域之外，并开挖130公里渠道工程，经过廉江的东北、遂溪县城附近、城月、客路等地，即可解决遂溪、海康等处一向认为无法解决的灌溉问题”[②]。

1957年12月30日，水利部广州勘测设计院完成《九洲江流域规划概要（草稿）》。该方案规划鹤地水库正常水位41.5米，库容10.4亿立方米，灌溉面积192万亩，投资规划分为水库枢纽及赔偿5835万元、灌区7362万元和航运部分932万元，合计14129万元（未含3000万元勘测费）。雷州青年运河规划为大型水利工程，鹤地水库各方面功能要满足湛江地区十年规划的社会发展需要，即1967年完成库区和灌区的水利工程。

（四）农田水利建设高潮

1957年9月至10月，中共中央、国务院先后颁布《关于今冬明春大规模地开展兴修水利和积肥运动》《1956年到1967年全国农业发展纲要（修正案）》两个关于农田水利建设的指导性文件，提出：“根据我国农田水利条件的有利特点，必须切实贯彻执行小型为主，中型为辅，必要和可能的条件下兴修大型水利工程的水利建设方针。”[③] 全国各地掀起兴修农田水利高潮。

1956年，孟宪德通过深入调研，认为干旱已经成了雷州半岛人民历

① 傅作义：《一九五四年的水利工作总结和一九五五年的工作任务》，《当代中国的水利事业》编辑部编：《历次全国水利会议报告文件》（1949—1957），第214－215页。

② 广东省亚热带资源开发委员会：《广东省海南、湛江、合浦地区热带、亚热带资源开发方案（草案）附件》，第180－185页。

③ 中共中央文献研究室编：《建国以来重要文献选编》（第十册），北京：中央文献出版社，1994年，第568页。

史性的大灾难，要改变湛江贫穷落后面貌，首先要解决雷州半岛千年干旱的问题。因此，水利建设是重点工作。1957 年 11 月中旬以前，湛江地区通过开展群众性的水利运动，以兴修小型水利为主。1957 年 11 月下旬至 12 月初，湛江地委认为应该在条件具备的情况下，修建中大型水利设施。孟宪德代表湛江地委在中共广东省第一届代表大会第二次会议上以《十年内彻底改变湛江区的面貌》为题发言，指出："两年的经验证明，以群众性的小型水利为主，同时辅之以大中型的水利建设，在水源、资金、技术可能条件下，应该大力兴修。"①

（五）决定提前兴建雷州青年运河

1958 年 1 月到 3 月初，《南方日报》连续 5 次公布全省八个地区水利建设进度表，湛江地区水利建设进度全省 3 次排名第七、2 次排名第六②。1958 年 3 月 8 日，孟宪德在地委电话会议上说："今天《南方日报》又发表了进度，全省八个单位，我区水利是第六名，算是落后分子。"③ 湛江地区水利建设跟不上"先进的再前进，迟缓的赶上去"的形势要求，靠中小型水利工程已经不能改变湛江地区的水利建设落后局面，必须着眼于大型水利工程建设。1958 年 2 月底，中共湛江地委做出修建雷州青年运河的决策④。

1958 年 5 月 15 日，中共湛江地委做出《关于兴建雷州半岛青年运河的决定》，工程打破常规，采取"边规划、边勘测、边设计、边施工"的"四边"措施。6 月 1 日全面施工，勘测工作完成时间比国家计划的 1962

---

① 中共湛江市委党史研究室编：《孟宪德在湛江研究资料》，北京：中共党史出版社，2014 年，第 60 页。

② 《南方日报》，1958 年 1 月 20 日、25 日、31 日，3 月 3 日、8 日，均为第 2 版。

③ 中共湛江市委党史研究室编：《孟宪德在湛江研究资料》，北京：中共党史出版社，2014 年，第 91 页。

④ 1958 年 3 月，《孟宪德在地专直属机关下放干部座谈会上的讲话》中指出："最近地委又决定开辟青年运河，从廉江到海康。""青年运河"第一次被提及。中共湛江市委党史研究室编：《孟宪德在湛江研究资料》，北京：中共党史出版社，2014 年，第 99 页。

年完毕提前4年；1959年8月鹤地水库工程完成，比国家计划的1967年完成提前8年；1960年5月14日雷州半岛青年运河主河全线放水灌溉农田，主体工程完成时间比国家计划的1967年完成提前7年，湛江水利建设在全国名列前茅。

三、雷州青年运河名称变化

雷州青年运河建库开河亲历者在口述过程中，时而提及雷州青年运河，时而提及雷州半岛青年运河。笔者在阅读档案资料时也发现有更多的名称在使用，因此有必要梳理名称的演变过程。纵观世界著名的水利工程，一般以重点枢纽所在地加工程主功能命名为某某水库或某某水电站或某某运河。《世界运河名录》记载495条运河，大多数以国名或地名来命名，有22条以包括修建者在内的个人来命名，雷州青年运河是唯一以群体修建者命名的水利工程[①]。

（一）雷州半岛青年运河

《九洲江流域规划概要（草稿）》规划开发九洲江水利工程由水库和灌渠两部分组成，水库的重点枢纽工程建在廉江县鹤地村，被称为鹤地水库名副其实。工程首要功能是灌溉，孟宪德在兴建雷州半岛青年运河现场会上的讲话指出："当运河放水以后，雷州半岛北部基本上消灭了旱灾。"因此，从工程服务的区域来看，以雷州半岛命名符合一般水利工程的命名惯例。

孟宪德任湛江地委第一书记前，从事青年工作16年，具有浓厚的青年情结，他在晚年回忆时说："我长时间从事共青团工作，青年是社会主义建设的突击力量，是工程施工的主力军，是湛江的未来和希望，所以就

---

① 魏向青、邓清、郭启新等主编：《世界运河名录》，南京：南京大学出版社，2017年。

提议命名工程为‘青年运河’。”[①]

1952年，苏联“由局部的转向流域的规划，由临时性的转向永久性的工程，由消极的除害转向积极的兴利”[②] 的治水思想影响我国水利建设。1956年九洲江流域进行规划、开发时，九洲江水利工程要实现灌溉、防洪、航运、发电等主要功能。1958年全国掀起农田水利建设高潮，提出丘陵山区水利工程运河化，如在平均海拔1700米高修建的引洮工程被誉为“山上运河”[③]。当时全国规划建设9条运河，把全国7条水系联通起来，再与各省开发的小河、渠道相接，就构成了一个密如蛛网的水运网[④]。

雷州半岛地处丘陵地带，雷州青年运河规划反映了运河化的时代要求：1957年12月完成的《九洲江流域规划概要（草稿）》规划该水利工程主干灌渠航道化；1958年5月5日、12日，孟宪德2次在兴建雷州半岛青年运河现场会上说：“渠道水的流量有90～120立方米/秒，实质上已是一条运河……新辟青年运河打通了雷州半岛的航运，从湛江至合浦就不需要绕过琼州海峡，从而把航道缩短了400多公里，给全区航运事业带来了极其有利的条件。”1959年6月，青年运河工程指挥部完成《雷州半岛青年运河规划意见》，把航运交通规划为2条主要航道、10条较大的航道和许多星罗棋布的较小航道，做到社社、圩圩可通航[⑤]。从鹤地水库引水灌溉的总干渠即青年运河全长178公里，首段设计流量110立方米/秒。从渠首向南直通实荣村，后又分东、西运河，东通南渡河，西通灵罗曲

① 中共湛江市委党史研究室编：《孟宪德在湛江研究资料》，北京：中共党史出版社，2014年，第23页。

② 《中央人民政府政务院关于一九五二年水利工作的决定》，《人民日报》，1952年4月3日第1版。

③ 邵克萍：《山上运河》，《人民日报》，1959年8月17日第8版。引洮工程1958年动工，1961年下马停建，2014年12月28日，引洮供水一期工程正式通水。

④ 林耀：《四通八达——全国工业交通展览会交通馆介绍》，《人民日报》，1958年9月23日第5版。

⑤ 《青年运河规划意见》（1959年6月），遂溪县档案馆藏，29－永久－A12.1－020－021。

港，运河可通航40吨船只，通过渠首船闸与水库联通，还可直达广西陆川。在半岛中部还有东、西海横贯半岛与运河形成一个“十”字形的航道，东至湛江鸭乸港，西通安铺至北海，也可通航40吨船只。此外，从运河开出的一级干渠有114条，共517公里，其中8条干渠总长131公里，亦均可通航20吨~40吨船只，这样就大大便利了雷州半岛内陆交通①。航运作为这项水利工程的功能之一，它以运河取名顺理成章。

因此，湛江专区最大水利工程被命名为“雷州半岛青年运河”。1958年5月15日该名被写入中国共产党湛江地方委员会颁布的《关于兴建雷州半岛青年运河的决定》②。

在工程兴建期间，由于多种原因，这一水利工程有鹤地水库、青年运河、雷州半岛运河等多种称呼。面对多名混用造成的混乱、误解，雷州半岛青年运河建设委员会1959年3月10日发文规范工程名称：“为了统一整个工程名称，经本会研究，并经地委批准，兹决定：今后取消鹤地水库的名称，改名为青年运河上游工程，运河中段称为青年运河中段工程，运河南段则称为青年运河南段工程，整个工程则统称为青年运河。希有关部门根据新的规定，统一工程称呼，凡见之于文字的记载，不论公函或报刊，不能再把青年运河称为鹤地水库。”③

（二）雷州青年运河

雷州半岛青年运河名称何时改为雷州青年运河？笔者目前没有发现更名的档案资料。1959年9月19日《青年运河》刊登雷州青年运河工程指挥部于1959年9月16日颁发的《关于继续开展高工效运动的决定》，是目前发现官方文件第一次使用“雷州青年运河”名称。1959年9月21

---

① 中共广东省雷北县委水利指挥部：《九洲江的治理与开发》（1960年7月），雷州青年运河管理局档案室藏，53-6-39。

② 中共湛江地委办公室：《粤西通讯》（第367期），1958年5月30日，雷州青年运河管理局档案室藏，1-3-30。

③ 雷州半岛青年运河建设委员会：《通知》，《青年运河》，1959年4月14日第1版。

日，《湛江日报》刊登《雷州青年运河上游工程竣工放水》的报道，这是目前发现官方媒体首次使用“雷州青年运河”名称。1959年10月13日，《南方日报》报道湛江专区专员莫怀在广东省第二届人民代表大会第二次会议上的发言，他向代表介绍雷州青年运河规划时说：“请看雷州青年运河的事实吧！”[①] 1960年2月2日，中央政治局常委、中共中央总书记邓小平到湛江视察，听取孟宪德、雷州青年运河第二期工程工地党委书记兼工程副总指挥陈华荣关于雷州青年运河工程汇报后，题字“雷州青年运河”。1960年4月7日，在第二届全国人民代表大会第二次会议上，广东省人大代表、海南行政区党委副书记赵光炬向全国人大代表介绍雷州青年运河修建经过。4月13日，《人民日报》以《雷州半岛江水倒流　赵光炬代表谈青年运河的修建》为题全文刊登赵光炬专题发言稿。“雷州青年运河”名字在全国范围广为传播。

四、工程领导机构

（一）雷州半岛青年运河建设委员会

雷州青年运河作为湛江地区有史以来最大的水利工程[②]，湛江地委为了保证工程能顺利开展，专区以及各受益县均成立指挥部，专区的指挥机构称为雷州半岛青年运河建设委员会，统一领导青年运河建设工作。雷州

① 莫怀：《大跃进和人民公社化好得很》，《南方日报》，1959年10月13日第3版。

② 1958年，湛江地区同时兴建鹤地水库、良德水库和合浦水库3个大型水库。鹤地水库是民办公助工程，良德水库和合浦水库是国家投资工程。鹤地水库于1958年6月10日开始兴建，1959年8月底建成，库容10.5亿立方米。良德水库主要为茂名油页岩开水提供工业用水，由国家投资3000万元于1958年5月18日开始兴建，1959年9月24日竣工。后来，湛江地委同意利用良德水库剩余资金建设石骨水库，于1959年10月9日全面动工，1960年7月16日竣工。良德水库、石骨水库联结后合称高州水库（现名玉湖），库容为11.5亿立方米。合浦水库（原属于广东合浦区，1958年10月合浦地区与湛江地区合并为湛江地区，1965年又划出合浦区，归广西壮族自治区管辖）由国家投资，1958年10月1日开始兴建，1960年3月8日建成，包括小江水库、旺盛江水库、六湖水库和湖海运河四部分，总库容11.1亿立方米。高州县政协文史组、鉴江流域水利工程管理局编：《高州文史·高州水库史专辑》，1987年，第1页；《合浦水库湖海运河全部建成》，《南方日报》，1960年3月13日第1版。

半岛青年运河建设委员会由孟宪德、谢永宽、莫怀、李福尧、陈文高、崔进臣、赵立本、王勇、何鸿景、赵怀君、凌俊卿、宋景惠、周鼎新、阎培涛、何多基15个委员组成，孟宪德担任建设委员会主任；谢永宽、王勇、凌俊卿、赵立本、宋景惠任副主任。委员会的15名成员中，湛江地委书记3名，即湛江地委第一书记孟宪德、地委书记兼专员莫怀、主管农业地委书记谢永宽；湛江专员公署正副专员3名，即专员莫怀、副专员赵立本和王勇；受益县市第一书记（市长）4名，即海康、遂溪、廉江三县县委第一书记赵立本、崔进臣和赵怀君，湛江市委副书记兼市长何鸿景；与工程有关的各职能部门局长4名，即农垦局局长陈文高，水利局正副局长王勇、凌俊卿，交通局局长阎培涛；另有共青团湛江地委书记宋景惠，广东省水电厅高级工程师、雷州青年运河工程总设计师何多基，某驻湛部队政治部主任李福尧；因资料所限，周鼎新职务暂时不详。

（二）县市级雷州半岛青年运河工程指挥部

受益县指挥机构称为雷州半岛青年运河某县指挥部，负责具体工作的称为雷州半岛青年运河某县工程指挥部。雷州半岛青年运河受益县市为遂溪、廉江、海康三县及湛江市（含郊区），其指挥机构分别为雷州半岛青年运河遂溪县指挥部、廉江县指挥部（后与水库工程指挥部合并为雷州半岛青年运河工程指挥部）、海康县指挥部、湛江市指挥部。各县（市）运河工程指挥部代表所在县（市）委、人委行使与雷州半岛青年运河有关的职权，负责境内雷州半岛青年运河一切事宜，“有权向各乡镇各机关团体发出通知并按要求落实、执行，为雷州半岛青年运河工程向各单位借用物资，各单位不得借口拒绝”[①]。

县（市）级指挥部人员由各县（市）委第一书记（湛江市是市长何鸿景）、团委书记以及水利局局长组成，并由他们担任指挥部总指挥、副

① 《关于雷州半岛青年运河遂溪县指挥部启用公章的通知》（1958年5月17日），遂溪县档案馆藏，3－长期－A12.9－047－006。

总指挥。其他人员根据各县（市）实际情况抽调。如雷州半岛青年运河遂溪县指挥部于1958年5月8日成立，由崔进臣（县委第一书记）任总指挥，黄培桂、陈伟荣、王须生、梁材（团委书记）、徐燕吉（水利局局长）、周元旺（工程师）任副总指挥[①]。雷州半岛青年运河海康县指挥部于1958年5月22日成立，由赵立本任总指挥，揭华汉、杨作芝、陈玉莲、曹模、李重禄、徐宗森任副总指挥，下设办公室（在海康客路）、秘书股、组宣股、政保股、卫生股、物资供应股[②]。

（三）雷州半岛青年运河工程指挥部

鹤地水库工地成立工程指挥部，运河工地主要分为鹤地水库、运河北段和运河南段等多处，各工地划分工区来组织施工。由于雷州半岛青年运河施工计划、行政机构变动以及持续时间长等，雷州半岛青年运河工程指挥部名称及组织机构频繁变动。如名称历经“指挥部—总指挥部—总司令部—工程指挥部—总指挥部”，现仅对组织机构略述如下：

雷州半岛青年运河工程指挥部由水库工程指挥部与雷州半岛青年运河廉江县指挥部合并而来，代表湛江专区负责雷州半岛青年运河工程建设。1958年5月中旬，在雷州半岛青年运河建设委员会领导下成立专区工程指挥部，负责水库建设工作。1958年5月28日，湛江地委将水库工程指挥部和廉江县指挥部合并为一个总指挥部，称为雷州半岛青年运河工程指挥部[③]，指挥部下设办公室、政工处、工务处、总务处、器材处、卫生保卫处[④]，6月20日工程指挥部将原有机构调整为指挥部、办公室、工务处、器材处、保卫处、收购供应处、医疗防疫大队部、卫校大队部、安全委员

---

① 《喜报》（1958年5月8日），遂溪县档案馆藏，3－长期－A12.9－047－001。

② 雷州半岛青年运河海康县指挥部：《我县青年运河指挥部于本月22日已建立》（1958年5月30日），雷州青年运河管理局档案室藏，2－26－78。

③ 《雷州半岛青年运河工程指挥部第三次行政会议总结》（1958年6月24日），雷州青年运河管理局档案室藏，12－9－45。

④ 《青年运河工程指挥部工程机构》（1958年5月28日），遂溪县档案馆藏，3－长期－A12.9－048－021。

会、爱国卫生运动委员会。在鹤地水库建设期间，王勇、赵怀君任总指挥，宋景惠、凌俊卿和陈华荣任副总指挥；王勇作为湛江专署副专员、水电局局长调任雷州半岛青年运河工程指挥部总指挥，并担任工地党委书记，在鹤地水库即将竣工之际，又调回湛江专署工作。1958 年 11 月，雷北县成立后，总指挥赵怀君任县委书记兼代县长，主管全县行政工作；副总指挥宋景惠、凌俊卿调回湛江专署工作。

运河北南段建设期间，雷北县委第一书记赵立本任总指挥，陈华荣任副总指挥。工地成立党委，陈华荣任党委书记，张玉池、陈伟荣任副书记。赵立本把精力主要放在雷北县委第一书记职责上，青年运河工程的党政工作实际上由陈华荣主持。

五、民工组织

雷州青年运河施工期间，农村管理体制正值人民公社化、大县制的变化阶段，数乡合并成为人民公社，农业社改为生产大（小）队，后管理体制下放，形成“三级所有，大队为基础”的格局；雷州青年运河受益县廉江、遂溪、海康（南渡河以北部分）合并为雷北县。雷州青年运河作为民办公助工程，要求每个具有劳动能力的人都义务参加劳动，各地按照“多受益多负担，少受益少负担，不受益则以共产主义风格去支援”的原则抽调民工。每个劳动力需承担的土石方任务，由乡、社、队等组织民工集体完成，民工集体分乡、社、队、小组等多层次。根据雷州青年运河民办公助性质，本书以乡镇或公社为例详述民工组织名称的变化。

（一）民工社（中队）

该组织存在于河渠水库施工期，即 1958 年 6 月 1 日至 7 月中旬，民工生活资料、施工材料主要由农业社解决。1958 年 5 月 5 日，湛江地委召开雷州青年运河第一次现场会议后，各县进入工程筹备阶段，要求各乡社组织好临时施工大队。乡为大队，社为中队，下有小队、组，青年单独组织为青年突击队，以乡、社名为大队、中队的名字[①]。1958 年 6 月上旬河渠水库开工后，一般把修建河渠的民工组织称为某某社，如遂溪县洋青乡百桔仔社、文相社，廉江县石岭乡五四社、车板乡三星社；把在鹤地工地的民工组织称为民工中队，如廉江县良垌乡松石社派民工前往鹤地工地被命名为松石中队[②]。

（二）民工团

民工团始于水库全面施工时，终于水库工程结束，即存在于 1958 年 9 月至 1959 年 8 月。1958 年 7 月雷州青年运河工程施工任务调整后，廉江、遂溪两县派 5 万民工修建鹤地水库，接受雷州半岛青年运河工程指挥部领导。在鹤地水库全面动工准备阶段，民工以乡为单位成立大队部，农业社成立中队，生产队为小队[③]。1958 年 9 月，鹤地水库全面开工之际，数万名来自遂溪、廉江两县的民工整装出发到鹤地工地，主要分属渠首、大坝和防护堤 3 个工区。雷州半岛青年运河工程指挥部为切实保证秋前完成土方任务，12 月全部结束水库工程，来年 4 月放水，对民工实行军事化管理，将指挥部改称司令部，工区改为师部，大队改为团部，中队改为营部，小队以下分连、排、班。鹤地工地自实行军事化管理后，民工的组织性、纪律性得到加强，集体主义思想也得到磨炼，大大提高了鹤地水库施工效率。

（三）民工大队

民工大队主要存在于运河北段施工期，即 1959 年 9 月至 11 月。鹤地水库工程基本完成后，民工转上运河北段。雷州半岛青年运河工程指挥部下分莲塘口、新屋仔和那良 3 个工区，负责各工段的施工工作，各工区成

---

① 《喜报》（1958 年 5 月 8 日），遂溪县档案馆藏，3 - 长期 - A12.9 - 047 - 001。

② 综合 1958 年 6 月至 7 月中旬《青年运河》报道。

③ 《组织动员民工赴鹤地水库方案》（1958 年 7 月），遂溪县档案馆藏，3 - 长期 - A12.9 - 047 - 015。

立工区党委会、工区指挥部，工区下面以公社为单位组成民工大队，大队成立党总支部，大队以下以生产大队为单位组成民工中队，并成立党分支部，中队以下则根据人数多少、劳动的组合情况及工作的需要等组成若干民工小队，民工小队以下为作业小组，其是直接从事生产的单位。

（四）民工纵队

民工纵队存在于运河南段施工期，即1959年11月至1960年5月。运河北段施工末期，雷北县掀起水利建设高潮，运河南段开始动工，分设书房仔、西埔、客路、河头4个工区分工段施工。由于运河北段工程尚未结束，南段工程属于新开工程，民工组织机构被命名为民工纵队，以区别于运河北段工程的民工大队。民工纵队下设民工大队、民工小队，分别有生产大队、生产小队等组织。客路工区客路纵队田头大队，民工进场快，质量好，出勤率高，工效高[①]。赵立本和陈华荣书记率领工程技术人员在界炮纵队工地亲自动手试验，推广水中倒土筑坝的先进施工方法。从报道可看出，公社层面的民工组织在运河南段被命名为民工纵队。

综上所述，以公社为单位的民工组织，在雷州青年运河建库开河期间相继出现了民工社（中队）、民工团、民工大队、民工纵队。因建库开河年月已久，亲历者可能记忆模糊，讲述民工团居多，本书口述部分不做区分。

六、雷州青年运河分期施工

雷州青年运河建库开河亲历者在口述时，主要谈及大坝、溢洪道、那良、客路、河头等工段的施工情况。为便于理解讲述内容，这里简述雷州青年运河施工过程。雷州青年运河施工可划分为3个阶段：

---

① 《高速度高质量高工效》，《青年运河》，1959年11月29日第1版。

（一）渠库全面施工

1958年5月15日，中共湛江地委做出兴建雷州半岛青年运河的决定。1958年6月1日，遂溪、海康两县境内工程同时动工，青年运河遂溪县指挥部在50多公里长的工地沿河设3个指挥所，组织民工施工。海康县指挥部由赵立本任总指挥，带领雷城、沈塘、客路、纪家、唐家、杨家和企水等乡数万名民工修建东、西运河。6月8日[①]，廉江县境内运河工程之主渠和西干渠动工，廉江县指挥部设第一指挥所负责主渠，第二指挥所负责西干渠，每天出动民工超过3万人。6月10日，鹤地水库在防护堤动工，水库工程指挥部组织廉江民工施工。6月14日，湛江市（郊）境内河渠工程动工，湛江市（郊）指挥部由湛江市市长何鸿景任总指挥，组织3000多名民工施工[②]。施工期间，正值夏收、夏种时节。为不影响粮食收成、播种，湛江地委于1958年7月初决定县（市）所属河渠工程暂停，待夏种后、秋收前再集中力量突击修建。3县1市境内河渠工程于7月上旬陆续停工，仅留下数千名民工负责善后工程。

（二）库区重点施工

雷州青年运河作为大型综合性水利工程，其库区、灌区施工任务众多。灌区工程简单，仅需要完成渠道、渡槽、涵洞、路桥等施工任务；水库作为首脑工程，相对复杂，需要完成堤坝、排水渠、导流渠、围堰、溢洪道、输水道、船闸、发电站等施工任务，主要工程项目有土坝填土、土坝清基、清挖土塘表土、导流渠挖土、排水渠开挖、建筑物打基础、防水围堰等，土石方共678万。

---

① 《廉江运河工程建设初步总结》（1958年7月24日），雷州青年运河管理局档案室藏，8-17-244。

② 青年运河湛江市指挥部：《工作总结》（1958年7月6日），雷州青年运河管理局档案室藏，8-10-159。

鹤地水库主要分大坝、渠首和防护堤3个工区施工，大坝工区主要负责拦河大坝（含西一坝、西二坝）、溢洪道、导流渠和部分排水渠等施工，由遂溪民工负责；渠首工区主要负责输水道、船闸、发电站等建筑物以及若干堤坝施工，由遂溪民工负责；防护堤工区主要负责28座堤坝以及大部分排水渠的施工，目的是保护黎湛铁路鹤地水库段，前期由廉江民工负责，为了水库尽快蓄水，实现1959年4月放水的目标，尽快完成鹤地水库工程任务，在运河南段施工的海康民工于1958年12月、1959年2月、1959年4月分3批次前往鹤地水库防护堤工区参加施工。

虽然水库工程计划分秋前和秋后两个时期施工，如拦河大坝的西一、西二段，要求在秋前完成；河床段部分周边为廉江县大面积的稻作区之一，为了保证当年库区的秋收，安排在秋后施工。因受材料供应、经济效益和自然条件等因素影响，秋前施工仅完成土方任务的32%，远远低于计划要求完成任务的73%，工程实际上是交叉施工。主要工程有土坝填土、土坝清基、清理土塘、防水围堰，以及修筑建筑物基础、排水渠、导流渠、溢洪道、输水道、船闸、发电站等。

1958年7—8月，廉江、遂溪两县部分民工前往鹤地工地为水库全面大动工做准备（如搭工棚等），9月中上旬，鹤地水库全面大动工，12月15日九洲江截流围堰合龙；1959年4月3日成功堵塞导流渠，施工重点在堤坝填筑，8月31日水库工程基本完成，并于9月19日召开竣工庆典大会。

（三）河渠全面施工

1959年6月，雷州半岛青年运河工程指挥部完成《雷州半岛青年运河规划意见》，将青年运河规划为主河、西运河和东运河及若干干、支渠。为方便施工起见，拟把青年运河全线分为北段、中段和南段。鹤地水库工程完工后，为了尽快发挥水库5亿多立方米蓄水作用，加快速度把运河开通，工程指挥部要求鹤地水库数万民工转战河渠施工。1959年9月23日，雷州半岛青年运河工程指挥部在《青年运河第一期工程施工计划及意见》中对运河工程施工提出："拟把这次工程分为两期进行，即自渠首童屋地村后背的泥塘水库一段，长度12.2公里，列为第一期工程。"运河全线从3段施工分为2段施工：第一期工程即修建运河北段工程（含原北段和部分中段工程），施工时间为1959年9月至12月，分莲塘口工区、新屋仔工区、那良工区施工。1960年3月8日，运河北段放水。第二期工程即修建运河南段工程（含部分中段工程和东、西运河），1959年11月18日，中共湛江地委做出《立即组织今冬明春水利高潮》的决定，要求20日起民工开始进场。运河南段工程施工时间为1959年11月至1960年5月，分书房仔工区、西埔工区、河头工区、客路工区施工。1960年5月14日，雷州青年运河主河全线放水灌溉农田。

1960年1月8日，湛江市郊境内东海河开始动工[①]，3月8日，雷州青年运河东海河大渡槽动工兴建，1963年10月1日竣工放水。1960年4月后，廉江、遂溪民工在完成运河南段工程后，开始修建西海河，1961年7月竣工通水[②]。1960年9月后，修建运河配套工程及青年运河干、支斗毛渠，1964年雷州青年运河工程完成，雷州半岛北部千年干旱问题得到彻底解决。

---

① 《雷州青年运河湛江市支线动工》，《湛江日报》，1960年1月10日第1版。

② 《雷州青年运河西海干渠完工》，《人民日报》，1961年7月15日第2版。

1963 年 10 月 1 日，雷州青年运河东海河大渡槽放水（湛江市档案馆藏资料）

七、民工参加建库开河时间

从 1958 年 6 月 1 日雷州青年运河开始动工兴建，至 1960 年 5 月 14 日雷州青年运河主河全线放水止，几十万雷州青年运河建库开河亲历者参与建设，但并非所有建库开河亲历者全程参与。上场参加工程建设的民工分常备队伍和临时队伍。临时队伍根据农闲、水利建设高潮、工程突发事件等因素调派，参加阶段性施工。综合档案和《青年运河》资料分析如下：

（一）鹤地水库建设期间

1958 年夏收后，民工分为数批次前往鹤地修水库，大致可分 1958 年 7 月先头部队批、9 月初全面施工批、11 月水利高潮批、确保完成 1959 年 4 月放水任务批、5 月紧急抢险批。

1958 年 7 月，调派少数民工为鹤地水库施工做准备，主要是搭建工棚、开路搭桥。1958 年 9 月中旬，鹤地水库全面施工，鹤地水库进场民工

4.5 万人，他们为完成秋前施工任务，于 10 月、11 月连续打了 8 个战役，完成鹤地水库全部工程量的 32%[①]。为迎接 12 月在湛江召开的南方十四省水利施工现场观摩会议，雷北县委掀起新一轮水利高潮，于 11 月底增加上场民工人数达 6 万人，12 月底又从海康师抽调 2000 名民工组建海康团支援坡脊工区[②]，这轮水利高潮持续一个月左右。为堵塞导流渠，确保 4 月放水，从 1959 年 2 月开始，10000 多名海康民工陆续从运河南段工地调往鹤地水库工地，驻湛部队数以千计官兵支援鹤地水库建设，4 月 3 日堵塞导流渠才完成，鹤地水库 4 月放水任务未能按时完成。1959 年 5 月初，鹤地水库遭受 60 年一遇的洪水袭击[③]，坝毁人亡之危险引起中共广东省委第一书记陶铸、中共湛江地委第一书记孟宪德等领导的密切关注，中共雷北县委紧急动员民工前往鹤地水库抢险，各公社第一书记在 3 天内率领 3.8 万名民工前往工地，与原工地上 3.2 万名民工[④]，加上工人、干部、官兵、学生等 1.3 万人[⑤]，共 8.3 万人参加抢险。经过 1 个多月抢筑堤坝、挖通溢洪道，确保鹤地水库的安全，基本完成鹤地水库工程。

（二）运河北段工程施工期间

《青年运河第一期工程施工计划及意见》（1959 年 9 月 23 日）提出，现鹤地水库工程全部完成并已蓄水 5 亿多立方米，为保证明年春耕用水，必须尽快把运河挖通，“拟把这次工程分为两期进行，第一期工程即自渠首童屋地村后背的泥塘水库一段”，俗称运河北段；第二期工程把原规划北段工程一部分、中段和南段工程统称为运河南段。

---

① 指挥部：《鹤地水库秋前施工工作总结报告》（1958 年 12 月 21 日），雷州青年运河管理局档案室藏，19－3－21。

② 廉江县委：《县委书记陈华荣在电话会议上的指示》（1958 年 12 月 6 日），雷州青年运河管理局档案室藏，12－5－19。

③ 《湛江区二十一万大军与洪水搏斗》，《南方日报》，1959 年 5 月 19 日第 1 版。

④ 《党的领导和群众路线的胜利，奋战一年战果丰硕》，《青年运河》，1959 年 6 月 14 日第 1 版。

⑤ 工程指挥部：《青年运河上游工程防洪抢险工作总结草案》（1959 年 6 月 28 日），雷州青年运河管理局档案室藏，44－23－72。

运河北段工程全长12.2公里，是雷州青年运河修筑最艰巨的一段，运河所经路线尽属丘陵，地形起伏，穿山破岭跨溪涧，如穿凿8座20~37米深的丛山峻岭，最著名的那良山高67米，挖深37米，面宽106米，长479.3米，大部分是风化石，还有22座建筑物，整个工程土石方1300多万方。根据运河北段工程施工计划，工程分莲塘口工区、新屋仔工区和那良工区施工，共需要7.2万名民工在大战阶段通过打10次战役完成工程大部分任务。当时存在一种民工轮班或换班制，各公社抽调民工做法不一样，有5天、10天、20天、30天一换，运河北段工地民工进进出出，据1959年11月30日统计，运河北段民工70744人①。经过数万民工的艰苦奋战，运河北段任务于1960年1月初完成②。1960年1月2日，青年运河工地党委在廉城召开运河第六次功臣大会，庆祝运河北段胜利竣工。1960年3月8日，青年运河北段放水灌溉，这是雷州青年运河首次放水春耕，九洲江之水开始听从人民的调动，造福人民。

（三）运河南段工程施工期间

南段工程于1959年11月25日开始动工，1960年1月全线动工，工程全长162.1公里，分书房仔、西埇、河头和客路4个工区，由雷北县动

---

① 《看谁民工进场快》（1959年11月30日统计），《青年运河》，1959年12月1日第4版。陈华荣1959年11月28日晚在运河北段广播大会上说："35万水利大军将全部到达运河工地和其他水库，北段安排10万人搞。"根据1959年12月11日《青年运河》统计：进场民工是民工计划人数的71%。因此，运河北段工程进场民工人数最高峰在7万人左右，1960年5月14日全线放水后，在总结青年运河建设取得胜利之际，特别指出"组织了七万劳动力转战运河北段工程"，这也说明了运河北段民工在7万左右。

② 运河北段任务具体落实到工区、民工大队、民工中队，各工区、大队、中队完成任务的时间不一，如纪家大队于1959年11月15日提前完成运河北段工程任务，杨柑大队松树、荔枝山中队分别于1959年11月7日、13日完成运河北段工程任务，莲塘口工区于1959年12月19日基本完成工程任务，只有整个民工大队任务完成后才转战运河南段工程。界炮大队民工于1960年1月8日由公社党委第一书记陈京从北段工地率领回来，与运河南段民工会师。《纪家大队提前完成运河北段任务》，《青年运河》，1959年11月23日第1版；《松树、荔枝山中队提前完成北段任务》，《青年运河》，1959年11月26日第1版；莲塘口工区指挥部：《北段工程施工工作总结》（1959年12月23日），雷州青年运河管理局档案室藏；《南北英雄会师　誓夺决战全胜》，《青年运河》，1960年1月12日第2版。

员37个公社（农场）民工参与施工。雷北县委1959年12月计划派40万名民工进场，但最高进场282199人[①]，占当期民工任务的70.5%；1960年1—2月，受寒潮、春节、雨情等影响，当期要求2月1日32万名民工全部进场，截至2月13日，工地有21万多名民工[②]；1960年3月，运河民工从22万人减少到18万人[③]；4月2日，进场民工131874人[④]；4月15日，进场民工127364人[⑤]。这段时期民工人数变化大，但经过努力，1960年5月14日全线放水。

（四）其他工程施工期间

因鹤地水库受到台风袭击，1960年7—8月抽调民工前往鹤地水库进行抢修，完成施工任务后，回归转战河渠配套工程。此期间不再像过去那样集中几十万人搞运河，为不影响生产，解决粮食问题[⑥]，便采用基本队伍与非基本队伍制度召集民工。基本队伍即离开大队到工地开工的专业施工队伍。1960年9月，雷北县委提出建立3万人的专业队伍，工程队要建立起来[⑦]，基本队伍根据农忙农闲不同，抽调全县3%~5%劳动力计2.5万~5万人。非基本队伍，即不离开大队在公共食堂吃饭，上午参加农业生产、下午搞支渠的人员，占10%~20%，劳动力计5万~10万人。

雷州青年运河工程于1958年6月1日动工，1960年5月14日主河全线放水。历时23个月的施工过程，并非所有的建库开河亲历者都全程参与。本书34名口述者中，19人全程参加建库开河，15人仅参加其中某个时期的施工，甚至仅参加一个多月的抢险，如郑进作为中学生参加鹤地水

---

① 《水利第一战役评比名次表》，《青年运河》，1959年12月11日第1版。

② 《各级党委书记大搞试验田》，《青年运河》，1960年2月13日第1版。

③ 工程指挥部：《雷州青年运河1960年投资包干几点体会》（1960年4月4日），雷州青年运河管理局档案室藏，65-22-165。

④ 中共雷北县委水利指挥部办公室：《情况综合》（1960年4月2日），雷州青年运河管理局档案室藏，20-1-1。

⑤ 《运河施工在高速度的道路上高歌猛进》，《青年运河》，1960年4月15日第1版。

⑥ 《我县秋前水利运动掀起施工高潮》，《青年运河》，1960年10月15日第1版。

⑦ 《大抓配套工程掀起干渠大动工高潮》，《青年运河》，1960年9月3日第1版。

库抢险一个月。因此，他们的讲述仅限于自己的经历，尤其对鹤地水库和运河北段工程印象深刻。

八、民工劳动时间

劳动时间在这里指的是工程指挥部要求民工每天参加劳动的时间，《雷州青年运河志》（内部稿）对民工劳动时间没有记载。中央和广东省规定劳动时间一般为 8 小时，突击时 10 小时，最多也不能超过 12 小时。但“劳动时间长，加夜班”是笔者采访雷州青年运河建库开河亲历者的共同回忆，民工每天劳动时间究竟有多长？笔者通过研究 1958 年 9 月至 1960 年 9 月期间雷州青年运河档案资料及《青年运河》有关报道，发现民工劳动时间在不同时期有不同规定，大致可以分为四个层次：

（一）劳动 14 小时以上

1．鹤地水库全面动工初期

1958 年 9 月至 12 月，鹤地水库全面动工，目标是于 1958 年底完成全部工程，上到指挥部，下到民工，劳动热情高涨。1958 年 9 月初，工程指挥部召开第七次行政（扩大）会议，凌俊卿在《鹤地水库工程情况介绍》中指出：“各工区起码做 12 小时至 15 小时。”王勇在总结发言中指出：“正常保持 10 小时劳动，晚上加开夜班，实行三班制，每班 5 小时。”1958 年 10 月 23 日，司令部发布的《八项军事纪律》规定：“准确地遵守时间，白天劳动 10 小时，晚上按照师部规定执行。”工地党委、司令部发布《关于加强对当前施工领导的紧急指示》强调：“白天劳动时间绝不可少于 10 小时，开夜工的不少于 4 小时，不能多不能少。”师部根据工程任务有不同要求，大坝师（工区）发布《第四次战役作战命令》要求：“战斗时间定为两昼夜，一天作战时间为 16 ~ 20 小时，只准超过，不准缩短。”1958 年 10 月至 11 月，工程指挥部发动 8 次战役，劳动时间在 14 小时以上，战役一般以 5 天为周期，3 晚突击，2 晚休整。民工情绪高涨，在各种竞赛中甚至劳动17小时以上，如界炮民工提出摆擂台的条件“上工迎太阳，中午不收工，下工追月亮，夜晚三点钟，苦战三昼夜，天天十七点”[①]，与全县各乡竞赛；草潭团民工提出的竞赛条件是“力争每人每天劳动十七个钟头，三餐吃在工地”[②]；安铺团（由河堤团、横山团合并而成）大摆擂台的条件之一是“每天苦干16小时（正常情况不应超过10小时）”[③]。沈玉英说：“我们日夜做工，从早上6点做到晚上10点。开夜工回来，冲凉洗衣服，一般要到深夜十一二点才可以睡觉，第二天6点又要起床。如果碰到突击，连6个小时休息时间都保证不了。在鹤地修水库为什么感觉到辛苦？睡眠不足是其中一个原因。”[④] 8次战役结束后，全军及各师部召开2次评功表模大会，共评选出特等功臣、一等功臣、二等功臣、三等功臣共6650人（次），这些功臣大部分是民工，年龄上至73岁的老汉，下至16岁的小姑娘。

2. 运河南段全线开工初期

1959年11月下旬，运河南段全线开工后，指挥部开展高工效运动，提出1960年1月放水的目标，要求“平均每天劳动时间要保证11个小时，突击时间14个小时。实行短期突击，每5天突击3个晚上，2个晚上进行休整”[⑤]。

（二）劳动12～14小时

1. 防洪抢险期间

1959年5月4日至8日，鹤地水库降下347毫米的暴雨，水库水量从

---

① 大坝工区办公室：《界炮乡搭工棚摆擂台 一定要战胜太平》，《战斗快报》，1958年8月27日第1版。

② 大坝师部编辑组：《草潭团社会主义劳动竞赛书》，《大坝捷报》，1958年9月9日第1版。

③ 《安铺团大摆擂台》，《青年运河》，1958年12月8日第1版。

④ 2015年7月19日在遂溪县洋青镇洋青圩采访沈玉英录音资料。

⑤ 《青年运河全线开工第一次战地会议号召立即掀起施工高潮 坚决夺取第一战役胜利》，《青年运河》，1959年11月29日第1版。

0.5亿立方米突增到1.9亿立方米，水位高程从26.5米增至30.3米，平均每日上涨0.717米，最高一日上涨1.34米。但鹤地水库周围历史上月降雨量曾达695毫米，如果后续降雨超过300毫米，水库水位将涨至34米，而当时水库堤坝高程仅有35米，还要预留1米避风浪。这样，水库堤坝可能被淹，出现毁坝危险。5月10日，工程指挥部发出紧急抢险指示，日夜轮班打2次战役：第一次战役，在15日前抢筑堤坝高程至38米，确保堤坝安全；第二次战役，在21日前抢筑堤坝高程到40米，保证水库绝对安全。要求7万多抢险大军“劳动时间保持每天12小时，特殊情况例外”①。当时不少民工团劳动时间超过12小时，如北坡团在抢险中连续干了36小时。经过苦战，有的堤坝3天时间抢筑单边高程38米，大部分堤坝4天内基本完成。在为期一个月的抢险中，有19889人立功，占抢险人数的27%②，超过1959年5月2日工地党委颁布的《防洪抢险期间奖励办法的通知》规定的“个人立功占民工总数的15%”。

2. 运河北段施工期间

指挥部要求“劳动时间一般是10小时，开夜工的达到12小时”③。1959年10月至11月，工程指挥部计划打10次战役完成运河北段工程。打战役期间，每次战役为期7天，5天突击，2天休整。突击时一般都要开夜工，劳动时间达12小时，甚至有些突击队劳动时间超过12小时。如纪家大队飞龙突击队，作为标兵突击队，每天平均劳动14小时，有人劳动达18小时。一般凌晨3：30出勤，次日午夜1：00回来，安排5次大冲锋：4：00—6：00、7：00—9：00、13：00—15：00、16：00—18：00、20：00—23：00④。冯锦北说：“我记得我们城月有支突击队，大

---

① 王勇：《再接再厉　乘胜追击　一鼓作气抢到四十　达到安全高程》，《青年运河》，1959年5月20日第2版。

② 工程指挥部：《青年运河上游工程防洪抢险工作总结草案》（1959年6月28日），雷州青年运河管理局档案室藏，44－23－72。

③ 陈华荣：《大战十、十一月完成运河北段任务》，《青年运河》，1959年10月27日第1版。

④ 《先进集体单位（个人）先进事迹表》（1959年9月28日），遂溪县档案馆藏，4－长期－A12.1－102－001。

家还在睡觉，突击队长摸黑起床，悄悄把突击队员逐个从梦中叫醒，提前到工地搞土方，他们不想在与别的突击队竞赛中落后。”① 运河北段施工期间，有14948人被评为功臣，其中特等功臣648人，一等功臣2011人，二等功臣5866人，三等功臣6423人②。

（三）劳动10~12小时

1. 堵导流渠期间（1959年2月至4月）

导流渠原计划在1959年1月堵塞，但排水渠至1月底还有13万土方未挖通，为了2月10日堵导流渠，工地党委发动突击运动，王勇对排级以上干部提出民工的“时间安排，不少于8小时睡眠，不少于10小时工作，可以做到12小时”③。由于春节后民工上场人数大幅减少，3月份遇上汛期抢险，直至4月3日才堵导流渠。

2. 鹤地水库工程末期（1959年6月至8月）

1959年6月，鹤地水库抢险结束后，工地党委在分析当前情况及部署今后工作会议上提出：保证每天劳动10小时。随后，陈华荣在第二届功臣代表大会总结报告中指出：“劳力的强度问题，今后要减轻些，一般每天工作10小时，尽量不开夜工。”

3. 运河南段全线动工至主河开通期间

运河南段全线动工初期打第一次战役，是在水利高潮期，要求劳动14小时。④ 1959年12月5日，赵立本在全县电话会议上对当前水利运动做出重要指示：“睡眠时间也要保证8小时，不要连续整天整夜突击。”为了尽快挖通运河，做好当时的抗旱防旱工作，发动更多民工上场，雷北县县长赵怀君在一次紧急会议上提出：“（民工）每天要有8小时睡眠，劳动

① 2016年4月17日在遂溪县城月镇垌仔村采访冯锦北录音资料。

② 《青年运河第六次功臣代表大会召开》，《青年运河》，1960年1月3日第1版。

③ 《工地党委王勇书记对当前情况和今后工作做了指示》，《青年运河》，1959年1月28日第1版。

④ 《青年运河全线施工第一次战地会议号召立即掀起施工高潮　坚决夺取第一战役胜利》，《青年运河》，1959年11月29日第1版。

时间不要超过 11 小时。”1960 年 5 月 14 日，主河全线放水。

（四）劳动 8 小时

这主要在 1958 年 12 月底至 1959 年 1 月底实行。1958 年 10 月、11 月的 8 次战役使鹤地水库施工取得很大的成就，但长时间开夜工突击让民工吃不消。11 月民工向慰问团反映：“工作太重，上午 5 时开工干到夜里 12 时，有时突击通宵，在工作上冲锋过猛，整日冲，身体维持不下。”1958 年 12 月 22 日，农业部水利代表团到鹤地水库观摩现场施工后“特别强调贯彻毛主席的指示，保证民工睡眠时间”，实质上是建议鹤地水库要适当缩短民工劳动时间。26 日工地党委召开师政委会议，王勇对今后的劳动时间提出 4 个保证——“保证 8 小时休息，保证 8 小时劳动，保证完成任务，保证每天 2 小时学习”，要求进行工具改革以应对缩短劳动时间引起的工效下降，确保水库如期放水。在具体操作上 2 小时的学习时间因截流、挖通排水渠、堵导流渠、汛期抢险等施工任务紧迫被用于施工。最后如张玉池在《反掉右倾　确保四月放水》中指出的那样：“每天工作 8 小时，还要睡够 8 小时，突击时间，工作最多也不能超过 12 小时。”

从劳动时间来看，民工每天长时间劳动发生在鹤地水库全面动工前期、鹤地抢险和运河北段施工时期。笔者在遂溪、廉江采访建库开河亲历者时，他们对鹤地抢险、凿运河印象深刻，这也说明当时劳动艰苦。在年老时回忆起建库开河工作，仍感叹地说：“劳动一辈子，没有什么比修水库更辛苦了！”

艰苦的建库开河没有吓倒雷州半岛人民，他们当中有 585502 人次被评为功臣[①]，本书 34 名口述者中，有 23 人获得各级奖励，其中 5 人获得兴建雷州半岛青年运河纪念章奖励。据《青年运河》报道，杨庆、莫爱珍 2 人被评为一等功臣，陈梁生被评为三等功臣。

---

① 陈华荣：《三大“法宝”显神威　赤地千里银河成》，《青年运河》，1960 年 5 月 18 日第 2 版。

九、民工突击队

众多建库开河亲历者在接受采访时都以自己是突击队员为荣，突击队在突击施工中发挥了带头作用、模范作用和突击作用，是工地上的一面旗帜，是雷州青年运河建设战线的尖兵。以下根据档案、工地报纸和突击队长口述等资料，对建库开河期间突击队相关事情做一梳理。

（一）组建突击队

《关于兴建雷州半岛青年运河的决定》指出："要普遍组织青年突击队，贯彻包工责任制，开展比先进、学先进、超先进的运动，开展劳动竞赛。"建库开河初期，宋景惠提出："过五关后，还必须准备小型突击到大型突击，抓住时机组织一次全面的大规模的突击战斗。突击战主要靠青年突击队。"[①] 民工所在农业社组建民工突击队参加突击战斗，志同道合的民工积极分子为提高工效或解决施工中某个难题而组成突击队、小组，像坡脊工区勤丰营的穆桂英卫星小组、何良小组，大坝工区的文寮营杨爱小组。

（二）大量发展突击队

从 1958 年 10 月开始，工地党委为了解决工效低下等问题，指导工地团委大量组建以党员、团员和积极分子为骨干的突击队，最多时超过 95% 的青年民工加入突击队。资料显示：鹤地水库建设期间，共有 182 个突击队，4806 人[②]。运河北段建设期间，指挥部组建的突击队人数约占民工总数的 11%。运河南段建设期间，赵立本提出要扩大突击队规模到民工总数的 50% ~60%，党员、团员、功臣模范一律参加突击队，其他青年自愿参

① 宋景惠：《要在动工前后，过五关，斩六将》，《青年运河》，1958 年 6 月 5 日第 1 版。

② 《突击队开展活动的经验做法》，《青年运河》，1959 年 2 月 21 日第 3 版。

加，且占比要达95%。据统计，截至1960年3月，运河南段“有突击队3045个，98005人，占民工总数的40%”[①]。老人组建“千岁突击队”等，即该突击队全部队员年龄加起来超过一千岁，如河头纵队朱德方（72岁）组织17名与自己年龄相近的老人成立的突击队被命名为“千岁突击队”；少年组建罗成突击队、红孩儿班等；青壮年组建标兵突击队等。1959年11月8日，工地团委评选那良工区的红旗突击队（河头）、飞龙突击队（纪家）、火箭突击队（洋青），莲塘口工区的红旗突击队（城南）、向秀丽突击队（横山）、穆桂英突击队（安铺），新屋仔工区的穆花突击队（城月）、赵云突击队（下六）为标兵突击队[②]。运河南段建设期间，开展突击队运动达到高潮，工地团委推选出标兵突击队326个[③]。标兵突击队的主要经验和特点是：政治挂帅好，听党的话，劳动不讲条件，不计报酬，哪里有困难就到哪里去；带头苦干、巧干，工效高；特别是共产主义风格好，爱护工具，热爱集体，关心群体，经常团结教育、影响后进队和落后人，帮助后进赶上先进。他们是高工效的突击队，也是宣传队。

（三）突击队的作用

在雷州青年运河建库开河期间，突击队的作用表现在以下几个方面。

1. 土方主要完成者

突击队完成的土方占总土方量的70%～80%，突击队工效比一般民工高几倍甚至数十倍[④]。

2. 推动高工效运动

高工效运动贯穿整个雷州青年运河建设期间。鹤地水库建设期间称为

---

① 赵立本：《依靠三大“法宝”改山河》，《青年运河》，1960年3月22日第1版。

② 《坚决当高工效运动的突击手——工地团委举行突击队评比会议》，《青年运河》，1959年11月11日第2版。

③ 陈华荣：《认清形势　大鼓干劲　为实现更高速度建成运河而奋斗》，《青年运河》，1960年4月12日第2版。

④ 陈华荣：《认清形势　大鼓干劲　为实现更高速度建成运河而奋斗》，《青年运河》，1960年4月12日第2版。

高工效运动，运河北段建设期间称为英雄车手运动、定额超奖运动、超产优质运动，运河南段建设期间称为五比红旗竞赛运动、保红旗竞赛运动、“考状元”运动。安铺穆桂英突击队在“考状元”运动中创造30方的高纪录。

3. 创下崇高声誉

1959年12月，广东省水利建设青年突击队手代表会在雷州青年运河工地召开。会议认为突击队为雷州青年运河赢得全国性声誉做出巨大贡献：1958年底，莫湖当选全国青年社会主义建设积极分子，莫珣当选全国农业社会主义建设先进单位代表；1959年，苏培英应邀到北京参加新中国成立十周年观礼大会，并被评为全国三八红旗手；吴云英应邀于1959年9月29日到广州参加新中国成立十周年广东省观礼大会；1960年，黄惠英受邀前往北京出席全国文教战线群英会。

4. 群众运动的中心突击力量

在青年运河工程建设期间，截至1959年12月，1600多个突击队中涌现出9000多名英雄突击手，这些人成为群众运动的中心突击力量和高工效运动的尖兵。

5. 带头攻克艰难

突击队提出“四不怕、五带头、六保证”的豪迈战斗口号。四不怕是：不怕风雨，不怕夜战，不怕地硬，不怕爬坡。五带头是：带头早出晚归；带头开展劳动竞赛，冲锋陷阵；带头团结群众，关心群众生活；带头发扬共产主义风格，支援落后；带头使用先进工具和推广技术革新经验。六保证是：保证听党的话，安心工地，不动摇，干到底；保证每天每人完成20方；保证起模范带头作用；保证服从领导，遵守纪律；保证发展突击队占民工70%以上；保证质量和安全。突击队先后攻克运河最艰难的工程，演绎出“八路雄狮攻克四五·一高地”“不拿下扫头岭不罢休”“三路英雄奋战石龙山”的感人故事。

十、民工生活

食宿是笔者采访建库开河亲历者时谈论最多的话题之一，简单来说，就是苦、饿、差，尤其在鹤地水库和运河北段建设期间。

（一）住宿

1. 自搭工棚

雷州半岛青年运河建库开河期间，指挥部要求“民工一律住工地”。雷州半岛青年运河工程指挥部办公室在1958年6月18日的《行政会议总结》中指出：“现在住的主要是民房。”当时民工李有才说：“住在民房里，离工地有堂二三路[①]，每天来回跑两个钟头，劳动累，回家累。”[②]莫爱珍在接受采访时说：“刚去时还没搭工棚，民工住当地村民家里。该村是库浸区，已经有部分人搬迁，空出一些房子，指挥部就安排我们住这些空房。后来我们到山岭上住搭建的工棚，直到鹤地水库工程结束。”[③]因住民房存在零散不利管理、距离工地远影响出勤率且不安全等问题，工程指挥部要求就近搭工棚，解决民工住房问题。

搭工棚面临费用、材料由谁负责的问题。最初，设想工棚费用、材料公家负主责，民工自带睡觉用的稻草和木板。公家要解决10万~20万上场民工的住宿，需要花很多钱来购买数量巨大的草料和木料，这不符合民办公助、勤俭治水的方针，便要求民工自搭工棚，由乡社负责工棚所需要的草料、木料。

① 堂二三路是白话，相当于雷州话2~3铺路。铺路旧时是度量单位，1铺路相当于现在5公里。

② 李有才：《我的思想是怎样安定下来的》，《青年运河》，1958年6月21日第2版。

③ 2016年11月26日在廉江市安铺镇牛皮塘村采访莫爱珍录音资料。

要想搭好几万民工的工棚是一件很不容易的事情[①]。冯锦北回忆从家乡运输材料到鹤地搭工棚时说："生产队派我和另一个民工运桁子、竹木、茅草等材料到鹤地搭工棚。上午，我们拖车前往鹤地工地。为了尽快把材料运到工地，我们商量分头行动：一人快速走在前面，一人赶车在后面跟着。步行者在前面某个约定的地方休息，待赶车者到达约定地点，换由休息者赶车，原赶车者步行到下一个约定的地方再休息。我们一路轮换，煮了3次饭，夜晚停车在公路旁的草地上睡觉，第二天晚上才到达鹤地工地。"

由于材料缺乏、任务紧急，民工大队采取如下方式搭建工棚：第一，采取替用品搭盖工棚的方式。像河堤大队缺乏竹料，用稻草扭结草绳代替竹皮（竹篾）扎桁条，基本完成4000多名民工住的工棚[②]。第二，搭盖大工棚。雷州半岛青年运河工程司令部对民工工棚提出卫生要求：工棚不宜过大，住的人数不宜过多，一般以30~50人较为适当。为了确保民工身体健康，提高出勤率，工程指挥部及医疗防疫大队部对搭工棚提出建议：长20米左右，宽4米，两端各开门，南北对流。实际上，受材料限制，工地更多的是搭长工棚。1958年9月4日，雷州半岛青年运河工程指挥部办公室综合情况简报透露："大坝工区民工工棚已搭好14座，可住8440人。"遂溪洋青民工陈进保回忆时说："我们村男男女女就有二三百人，整个洋青民工团数以千计。洋青、其连、文相、马群、百桔仔等大队的工棚紧挨一起，其连、马群、文相3座工棚并排，工棚门口向东，延伸到山顶。"1958年12月8日，安铺新民工上场，紧急搭好新工棚60多座，解决7000人住地[③]，即117人/座。

1959年11月20日，青年运河工地将139公里长的运河南线划分为4个施工工区，搭工棚697座，容纳3万民工，耗费禾草225万斤，木材2万多条，竹料17万多条。

---

① 卫生保卫处：《鹤地水库工地卫生工作报告》（1958年11月1日），雷州青年运河管理局档案室藏，19-6-58。

② 坡脊工区办公室：《河堤民工大队用稻草代替竹皮搭工棚》，《青年运河》，1958年7月24日第2版。

③ 《多快好省搭工棚》，《青年运河》，1958年12月8日第1版。

2. 床位

根据工棚的卫生标准，每个民工应有 2 平方米床位，实际上，工棚材料缺乏，民工床位远小于 2 平方米。民工床上用品自己负责，“睡觉用的稻草、木板应由民工自带”，但由于家庭条件限制，民工普遍没有床板，只能铺稻草、砂石、原木，直接睡地上。卜民说：“内分两排，铺上稻草、茅草，没有床板，民工自带被褥，没有蚊帐，铺上破旧草席即为睡铺。”陈进保说：“‘床位’没有床板，为避免睡觉时身体接触地面受寒，将涯仔蓑[①]垫在地面，铺上草席即为‘床’。后来涯仔蓑烂了，我们用稻草铺垫。”谢成由说：“棚内铺设参差不齐方块石作为睡铺，草席直接铺在方块石上做床铺。我们睡在硬邦邦、凹凸不平、湿润的方块石上，因抢险工作艰苦，很多人和衣勉强入睡！民工后来趁晴天各自到附近山岭割茅草垫在方块石上，才解决睡觉问题。”韩硕说：“睡觉的地方非常简陋，工棚地面铺垫一层河沙，并排一段一段的松木、杉木做床垫，后来睡觉硌得难受，把木头抽出，抹平沙子铺上草席睡觉。”

工程指挥部有关报告也指出床位简陋的问题。1958 年 9 月 21 日，张玉池在第一次政工会议上指出，“有的住地没有床板，没有铺草”，并要求住地没有床板和铺草的要设法尽快铺上草。1958 年 11 月 1 日，雷州半岛青年运河工程指挥部在鹤地水库卫生工作报告中指出：“民工集中居住工棚，同时又是睡地上，大部分未带床板。”

3. 孖铺[②]或轮流睡觉

因天气变化、民工突增，民工只能孖铺或轮流睡觉。

（1）孖铺睡觉。1958 年 10 月 27 日，雷州半岛青年运河工程指挥部横山民工大队部在《横山团第四次战役总结》中指出，民工生活问题包括寒天棉被问题，有些民工说：“在家两公婆或几兄弟共用一床被，现在分开两地，给谁盖好？”1958 年 10 月 31 日，中共雷州半岛青年运河工地委员会、雷州半岛青年运河工程指挥部在《为做好当前工地卫生工作的决

① 即蓑衣，因讲涯话的人较多使用，故被讲雷州话的人戏称为涯仔蓑。

② 两人或多人睡一个床位，共盖一床被子。

定》中指出："现在天气逐渐寒冷，民工的衣被甚少。各团马上设法组织专人回公社借取部分衣被来，并向当地公社联系收购些稻草以便晚间保暖。建立起孖铺制度。"卜民说："当时天寒地冻，湛江地区民政局下放干部见我被褥单薄，就让我与他孖铺，解决缺被子的问题。"新民工上场，床位一时供不应求，出现民工孖铺情况："老战士合床合被，把床被让给新战士，老战士情义重大，礼貌周周地把被送过去。新战士不愿受下，等一会儿又把被送了回来。第三营原来3人同床合被，现在实行4人同床打横睡，把节余的被子让出来。各营原本都有20～40个新战士没被子，现在都得到解决。"①

（2）轮流睡觉。1958年11月底掀起冬春水利高潮，鹤地水库工地新上场3万民工，为了加速工程进展，解决工具、床位不足的困难，各师团指战员、炊事员、施工员、技术员等都要分两套人马，日夜轮班奋战，人停工具不停，实行日夜两班制，每12小时一班。因床位紧张，以坡脊师为试点，采取一个床位民工轮流睡的方法。1959年5月鹤地水库抢险时，也采取轮班施工的办法。

两班制作息时间表②

项目	起床	洗刷	早饭	开工	小结讨论	午饭	洗涤衣物	开工	晚餐	文化娱乐	开工	睡眠
一班时间	5：20	5：20—5：30	5：30—6：00	6：00—10：00	10：10—10：30	10：30—13：00	13：00—14：00	14：00—18：00	18：10—18：40	18：40—22：00	22：00—2：00	2：10—9：10
二班时间	9：20	9：20—9：30	9：30—10：00	10：00—14：00	14：10—14：40	14：40—16：00	16：00—17：00		17：30—18：00		18：00—22：00	22：00—5：20

① 《新老战士互相鼓舞作战》，《卫星报》，1958年12月11日第1版。
② 《施工轮班制的试点报告》，《卫星报》，1958年12月13日第1版。

（二）饮食

1. 食堂

雷州青年运河建库开河期间，县、乡、社分合及人民公社成立影响着民工食堂的设立。设立食堂主体有民工中队、民工团。

1）中队食堂。

1958 年 6 月雷州青年运河开始动工，宋景惠在《要在动工前后，过五关，斩六将》中指出：“民工由社记分，如粮食自带。有关部门要做好供应工作，由社统一筹划、统一集中、统一管理、统一煮食等。”民工组织以乡、社为单位分别成立民工大队、民工中队。民工中队设公共食堂，统一煮食。

2）团部食堂。

1958 年 9 月后，农业社生产资料和社员生活资料收归公社所有，公社有权无偿调用生产队的土地、物资和劳动力等。1958 年 12 月，雷州青年运河工地普遍以民工团为单位分两种方式设立公共食堂，一种是由公社统一伙食标准，把各营（中队）的食堂作为民工团分食堂。如北坡团三合营伙食费根据公社统一规定，人均一天 2 角 8 分。一种是重新搭建团食堂，如洋青民工团食堂，“或 6 人或 10 人一席；杨柑民工团食堂由以前 7 个小食堂合并而成，当时全团 1400 多人有 70 多名炊事员。合并食堂后有 2000 多人”①。

3）合办食堂。

1959 年 6 月，公社开始整顿，根据群众意愿，实行分队分食堂，参加食堂以自愿为原则，运河工地以民工中队设立食堂。运河南段全线开工后，运河工地中队或小队办食堂合并为纵队或几个中队办大食堂，如杨柑纵队布政大队把小队 15 个食堂合并为 1 个；黄略纵队九东大队把 12 个小食堂合并为 1 个大食堂，整个黄略纵队由过去 19 个食堂合并为 2 个食堂。公社或纵队不再统一伙食标准，民工伙食标准有差异。

---

① 《杨柑团食堂饭热菜香卫生好》，《青年运河》，1958 年 12 月 17 日第 3 版。

民工供给由农业社、公社、生产队（大队）负责，公社在辖区内可以无偿平调生活物资给缺伙食的工地民工。1958 年 9 月 16 日，北坡乡与下六、草潭两乡合并成立红星人民公社，1958 年 11 月中下旬，在鹤地工地的北坡团从公社领回 2 万斤粮票和 700 斤咸鱼，经领导决定：北坡分得 6000 斤粮票、中鱼 109 斤（按平均可分 160 多斤）、小鱼 253 斤[①]。杨恒友说："在鹤地修建水库的洋青民工团包括文寮、洋青和百桔仔等营，文寮大队有余粮，百桔仔大队欠粮。公社就开证明让百桔仔大队派人到我们大队粮食仓库运粮，送到鹤地供应民工。"[②] 陈进保说："公社化后，俩塘、芝兰的民工粮食紧张，向我们（其连）借粮食，我们借了好几百斤大米给他们，这些借粮变成'老虎借猪，有借无还'了。"[③] 梁克宽说："有段时间，杨柑同界炮两个乡合二为一，恰逢原界炮乡送很多咸鱼到鹤地，杨柑民工也分得不少。因缺少花生油，只能用煲仔将咸鱼焗熟，香喷喷的，作为民工一日三餐的配餸。我们持续吃一两个月的咸鱼，爽死了。"[④]

2. 伙食

饥饿是运河民工普遍反映的问题，建库开河期间，民工具体吃什么呢？

1）伙食标准。

建设鹤地水库期间，雷州半岛青年运河工程指挥部要求：除了粮食外，商业部门按照 5 万人需求定量供应以下生活物资：猪肉（每人每天 1.5 两，十六两制，折合十两制，约 0.9 两）4800 斤；瓜菜咸菜类（每人每天 4 两）12500 斤、咸鱼（每人每天 1 两）3125 斤。

雷州半岛青年运河工程指挥部 1958 年 7 月 6 日颁布《关于重新规定财务管理及开支标准范围的通知》，规定："经批准选派往外地参观、学习的民工旅差费实报实销，伙食补助每人每日 0.4 元。"但工地民工伙食费

① 《舍己为人情可嘉》，《战讯——青年运河增刊》，1958 年 11 月 23 日第 1 版。

② 2015 年 7 月 21 日在遂溪县洋青镇文相村采访杨恒友录音资料。

③ 2015 年 7 月 31 日在遂溪县洋青镇其连村采访陈进保录音资料。

④ 2021 年 5 月 23 日在遂溪县杨柑镇白水塘村采访梁克宽录音资料。

由团（营）负责，标准普遍低于每人每天 0.4 元。统计《青年运河》关于 1958 年 7 月至 1959 年 1 月期间民工伙食的报道发现：各团（营）民工伙食标准从每人每天 0.25 元至 0.48 元不等，统计 8 个团（营）平均伙食标准为每人每天 0.35 元，5 个团（营）伙食标准低于每人每天 0.4 元，即民工所说的“吃得差”。

2）具体伙食。

（1）主食。雷北地区由于缺水，农村普遍以番薯为主粮，国家补粮以大米为主搭配 20% 番薯[①]，民工自带口粮大部分是番薯等杂粮。民工主食有大米、杂粮，包括番薯（新鲜番薯或番薯丝、番薯干块或干丝）、芋头和南瓜（可粮可菜）。

（2）各地民工主食比例不同。根据民工所在的公社或生产（大）队情况以及时期不同，主食比例不同。①在渠库施工期间，民工主食大多以番薯为主，少数米、薯兼吃。河头乡民工在工地很少吃到干饭，绝大部分时候是吃薯粥或番薯丝汤[②]。②鹤地水库全面动工前期，民工普遍以吃大米为主，兼吃杂粮。一般每人每天吃 1.5 斤米，后期因公社化，粮食紧张，直到 1959 年 6 月 21 日开始，国家每人每月供应 35 斤大米，如果民工还吃不饱，由公社补助一些杂粮。③运河北段建设期间，民工以吃大米为主，这得益于国家按人头供应粮食，每人每月 30 斤大米，多劳多食，最多可以吃到 36 斤。但由于劳动繁重，体能消耗大，公社杂粮供应不足，民工普遍感到饥饿。④运河南段建设期间，赵立本指出：“每月的定额是 120 个土方，每人吃 30 斤大米；凡超过定额 30 方的可以吃到 35 斤，凡超过定额 50 方以上的吃到 36 斤，另外还要带些杂粮来。要保证民工吃饱。”

---

① 1958 年 7 月 9 日雷州半岛青年运河工程指挥部颁布《关于粮食供应配搭番薯的通知》，规定：“民工凡持补助的运河专用粮票到粮站购粮时均配给 30% 番薯（薯干、薯丝等）。”8 月 14 日，雷州半岛青年运河工程指挥部召开供应会议，根据湛江专员公署 8 月 7 日做出的《关于粮食供应应搭配番薯的几项规定》，将搭配比例修改为 20%。以上两份档案均为雷州青年运河管理局档案室藏，7－28－68、7－30－73。

② 遂溪县指挥部：《青年运河遂溪工段工程总结》（1958 年 7 月 30 日），雷州青年运河管理局档案室藏，8－13－202。

实际上，并不是每个民工都能完成每天4方的定额土方任务，民工一天少的吃2两米，多的吃2.4斤米。据《青年运河》报道，1959年12月，客路公社田头大队给工地民工送来大米2100斤，番薯31000斤；1960年1月，“城月公社邦机大队民工每人每天吃4.5斤番薯、4两米（参加挖土方的）”，其后勤人员每人每天吃4.5斤番薯、2~3两米。1960年1月17日，河唇中队上村大队得到公社大队拿出的储备粮500斤、杂粮10000斤。在1960年夏收前，工地食堂推广“高产饭”“双蒸饭”，民工吃“高产饭”“双蒸饭”虽能吃饱，但饿得快。

（3）菜式。民工的菜、肉主要通过两种方式获得。①采购。菜金由公社负责，根据《青年运河》有关报道，民工菜金每人每天0.03~0.08元，突击时每人每天0.1元[①]。这点菜金只能购买最低价的瓜和青菜作为日常生活的蔬菜，肉类除咸鱼外极少购买。卜民说：“洋青民工团食堂有一两千民工在一起就餐，规定每餐4两米，一菜一汤，很少有油脂、肉类。”[②]有时因公社支出菜金存在困难，支援不及时，有的民工没钱买菜只好点盐下饭。1959年9月8日中共雷北县委在《雷北县1959年度水利工作总结初稿》中指出：“有些民工……没钱，菜也没有吃，只吃盐送下饭。”②自搞副业，种菜、养猪。种菜、养猪经历自发、发动两个阶段。民工自发种菜、养猪主要在鹤地水库建设期间，据《青年运河》报道，1958年12月17日，杨柑民工团食堂养猪19头，种菜20余亩，每天收获白菜700斤。党委发动种菜、养猪主要在运河北段、南段建设期间。据《青年运河》报道，1959年8月13日，陈华荣要求各级领导要深入食堂把民工生活安排好，并大食堂，大力种植蔬菜，养猪、养鸡或养鱼。1960年3月22日，赵立本说：“在施工过程中，各公社都组织工地开展副业生产，养

---

① 勤丰营菜金3分、廉城团菜金3分、客路公社田头大队菜金5分，突击时每人菜金10分，河唇中队上村大队菜金8分。参阅：《新人新事满工地》，《青年运河》，《青年运河》1958年10月7日第2版；《廉城团出勤率高 工效倍增》，《青年运河》，1959年1月11日第1版；《高速度 高质量 高工效》，《青年运河》，1959年11月29日第1版；《上村大队工效翻四番》，《青年运河》，1960年1月17日第2版。

② 2015年7月20日在遂溪县洋青镇俩塘村采访卜民录音资料。

猪达 1200 头，种菜 1711 亩。”

3. 粮食来源

“饥饿”是笔者所采访到的雷州青年运河建库开河亲历者的共同回忆。参加由国家投资兴建的大型水利工程建设的民工，基本上由国家按计划供应粮食，像与雷州青年运河工程同期兴建的良德水库和松涛水库，由国家投资兴建，民工每人每月 45 斤米（每天 1.5 斤，一天三餐，每餐 0.5 斤），而雷州青年运河工程民工每人每月 42 斤米，1959 年 6 月以后因国家经济困难，减为 38 斤，后再减到 30 斤[①]。雷州青年运河作为民办公助工程，民工粮食供应可分为混合供给（即自带口粮和国家补助粮）和国家全面供给两种情形。

1）混合供给。

（1）自带口粮[②]。雷州青年运河采取民办公助形式开始兴建时，农村已成立农业合作社，农民走集体化道路，因此，民办公助要求农民自带口粮，农民把合作社分配的粮食由集体统一自带或转运到工地。但合作社有余粮社、平衡社、缺粮社之别，民工自带的口粮种类和数量因社的不同而有所差别。

①种类和数量。种类主要是番薯、大米，工程动工到秋收前大多数以番薯为主[③]，民工在工地很少吃到干饭，绝大部分时候是吃番薯粥或番薯

---

① 高州县政协文史组、鉴江流域水利工程管理局编：《高州文史·高州水库史专辑》，1987 年，第 21 页；谢声濂：《第一把钥匙是怎样锻造成的》，海口：海南出版社，2015 年，第 52 页。

② 青年运河遂溪县指挥部通知《关于做好粮油供应的问题（1958 年 5 月 28 日）》指出：“各乡民工参加水利工程，带来自己的口粮部分。”遂溪县档案馆藏，3－长期－A12.9－047－010。

③ 雷州青年运河工程在 1958 年夏收之前动工，加上雷州半岛有以番薯为主食的习惯，番薯基本上成为民工的主粮，如横山乡在开始筹备动工两天内投入番薯 5000 斤；廉江车板乡三星社某村 183 人，献捐番薯干 3660 斤；河堤社运来 4000 斤番薯；廉江县城南乡 5 个社给民工送来番薯 42250 斤，大米 1479 斤；客路公社成立后勤委员会，运到工地的大米有 2100 斤，番薯 31000 斤。参《青年运河》，1958 年 6 月 9 日、1958 年 6 月 12 日、1958 年 6 月 15 日、1958 年 6 月 21 日、1959 年 12 月 1 日。

丝汤[①]。民工自带口粮数量在三种社中有所不同，工程指挥部原则规定，民工因不同工种供应粮食标准不同，每人每月平均35斤（指挑土、挑石的民工），其他散工，劳动强度较轻的，一般是每人每月30斤；如果特别重体力劳动的每人每月供应40斤。如有不足，可适当配给杂粮（番薯）。如不能解决粮食的中队（即合作社），可以提出申请由大队证明报工区指挥部批准，向粮食部门暂借（但应以大米与番薯相配）[②]。民工自带口粮数量由合作社根据实际情况决定，没有统一的数量。笔者收集的500多份档案中，一份《良垌乡党委向指挥部报告粮食困难情况》的档案，谈及农业合作社社员的口粮分配情况。因受旱灾影响，良垌乡17个社社员全年平均口粮为60斤（稻谷），大多数在40多斤。

②方式。合作社受到距离工地远近、粮食种类和粮食部门政策等因素影响，自带口粮有委托运输和自行运送两种途径。委托运输适合距离工地超过30公里的合作社，由工程指挥部委托火车站免费把民工自带口粮送到工地，粮食种类主要是番薯。自行运送是指合作社自行运输粮食或自带提单交给工地民工，这种方式主要适合大米。合作社全米（稻谷）交给当地粮食部门，由粮食部门签发提单（或换取粮票），到工地粮食供应点凭单（票）领取。由于工地粮食供应站按政策搭配20%～30%不等的番薯，有些合作社便自行运送粮食到工地。杨恒友说："他们运大米到鹤地，路

① 遂溪县指挥部：《青年运河遂溪工段工程总结》，雷州青年运河管理局档案室藏，8－13－202。《青年运河》对此有记载，如河头民工普遍以番薯（干）为主，即使是廉江石岭、良垌等地来参观的民工代表，午餐也是吃黄（新鲜番薯丝煮的）、黑（番薯干丝煮的）两色番薯粥；城南民工初到工地时，每人每天吃1.5斤米和5斤番薯；界炮在最初一个多月青黄不接期间，总是吃三餐番薯干丝粥；城月初到运河工地时，普遍是食番薯干粉，后发营当时足足食了七天点盐番薯干粥；城月公社邦机大队定出每人每天吃4.5斤番薯、4两米（参加挖土方的）；后勤人员每人每天吃4.5斤番薯、2～3两米。《青年运河》，1958年6月21日第2版、1958年7月14日、1958年12月3日、1959年4月24日、1960年1月12日。

② 办公室：《行政会议总结》（1958年6月18日），雷州青年运河管理局档案室藏，12－10－51。工程指挥部的规定与稍后湛江市（仅限于郊区）粮食局对民工粮食供应标准"重体力劳动力36～41斤，中等劳动力31～35斤，轻体力劳动力26～30斤。民工带来粮票每天以半斤为限"略有不同。湛江市粮食局：《关于规定青年运河工程、堵海工程人员粮食供应指标的通知》（1958年8月25日），雷州青年运河管理局档案室藏，7－21－54。

过一河沟，拖车佬拖车技术差，撇牛[①]不当翻车，袋装大米全部泡在水里。捞起来继续运到鹤地，泡水大米隔夜发臭，难以入口，最后用来喂鸡、喂猪。”[②]

“雷州青年运河水利工程是民办水利，一切民工粮食都是要自带的，粮食供应原则上不作赊借。”[③] 早造收成不好影响民工口粮供应，工地存在借粮、断粮、无粮的现象。横山团 1958 年 10 月 27 日在《第四次战役总结》中指出：“生活问题。主要是无粮无钱。各营现存粮食、菜金不多，亟待解决。”遂溪县慰问团到鹤地工地慰问民工时了解到“特别严重的粮食问题，由于公社未按时支援粮食，形成工地经常借粮、借米、断粮的现象”[④]。迫于民工断炊可能停工的现实，指挥部向民工赊销粮食，廉江县粮食局向参加鹤地水库施工的 12 个乡借出 173 万斤粮食，1959 年 1—4 月，鹤地水库工程用去 1600 万斤粮食[⑤]，截至 1959 年 6 月 12 日，整个运河工程食去 3000 多万斤大米[⑥]。

（2）国家补助粮。鹤地水库全面动工期间，国家给予民工粮食补助。

补助标准有二：一是按土方补助。人民公社成立前，雷州半岛青年运河工程指挥部规定每个民工“每个劳动日要完成 3 方土的基本任务，争取 5 方土以上。粮食补助标准为每 3 方土补助 1 市斤的粮票”[⑦]，廉江县执行该补助标准，即 3 方土补助 1 斤粮票。遂溪县民工补助标准为“每完成 4 个土方补给米票 14 两”。二是按定量补助：每人每月补助 15 斤米票。1958 年 11 月 3 日起，全区人民公社一律实行粮食定量供给制，社员吃饭

---

① 即拖车人拉着牛绳向右甩的动作。

② 2015 年 7 月 21 日在遂溪县洋青镇文相村采访杨恒友录音资料。

③ 工程指挥部：《总指挥部召开供应会议的情况》（1958 年 8 月 18 日），雷州青年运河管理局档案室藏，7 - 31 - 77。

④ 《遂溪县慰问团到鹤地水库慰问情况报告》（1958 年 11 月 7 日），遂溪县档案馆藏，3 - 长期 - A12.9 - 047 - 023。

⑤ 陈华荣：《人人争当英雄汉》，《青年运河》，1959 年 4 月 24 日第 2 版。

⑥ 陈华荣：《想尽一切办法争取七月底完成上游工程》，《青年运河》，1959 年 6 月 14 日第 2 版。

⑦ 雷州半岛青年运河工程指挥部：《雷州半岛青年运河建设动员民工完成任务的办法（草案）》（1958 年 6 月 13 日），雷州青年运河管理局档案室藏，1 - 6 - 47。

不要钱。遂溪县根据当年晚造稻谷收获情况，从 1958 年 11 月 3 日起至 1959 年 6 月底近 8 个月时间，大小人口平均每人每月有大米 41 斤，一天可以吃两餐米饭。1958 年 11 月 19 日，廉江、遂溪和海康一部分合并为雷北县[①]。1958 年 12 月，鹤地水库工地相继组建以公社为单位的民工大食堂，洋青、杨柑民工团建立第一个新型大食堂：6 人或 10 人一席，杨柑民工团 12 月 2 日开始实行 1450 人的高度集中的大食堂制度[②]。1958 年 12 月，吃饭不要钱因粮食不足停止[③]。1959 年 1 月恢复粮食补助，国家每月可补助每人米票 15 斤，以补不足[④]。因公社粮食供应大食堂超量，工地粮食逐渐紧张，陈华荣说："食饭问题光靠米不行，要食一部分杂粮，后方要送杂粮、送菜到工地。"[⑤] 公社对工地粮食"支持不够，粮食问题已发展成为一个比较普遍的问题。雷城公社东洋团邦塘、合兴两营因为工地无粮断炊"[⑥]，直到国家全部承担民工供给。卜民所说"修建水库前期粮食供应充足，后期短缺"即指此情况。

2）国家全面供给。

"让民工吃饱"是鹤地水库工程得以施工的前提，王勇、陈华荣、张玉池等工程指挥部领导从 1959 年 4 月至 6 月在各种场合多次谈及粮食困

① 1960 年 11 月 9 日雷北县改为雷州县，1961 年 3 月 29 日撤销雷州县，恢复廉江、遂溪、海康县建制。

② 《食堂好　人人夸》，《战讯——青年运河增刊》，1958 年 12 月 7 日第 1 版。

③ 中共遂溪县委党史研究室编：《中国共产党遂溪历史大事记（1949. 11—2009. 09）》，2009 年，第 69 页。

④ 《下决心赶时机　誓把运河修好》，《运河快报》，1959 年 1 月 16 日第 2 版。

⑤ 指挥部：《陈书记在县水利会议上的总结报告》（1958 年 12 月 5 日），雷州青年运河管理局档案室藏，12 - 15 - 91。

⑥ 海康指挥部：《关于第一、二战役工作的总结》（1958 年 12 月 25 日），雷州青年运河管理局档案室藏，29 - 3 - 8。

难问题[①]，并向中共湛江地委反映。1959 年 6 月 21 日，孟宪德前往鹤地水库检查工作，宣布民工粮食由国家全额补助。全额补助先后经历两个阶段：

（1）按人数补粮。按照人数每月补助大米 35 斤，从 1959 年 7 月开始至 1959 年 12 月止，经历两个阶段：①一级分配。修建鹤地水库时，针对公社存在粮食供应等方面的实际困难，孟宪德宣布“每人每月补助大米 35 斤，这样公社今后基本不送粮食来了，但在可能条件下，要设法每月每人送番薯干 5 斤”[②]。随后，雷北县委提出：“对工地民工粮食问题，考虑目前各公社负担有困难，特决定从 1959 年 6 月 21 日起，所有运河民工粮食由国家负责包干，每人每月供给 35 斤大米，至于杂粮，每人每月可送 5 斤番薯干，菜金仍由各公社或大队负责。”[③] 没有缺粮后顾之忧的数万民工大军经过近 2 个月日夜奋战，于 8 月底完成鹤地水库工程。②二级分配。开凿运河北段期间，民工粮食补助采取二级分配制。指挥部采取土方任务包干制，按照各公社应出的民工数量多少划片包干逐级负责，按人

① 1959 年 4 月 18 日青年运河工地党委召开运河工程建设积极分子代表大会，王勇、陈华荣、张玉池分别做了开幕报告、会议讲话和总结报告，均提到粮食问题。王勇说：“粮食方面，每月每人平均 35 斤，决定除每月给予每人 28 斤基本口粮外，其余 7 斤亦根据个人劳动情况进行评定，多劳多食，少劳少食。”陈华荣说：“粮食问题，要继续宣传，使每个民工都安定下来。采取回忆、算账、对比的方法，向广大民工讲清楚粮食指标的道理，我县今年光运河上游工程的粮食，就用去 1600 万斤。”张玉池说：“粮食实行基本口粮加奖励制度。”陈华荣指出：“生活要解决好，要求民工能吃饱饭，现在粮食除公家补助 15 斤大米外，同时要借指标给公社，钱由工地暂拿出来，但已收成的地方应在公社多拿，未收成的公社也要多搞些杂粮来，这样民工就可以吃饱了。”《鼓起更大干劲　提前完成任务》，《青年运河》，1959 年 4 月 24 日第 1 版；陈华荣：《人人争当英雄汉》，《青年运河》，1959 年 4 月 24 日第 2 版；张玉池：《乘胜猛攻　为打好上游工程歼灭战而努力》，《青年运河》，1959 年 4 月 24 日第 3 版；陈华荣：《想尽一切办法争取七月底完成上游工程》，《青年运河》，1959 年 6 月 14 日第 2 版。

② 孟宪德：《对青年运河工程工作的指示》（1959 年 6 月 21 日），雷州青年运河管理局档案室藏，39－13－44。

③ 中共雷北县委：《关于当前水利运动中几个问题的补充指示》（1959 年 6 月 23 日），雷州青年运河管理局档案室藏，31－25－62。《雷州青年运河志》第 26 页记载：“1959 年 7 月，中共湛江地委决定给每个民工每天补助粮食 0.5 公斤。”这个补助数字与雷州青年运河工程指挥部《雷州青年运河工程 1959 年工作总结》（1960 年 2 月 15 日）里的“至 1959 年 7 月地委考虑到遥远的公社运输困难，每个民工每月才补助 35 斤粮食”记载有出入。

头补助粮食35斤/月给以公社为单位组建的民工大队，要求民工大队“要贯彻‘多劳多得、多吃’的原则，粮食供给，80%为基本口粮，20%为劳动奖励部分”[①]。

（2）按土方补粮。按照土方补助大米从1959年11月运河南段施工开始，至运河主干渠全线放水（1960年5月14日）止。因民工跑掉、工效降低、工期延长，人均日粮食补助无法满足民工“吃饱”的需要，建库开河亲历者说：“运河北段施工最辛苦，吃不饱，施工艰难，劳动繁重。”民工营长杨庆说：“民工吃不饱，由鹤地吃米饭到那良喝稀粥，民工出现伤寒、水肿等症状。”杨恒友说：“民工粮食按每天出勤人数供应，每餐4两米，勉强够吃。我发现有人上报出勤人数时会多报一点，民工每天就可以多吃1~2两米，能吃饱，才能提高劳动积极性。”张玉池1959年10月12日在第四次评比会上说：“有的大队虚报人数，冒领粮食。”[②] 因此，运河南段工程开始时，改按土方补助大米，把土方任务分配到公社，实行粮食包干制度，粮食补助由公社掌握，要“保证民工每月吃30斤/人，民工每月的定额是120个土方”[③]。补助并不是固定到每个人，要贯彻“多劳多吃”原则，“凡超过定额30方的可以吃到35斤，凡超过定额50方以上的吃到36斤”。超额完成任务者实际上是突击队员，在分配粮食时得到照顾。莫爱珍说：“当时规定突击队员比普通民工多吃一点。”

十一、民工管理

笔者在采访建库开河亲历者时，他们谈到民工无故离开的现象，大多

---

① 陈华荣：《深入开展总路线教育运动大战 10、11月完成运河北段任务》，《青年运河》，1959年10月27日第1版。

② 有的大队虚报人数，冒领粮食。《第四次评比那良工区第一：张玉池副书记在评比会上对当前工作作了指示》，《青年运河》，1959年10月12日第1版。

③ 赵立本：《在全县电话会上对当前水利运动作了重要指示》，《青年运河》，1959年12月7日第1版。

数人反对这种行为。有人说："别人都没有无故离开工地，我为什么要无故离开?"个别建库开河亲历者谈起无故离开工地的现象时认为要客观看待这种现象，不能一概而论。总的来说，就像受访者所说的那样：无故离开工地的人毕竟是少数，大多数人没有无故离开工地。否则，雷州青年运河不可能建成。民工无故离开工地作为一种客观存在，有必要做一分析。

（一）请假制度

关于请假制度，在雷州青年运河建库开河期间历经"不请假—允许请假—放假（不包含春节期间正常放假）"变化。在鹤地水库全面动工期间，工程指挥部提出，"总的来说不放假，也不请假，有特殊情况要请假，干部要经过指挥部批准，民工要经过大队（团部）批准"，在打战役、突击、抢险期间，民工不准请假。廉江县城南团和平营规定："在大突击日一律不准无故请假。"① 1959 年 6 月 20 日，鹤地水库工程即将完成，陈华荣在第二届功臣代表大会上做总结报告时说："在工地一段时间，请假回家看一下还是可以的，以后请假返家可以定出一个制度，一定的时期可以回家看一下。"6 月 21 日，孟宪德到鹤地水库工地检查工作时提出："每三个月可请假一次，假期根据具体情况另行规定。"1960 年 6 月 15 日，陈华荣在一次讲话中指出："工地还决定每个月给民工放两天假，一天由纵队安排统一活动，一天自由活动（大渡槽除外），使民工有时间处理个人事情。"②

数以万计的人参加建库开河，因各种情况，会有个别人未经批准而回家（或离开工地）。有的因未认清工程性质，以为参加修运河会有工资发，最低限度也有伙食费用。有人来到工地后，因得不到满足而离开工地。有的因粮食缺乏，在工地吃不饱而离开工地。雷州青年运河工程指挥部在

---

① 坡脊师部、司令部工作组：《坡脊师春节后第一战役的施工经验小结》，《青年运河》，1959 年 2 月 21 日第 2 版。

② 《全面安排　劳逸结合　开展高工效运动　掀起施工新高潮》，《青年运河》，1960 年 6 月 15 日第 1 版。

《青年运河第一期工程施工计划及意见》（1959 年 9 月 23 日）中指出：“粮食方面未能尽量满足工地民工的需要。”有的因劳动强度大而无故离开工地，这主要是个别民工因身体素质、年龄、个性难以承受高强度劳动。毛泽东在 1958 年 3 月的成都会议上说：“如果专搞劳动强度，不休息，那怎么行呀？湖北有个县委书记，不看农民的情绪，腊月二十九还让修水库，结果民工跑了一半。”1958 年 11 月，毛泽东在第一次郑州会议上再提劳逸结合：“群众积极性越大越要关心群众，不要搞夜战，人过分劳累要害病的。”1958 年 12 月下旬，农业部在湛江召开南方十四省水利施工现场观摩会议，会议提出的建设性意见中包括“特别强调贯彻毛主席的指示，保证民工睡眠时间”。多个接受采访的民工说：“如果你参加过建库开河，再也没有什么活比这更辛苦的了！”有的因自发思想严重而无故离开工地，这类以地主、富农居多，他们的自发思想严重。1959 年 1 月 26 日，王勇在《对当前情况和今后工作作了重要指示》中指出：“当前民工的逃跑，不是工地党委不照顾民工的生活福利问题，而是民工中新的自发思想抬头。这是新的情况，新的问题。应引起注意。”有民工接受笔者采访时也指出这种情况：“像亮（化名）在鹤地做工还没有几天，就去坡脊趁圩好几次，还购买蒜种回家种植。”① 有的因未能得到及时换班而无故离开工地。建设雷州青年运河数以十万计的民工中，绝大多数民工由生产大队通过抽签或换班来调派②。因换班制度落实不够，导致有民工无故离开工地。但是，在青年运河工地施工的数以万计的民工，从 1958 年 8 月到 1959 年 12 月从未回家的有 4500 人，其中 3800 人是青年③。梁克宽说他三年没回家，直至鹤地工地青年亭工程完成④。有的因公社出工不平衡而离开工地。因体制下放，公社在处理农业生产与水利建设的关系时认识不

① 2015 年 7 月 31 日在遂溪县洋青镇其连村采访陈进保录音资料。

② “民工采取轮换制，每期一个月。”湛江市指挥部：《关于运河工程开工的决定》（1958 年 9 月 5 日），雷州青年运河管理局档案室藏，8－11－167。

③ 陈华荣：《在兴建运河中青年发挥了突击作用》，《青年运河》，1959 年 12 月 30 日第 1 版。

④ 2021 年 5 月 23 日在遂溪县杨柑镇白水塘村采访梁克宽录音资料。

清，导致公社完成民工任务有多有少，因抽调民工多而影响生产的公社心理不平衡，后方干部便来信或通知工地民工回去搞生产。于是，一些民工未经工地指挥部或团部批准而擅自回家参加生产劳动[①]。这种现象因农业生产与水利建设矛盾而产生。建库开河后期，施工队伍分为专职水利建设的基本队伍与半农半水利的非基本队伍，不再搞几十万人脱离生产专搞水利建设的运动。

（二）管理制度

为确保建成雷州青年运河，从地委、县委、工地党委到公社党委、大队支部，采取多种措施加强民工管理。具体有如下措施：

1. 思想教育

工地党委向民工解释民办公助、勤俭治水方针政策，将底子交给群众；举行反逃跑、换班利弊、本位主义等辩论会，进行算账对比、评功表模安稳民工。如工地党委在1959年11月的一次评功选模活动中明确指出："在个人立功中，应大力表彰老民工（去年来上游工程至转入北段，不曾换班者），应有70%以上的立功受奖，新民工来到工地未足一个月者，一般不评功，有突出贡献者例外。"[②]

2. 等价交换

抽调民工按照"多受益多负担，少受益少负担，不受益则以共产主义风格去支援"的原则，雷北县委给各受益公社下达抽调民工任务。对于不执行县委指示，不依数组织民工上工地的，所欠部分劳动力一律要按等价交换办法计算出钱，并按每缺一个劳动日0.8元（后来改为0.3元）计算付给支援和多出劳动力的公社、大队，计算时间从1959年1月1日起。

3. 控制就餐

建库开河期间恰逢大办公共食堂，农民粮食已划拨到所在地的公共食

① 陈华荣：《想尽一切办法　争取七月底完成上游工程——陈华荣书记在团政委会上的总结发言》，《青年运河》，1959年6月14日第2版。

② 陈华荣：《大战10、11月完成运河北段任务》，《青年运河》，1959年10月27日第1版。

堂。民工被抽调去参加建库开河，其口粮已划到工地公共食堂。若未经同意回家，家里公共食堂不能给其供应粮食。余粮社允许逃跑回家的民工在公共食堂就餐，但等次比其他人低；平衡社和缺粮社一般不允许无故离开工地回家的民工在公共食堂就餐①。控制就餐的目的是让民工重返工地，部分口述者讲述时承认这种情况。他们重返工地后，有的加入突击队，有的立功得到表彰，还有的在工地加入党团组织。

4. 进行教育

民工组织将一些无故离开工地的人编入特别队伍，适当提高劳动强度和减少粮食供应②。他们在接受教育后回归正常的劳动队伍。1958 年 11 月初，遂溪县委组织慰问团到鹤地工地慰问民工，与民工座谈后，针对无故离开工地者，提出这样的处理意见：各公社不能安排无故离开工地者工作，不能评定工资，全部送回工地后，要按情节进行不同处理。一般的可教育，严重的进行批判辩论，更严重的可在工地进行劳动教养。

5. 治安管理

在工地或家乡交通要道安排民兵巡逻放哨以保卫安全。1958 年 8 月 15 日，王勇在安全委员会上对当前运河治安保卫工作做出重要指示："对各工区、石场，必须采取工地封锁的治安管理，民工去做工时要有组织带队入场，并实行民工证以大队为单位制造。发现可疑人时要检查清楚，民工回家时无证明的，一律不准走，并采取现场留下审查的办法。"③ 卜丰说："我没上鹤地之前，在公社里当民兵。公社曾派民兵在各路口巡逻放哨，我被安排在车路头村的路口。"④

---

① 坡脊师部：《经过大鸣大放大辩论　思想提高　工效倍增》，《卫星报》，1959 年 3 月 3 日第 1 版。该文指出，民工林某未经批准离开工地，为了找钱多的地方到合浦县石膏场，发现石膏场与自己愿望相反，又连夜返家，在（家里）食堂吃不到饭只好返回运河（前后逃跑 5 次）。

② 2015 年 7 月 20 日在遂溪县洋青镇俩塘村采访卜民录音资料；黎塘石场工地党委根据情节轻重处罚逃跑民工义务劳动（即不计工分）4～15 日，只发 0.25 元/天伙食费。黎塘石场政工股：《移山报》，1958 年 10 月 14 日第 1 版。

③ 《在安全委员会上总指挥王勇对当前运河治安保卫工作做了重要指示》，《青年运河》，1958 年 8 月 19 日第 1 版。

④ 2015 年 7 月 20 日在遂溪县洋青镇俩塘村采访卜丰录音资料。

6. 司法制裁

对五类分子中带头或煽动民工无故离开工地的进行司法制裁。1958年11月，雷州青年运河工程保卫部门及当地司法机关对“黄某到处煽动破坏、拉拢民工逃跑海南”行为进行逮捕并惩处，雷北县人民法院曾在工地宣判警告一批在工地进行偷窃、煽动民工逃跑的五类分子[①]。

十二、带水还乡

（一）渴望与憧憬

1. 渴望解决“水”的问题

雷州半岛作为历史性干旱之地，九洲江中下游又频发洪涝。1953—1955年遂溪干旱，粮食减产486.3万公斤，成灾面积41.8万亩，断炊1631户2.2万人[②]；廉江旱涝并发，稻谷减少8385万公斤，受灾面积81万亩，死亡8人[③]。两地老百姓深受非旱即涝之苦，都有迫切要求解决“水”问题的愿望。

2. 憧憬美好生活

1958年5月15日，中共湛江地委颁发《关于兴建雷州半岛青年运河的决定》，设想“运河水库建成以后，可以将九洲江44%的洪水拦蓄起来，使九洲江下游15万亩良田免除水灾，使廉江、遂溪、海康、湛江市郊共约250万亩的土地得到灌溉，从根本上消灭雷州半岛的旱患”。雷北人民憧憬着雷州青年运河建成后的远景：廉、遂、海、湛三县一市250万亩土地消灭旱灾，15万亩土地消减水灾；每年可以增产粮食4.2亿斤；实现农村电气化；修好运河，发展农业生产，促进工业生产；发展生产，人

① 《狠狠打击犯罪分子　保卫社会主义建设》，《青年运河》，1959年10月23日第2版。

② 广东省遂溪县水利志编写组编：《遂溪县水利志》，广州：广东高等教育出版社，1990年，第7－8页。

③ 《廉江县水利志》编辑组编：《廉江县水利志》，广州：广东科技出版社，1992年，第116－117页。

民物质、文化生活将迅速提高[1]。雷北人民纷纷响应地委的决定，喊出“参加青年运河建设去”的时代口号。1958 年 6 月 1 日，雷州青年运河遂溪、海康两县境内同时开工，随后，廉江、湛江分别于 10 日、14 日在境内的鹤地水库、运河渠道动工。在一个多月时间里，动员了 10 多万民工进入工地，最高出勤民工数是 169000 人，最低也有 130254 人[2]。

（二）带水还乡

1. 带水还乡是民工积极参加雷州青年运河建设的重要原因

主管民工政治思想工作的工地党委成员张玉池在 1958 年 9 月、1959 年 4 月两次总结民工思想政治工作，认为 90% 以上的民工主动或愿意参加建库开河工作[3]。本书采访的民工大多数秉持“带水还乡”的信念参加建库开河，也说明了这种情况。时任生产队长的苏文秀在动员社员参加建库开河时说：“修建好运河，可以解决生活用水，不用到一二公里外的水井挑水，不用一家几口人合用一盆水既洗脸又洗脚；可以解决生产用水，我们的坡地可以放水种植水稻，一年两造，稻谷收成多我们就不用天天吃番薯粥。”沈玉英说：“我主动报名参加，主要是对家穷缺水的生活不满。因缺水农业收益不好导致家穷，家里经常有上顿没下顿的；家里用水困难给我留下深刻印象，作为新媳妇，一天几次到几百米外的水井挑水。井水有时供应不上，必须等井水渗出再挑。听说修运河能带来水，改变生活，便报名参加。”梁克宽说：“我在春节期间留在工地，希望尽快完成工程，早点带水还乡。”

2. 带水还乡、搞好生产是民工坚持建库开河的动力

数以万计的民工在雷州青年运河工地坚持多年，就是要实现带水还乡

---

① 《史无前例的壮举　振奋人心的喜事》，《青年运河》，1958 年 6 月 12 日第 2 版。

② 孟宪德：《在青年运河第四次会议上的讲话》（1958 年 7 月），中共湛江市委党史研究室编：《孟宪德在湛江研究资料》，北京：中共党史出版社，2014 年，第 137 页。

③ 张玉池：《乘胜猛攻　为打好上游工程歼灭战而努力》，《青年运河》，1959 年 4 月 24 日第 3 版。

的目标。他们“誓把鹤地水库修好，把运河开通，不完成任务，决不收兵”[①]，并在决心书中写道：“坚决修好运河，不修好运河不回家。”[②] 1958年10—11月，工程指挥部带领民工打了8次战役，完成预定目标，眼看筑高堤坝、围堰截流、堵导流渠、水库蓄水即将实现，建库开河期间功臣们满怀信心地提出“运河不建成誓不还乡、把水带回乡是莫大光荣、带水还乡保丰收”的口号。本书采访的民工都认可这个目标。运河三等功臣陈梁生说：“我在搞宣传工作时，写了很多标语，如‘带水还乡搞生产’。运河基本建成还没通水时，我在家乡附近的运河堤坝迎水面画了一艘船，表达这种意思：运河放水后，可以灌溉搞生产，用船运货物。大家看到运河水流到家乡，实现了带水还乡的目标，高兴得不得了。”陈进保说：“我们边劳动边唱‘小雨当流汗，大雨当冲凉；死干、拼命干，要带水还乡’。无论多辛苦，都要带水还乡。”

1960年4月，工地标兵代表提出“水不到田不还乡”的口号。运河主渠全线放水在即，工地指挥部提出为建成运河主渠，打好最后一场战役。工地发起各种施工运动，安铺穆桂英突击队在“考状元”运动中创造30方高纪录。1960年5月14日，雷州青年运河主渠全线放水灌溉到田。莫爱珍接受采访时说：“我参加了建库开河全过程，运河水直通到安铺，真正做到带水还乡。”王田古说：“为了带水还乡，我村贡献了7亩田地，卖了3头牛拿钱和米来支持建库开河。村里的老人在村边首次看到哗啦啦的运河水，掬水来喝。认为鹤地水库是块宝，引水灌溉，生产有奔头了。”韩硕说：“没修运河前，除北坡河两旁低洼地可以种植水稻，其他地方缺水，水稻亩产50~60斤，那些坡地种番薯也不容易生长。老百姓一日三餐以番薯干丝为主，生活艰苦[③]。修建这条运河，给北坡带来巨大的收益，

---

① 《誓师词》，《青年运河》，1958年6月12日第1版。

② 《松石中队决心书》，《青年运河》，1958年6月15日第1版。

③ 《人人为我　我为人人》，《青年运河》，1958年10月1日第4版。该文指出：9月19日，北坡团的粮食吃光了，家里的粮食接不上来，城月团借出378斤番薯干解决燃眉之急。

大部分田园得到运河水灌溉[①]，水稻一亩收成起码 500～600 斤，现在种子改良，亩产过 1000 斤。”卜丰说：“运河是我们用血汗建造出来的，辛苦几年修运河值得。像今年（2015 年），如果不是这条运河，我们种的农作物就被旱死了。”

结语

修建雷州青年运河，要实现灌溉、防洪为主，兼顾航运、发电、都市用水的功能。经过 60 多年的演变，现功能以生活用水、工业用水、农业灌溉、旅游休闲、防洪为主，其他功能或废弃或弱化。

当前，雷州青年运河作为湛江 400 多万人饮用水源地，被誉为“母亲河”，继续发挥它的物质价值。雷州青年运河在建库开河期间，表现出来的精神穿越时空发挥作用，建库开河纪念馆成为广东省和湛江市共建的红色文化讲习所、湛江市主要的红色教育基地，发挥政治思想教育功能。

建库开河所彰显的精神价值作为雷州青年运河价值新形态，在不同时期有不同的概括：2018 年以前，概括为“创业为民、群策群力、艰苦奋斗、无私奉献”，“自力更生、艰苦创业、团结协助、无私奉献”。2018 年以后，概括为“不忘初心，造福人民；牢记使命，永葆青春”。无论如何概括，建库开河所彰显的精神价值都源于伟大的建党精神，是中国共产党人精神谱系的体现。

本书在一定程度上呈现出雷州青年运河建库开河期间独特的时空场景和实践内涵，有利于研究者进一步研究和提炼雷州青年运河建库开河所彰显出的精神内涵。笔者将建库开河所彰显的精神概括为“担当作为，艰苦奋斗，无私奉献，改革创新”。

---

① 《评游前后·北坡大队通过评游　安定民工思想　鼓起冲天干劲》，《青年运河》，1958 年 9 月 3 日第 2 版。该文指出：按照当年算账，北坡乡 14 万亩土地，11 万亩得到灌溉，3 万亩荒地可以开垦。

留住记忆

留住历史记忆

陈　棠　口述

采 访 人：林兴

受 访 人：陈棠（笔名海棠，83 岁，湛江市赤坎区人。作为《青年运河》记者参加雷州青年运河建库开河工作长达 6 年。撰写大量新闻报道，邀请著名剧团到工地慰问）

采访时间：2023 年 11 月 19 日、12 月 9 日

采访地点：湛江市赤坎区、运河北段四五·一高地河段

采用语言：白话

协助采访：卜英才、陈湛等

采访口述人陈棠

记者生涯

我今年 83 岁，属龙。1955 年湛江一中毕业，没能考上大学，恰好《粤西农民报》到学校招记者，笔试是写一篇文章。时任总编辑黄每阅后满意，于是我被报社聘为记者（没有试用期，档案有记载），并在老编辑甘雨的辅导下学习新华社的新闻业务。一个月后，被派往海（康）徐（闻）雷（东）记者站工作，地点在海康县城，时任站长是肖夏。当时，发稿要求署名“海徐雷记者站陈棠”，署名的头尾两字是海棠，巧的是百花之中我最喜爱海棠，因此就取笔名“海棠”。不久，《粤西农民报》停刊，由于停办地区报创办县报的原因，我参加了县报主编学习班。学习期间，廉江县委宣传部部长和遂溪县的王世明同志叫我去他们县办报。最终我选择遂溪，去了《遂溪农民报》当记者。1958 年初，我作为机关干部下放到岭北公社迈生大队当农民。

1958 年 5 月，中共湛江地委决定修建雷州青年运河。岭北公社委任我当民工营长，党员洪卜周任教导员，一起带民工到鹤地工地。当时遂溪县民工负责修建大坝，我在大坝工区做了两三个月民工工作。后来，工地实行军事化管理，大坝工区改为大坝师，陈伟荣担任政委，他曾任遂溪县委宣传部部长，认识我，把我从民工营调出来办大坝工区快报。

又过了几个月，原是遂溪县委宣传部干事的梁燕同志调到湛江地区讲师团，后又调去运河工程指挥部政工处当副处长。他认识我，调我去《青年运河》当记者。

1963 年 10 月，东海河大渡槽工程基本结束后，陈华荣书记调我去遂溪县商业局工作。我在《青年运河》工作时，经常跟随雷州青年运河工程指挥部副总指挥陈华荣工作。因为我擅长速记，记录又准，虽然字写得丑，像鬼画符，但字迹都能辨认。工程指挥部的领导开会讲话，我给他们做会议记录，《青年运河》刊登的很多领导讲话稿都是把我的记录稿直接刊发出来，没署名。因此陈华荣很了解我，又把我调回运河工程指挥部工作，主要负责编辑雷州青年运河资料第三辑。大概过了五个月，上面又把我调去阳江搞“四清”，在遂溪县分团办公室工作，我的运河经历这才结束。

这六年的建库开河经历，我觉得很珍贵。作为《青年运河》最年轻的记者，历经采访、撰稿、编辑、校对、跑腿等工作，既付出了体力劳动，又提高了文化水平和思想境界。在堵塞导流渠工程完成时，大家很开心，知道运河工程指挥部办公室主任林彦举才华横溢，就请他讲几句话。他脱口而出，说：导流碧水尽，鹤地银湖成。鹤地水库又称银湖，或许跟这次讲话有关。

印刷报纸

前面说过，我是从大坝工区调到《青年运河》当记者的。当时《青年运河》编辑部只有四个人，分别是秦岗、朱崇山、宋朝先和我，后来增加了李志坚。另外，各公社通讯员也给我们供稿。

开始是秦岗当主编，后来朱崇山接任主编。主编年龄大一些，主要是把关稿件质量。其余几个人是记者兼杂勤，轮流负责写稿、编稿、排版。朱崇山的文章写得很好，还负责拍照，运河工地很多照片都是他拍的。很多时候我跟着他拍摄回来，就在茅棚的暗室里面冲洗。特别是天热的时候，我们脱去外衣，仅穿着短裤冲洗、放大照片。有些长幅照片是我们一张张驳接起来的，许多会议的集体照都是这样冲洗出来的。

受工地条件限制，《青年运河》都是在工地之外印刷。印报纸的时候需要书记审批，报纸大样印出来，我就送给陈华荣看。陈华荣签字后，我带回来付印。因工作关系，陈华荣很了解我。有时候，因为工作需要，即使是中午休息时间，我也到他家拍门找他；他要外出工作、开会，就会先签名，然后叮嘱我说："陈棠，你要看准一点，不要出差错哦!"他一开口，我就要看两三次才敢付印，因为我高度近视。

报纸最初是在湛江赤坎的一家印刷厂印刷，因为我家在湛江赤坎，这样能为单位节省住宿费用，主编就派我负责报纸的印刷业务。《粤西农民报》《每日新闻》都在这家印刷厂印刷。每隔几天，待稿件收齐后，《青年运河》就出版一期。晚上，我坐火车回湛江。半夜，《每日新闻》印好了，才印我们的《青年运河》，我再校对付印。第二天早上，我带着报纸回去鹤地水库工地。当时，《青年运河》主要发放到师、团、营部，对工作起着指导、鼓励作用。报纸的发行量是5000份左右，工地有几万民工，报纸不可能满足每个人的需要。后来，工程指挥部搬到南洋铺，《青年运河》就近在廉江县城的印刷厂印刷。再后来，工程指挥部搬去西埇，又就近在遂溪县城印刷。工程指挥部搬到东海河大渡槽没多久，报纸就不办了。因为工程基本完成，从地区来的同志也回去了，我留在工程指挥部做杂勤。

运河艺术

雷州青年运河作为一项伟大工程，各类人才置身其中，参加运河建设，他们通过美术作品、文学作品来宣传运河建设的成就。我作为文字工作者，了解并参与其中的一些活动。60多年过去了，在运河艺术表现方面，有几点给我留下深刻印象：

第一，纪念章的设计。在工程指挥部政工处众多的工作人员中，房周昌擅长美术，他工作认真负责，头脑比较灵活。1959年，在鹤地水库施工期间，根据地委第一书记孟宪德的指示精神，房周昌设计出“兴建雷州半岛青年运河纪念章”。纪念章图案有水库、运河各段，运河水从鹤地水库流到海康。含义是：“在光芒四射的红星照耀下，青年运河静静地流淌在绿色的雷州半岛上，滋润了一方水土，养育了芸芸生命。”

纪念章正面

纪念章背面

为了鼓励工地各类人员积极投身于工程建设，指挥部订制纪念章，颁发给他们留作纪念，民工如何获得纪念章我不知道。我记得当时在总部的工作人员每个人领一枚，我也获得一枚纪念章。2013 年，雷州青年运河管理局在征集建库开河文物时，我把这枚珍贵的纪念章捐赠给了建库开河纪念馆。

陈棠捐献雷州青年运河纪念章一枚
提供羊城晚报1963年10月2日东海河放水新闻复印件一份。
提供1963年2月6日南方日报副刊刊登《开运河[illegible]》[illegible]一文复印件一份。
提供陈[illegible]楼雷州青年运河纪念章照片一份。
提供作家高峻声、[illegible]、[illegible]参观运河照片复印一份。
提供[illegible]陈棠与英雄黄瑜运河游照片复印件一张。
[illegible]102房 陈棠。

雷州青年运河管理局出具陈棠捐赠纪念章等物品的收条截图

第二，天河镶字。在东海河大渡槽工程快结束的时候，要把“雷州青年运河东海河天河工程”这几个字镶嵌在槽身上。我和房周昌接受了这项任务。为了避免出现字间距不等、字不在同一水平线等不美观的现象，房周昌在新桥糖厂用幻灯机把这些字在墙上放大，然后在纸上画出这些字，再逐字刻画在槽身上，才安排民工将这些字贴上瓷片。这项工作既细致又危险，因为槽身有 20 多米高，每天要爬上脚手架好几次，干了近两个月才完成任务。

第三，创作《银河纪事》纪实文学。建库开河后期，省里几名作家到运河工地体验生活，搞文学创作。他们是李士非、黄树森和郭东野，著名作家萧殷也来了。《银河纪事》由李士非主编，萧殷作序，图文并茂。收录朱崇山的四篇文章，分别是《灯火》《战鼓迎春》《挥斥风雷》和《虎口拔牙》；收录秦岗的文章《天河会》。广东人民出版社于1962年出版该书。

朱崇山和我合作创作短篇小说《开赴农村之前》，于1963年2月6日在《南方日报》副刊发表。该文描写了一对男女青年在建库开河期间互生倾慕之情，共同投身于运河建设的故事。

1963年10月2日，《羊城晚报》刊登青年运河东海河放水的新闻稿，是作家李士非和我合作写的。当天早上，我从大渡槽骑单车到遂溪县邮电局，将这份稿件以电报的方式发给《羊城晚报》。当天晚报还刊登了我拍摄的“人间天河”照片。

水利建設結碩果 「天」河送水稻米香

雷州青年运河东海河工程放水

全长一七四公里的运河全部贯通，北部海运航程缩短四百公里，灌溉农田廿八万亩

【本报遂溪今晨专电】雷州半岛青年运河的东干渠——东海河工程，经过三年多时间的施工，已于上月間全部完成。至此，雷州青年运河的全部骨干工程已经基本竣工，将在蓄水、灌溉、航运等方面发挥更大的效益。昨天（1日）上午，[illegible]的“人河”——大渡槽举行了东海河的放水典礼，热烈庆祝雷州青年运河工程建设的巨大成就。

贯串雷州半岛北部地区的雷州青年运河工程，包括鹤地水库、青年运河（主渠）和它的西海河（西干渠）、东海河（东干渠）等几条骨干工程。整个工程自1958年6月动工。其中鹤地水库、青年运河和西海河等工程已于1961年6月以前相继完成，并在蓄水、灌溉方面发挥了效益。现在东海河工程完工后，就可使全长一百七十四公里的青年运河全部贯通，发挥更大的作用。

东海河工程全长四十五公里，[illegible]于1960年3月动工开挖。这项工程[illegible]湛江市郊的麻章、湖光岩、海头等六个人民公社共二十八万亩田地，收到灌溉之利。它的全部工程完成后，东通湛江，南连海康，西接合浦、北海，北至廉江及广西陆川等地。今后，北海至湛江航线，载重四十吨以下的船只可不必再绕道雷州半岛，将缩短航程约四百公里。

东海河工程规模巨大，沿河有分水闸、船闸、渡槽、公路桥梁、涵洞和电站等建筑物共一百九十六座。在遂溪县附城新[illegible]地区的大[illegible]地里，还架设了工程巨大的“天河”——大渡槽，把滚滚奔流的运河水送过湛江市郊去。这座大渡槽长达一千二百零六米，从地面到渡槽顶最高处的高度，有[illegible]大厦高。在这里，可以[illegible]发电，还可以让四十吨以下的船只来航。

中山纪念堂 [illegible]

省市领[illegible]

【本报讯】[illegible]中山纪念堂充满节日的欢乐气氛。本市各阶层群众五千多人在这里举行晚会，欢庆中华人民共和国成立十四周年。

中共中央中南局[illegible]、广东省省长陈郁、[illegible]东省委书记处书记区梦觉、中共广州市委第二书记[illegible]、广州市市长曾生，政协广东省[illegible]

灯会上名灯争辉 月光下划艇对歌

中秋文艺活动丰富多采

[illegible]庆祝国庆的同时，安排了一[illegible]，让人民群众欢度这个传统节日。

广州[illegible]公园举办的中秋灯会和中秋节文艺演出会，内容丰富。于9月25日开始展出的中秋灯会，几天来吸引了许多观众。灯会展出了我国二十三个省、市的五百多件展品，其中有雍容华贵的北京宫灯，精巧新颖的上海花灯，取材于神话的[illegible]花灯，表现“黄鹤楼”古迹的武汉花灯，取材于[illegible]风味浓郁的[illegible]花灯等。[illegible]

今晚在文化公园[illegible]行的中秋节文艺演出晚会，将由广州[illegible]剧团[illegible]等表演新戏《[illegible]双双》的选曲，广东粤剧学校表演短剧《拦马》《[illegible]》，广东音乐曲艺团和[illegible]曲艺队等也将表演节目。

今晚，在[illegible]湖举行的盛大游园晚会，本市民歌手[illegible]、[illegible]等十余人，将按照民间歌手的习惯，在明月辉映下的湖面上，划着小艇，对唱民歌。在中央公园举行的游园晚会上，越秀区的业余演员将演出反特题材的短剧《中秋之夜》。

西区文化公园今晚也将举办花灯展览，展出走马灯、鱼灯，以及表现[illegible]为主题的花灯。

左图：“人间天河”——雄伟的雷州半岛青年运河东海河大渡槽工程外景。[illegible]摄

《羊城晚报》刊登的新闻稿

二进高地

这里的高地是指四五·一高地，山头的地势高程有45.1米。四五·一高地位于运河北段，新屋仔村附近。这里有几座山岭，最高的是望牛岭。这里施工2个月，运河北段一共12.2公里，从鹤地水库开始，到石城截止，分莲塘口、新屋仔、那良3个工区施工。四五·一高地由那良工区负责施工，有23万土石方，约10万是石方。施工时，还要从山体的中间开挖河道。从整个运河河段来看，运河北段是最硬的，穿过四五·一高地河段又是最艰难的工程。建库开河期间，我来过这里两次。

第一次，运河北段还没施工。我们知道要在这里施工，就先来调查了解。来查看时，都有点担心，怕进去出不来。只敢沿森林边缘走，不敢往中间走。树林茂密，山涧瘴气，人迹罕至。在如此艰难的地方如何施工？

第二次，运河北段施工期间。在这里施工非常艰难，是整个雷州青年运河最难修建的一段。主要是岭高石头多，石头有两种，一种是坚石，一种是软石。施工初期，工程处技术人员部署挖炮眼点、爆破地段，用烈性炸药一路炸过去，把山体炸开。在石层爆开后，根据技术人员测量，还需要向下挖十几米深的河床，鹤地水库的水才能自流通过。当时，鹤地水库的填土方工作已经完成，洋青、客路等8个公社民工在这里，由公社书记带领施工，搬运土石方，再向下挖深成河。这里用车子运土的少，主要靠民工肩挑，沿着七级平台，一级一级走"之"字形，把河床土方挑上山顶。

施工期间，我来这里了解民工工作的情况，采访先进分子，哪个民工大队工作做得好，等等。不来工地了解情况，如何写报道呢？作为新闻媒体人员，工作要认真负责，不能有半点虚假。经过三四天的采访，我和工区干部许华合写了一篇文章①，报道四五·一高地的地质结构、施工经过，以及施工人员的精神面貌。记得在运河北段采访的几天，我和民工一样，

① 许华、海棠：《四五·一高地大战方酣——那良工区三路围攻山头旗开得胜》，《青年运河》，1959年11月12日第1版。

都是吃番薯干饭、菜头仔。虽然没有什么吃的，但大家勤奋工作，都有一种家国情怀，修运河为家也为国，努力改变雷州半岛的面貌。

运河北段新屋仔河段

群英座谈

大部分农民愿意支持建库开河，因为我们这里太干旱了。根据“民办公助、勤俭治水”的方针，建库开河需要自筹资金，民工义无反顾地开赴运河工地，涌现出许许多多的先进人物。像莫湖、莫珣、苏培英、李少明、徐益、钟绍明等先进人物我都采访过，在《青年运河》上报道过他们的事迹。

73 岁的徐益公公是运河功臣模范，我作为 20 岁出头的小伙子，陪他参加地区三级干部会议。当时湛江开物资交流会，没有会场了，地区三级干部会议就在市一中的茅棚大礼堂召开。徐益公公上台介绍他参加运河建设的经过及体会，我做他的翻译，他说一句雷州话，我就说一句白话翻译他讲话的意思。我为他的先进事迹所感动。钟绍明三代人参加建库开河，他带着儿子、孙子在工地劳动。自己拉车，儿子拉车，孙子推车，这类事迹很感人。在如此艰苦的条件下，祖孙三代人坚持参加运河建设，参加劳动的时间又长，很了不起。

在工具改革运动中，指挥部手头没有钱，没办法给各公社买木料，只能靠公社或大队自己想办法。民工把床板、门板拿来制造工具，莫湖把自己买衣服的钱挪用到工具改革上，用来购买木料，制造车子，大家也支持他，结果他所在的大队第一个实现车子化。大家都在争当先进。如英雄车手运动的开展，非常热闹，大家都在争取当选英雄车手。莫珣身材魁梧，一个人拉一辆车。在他的带领下，队里的民工都一人拉一辆车。他和莫湖在劳动中是对手，在生活中是朋友。两个人都作为工地先进人物去北京领奖，莫湖先去，莫珣后去。雷州青年运河获得的国务院奖状就是莫珣带回来的。莫珣的爱人是突击队长，是莫湖介绍他俩认识的。两人的家相隔20多公里，在运河工地相识相爱结良缘，是英雄配模范。

遂溪县杨柑公社书记黄培校发动群众，群策群力大搞工具改革，先进工具琳琅满目。汗水浇开技术花，令人赞叹不已。

潘瑞沃是水电局的工程师，从大坝做到大渡槽。他住在大坝工区，作为工程师，主要负责大坝工区的具体工作，施工期间，对土质、地质的要求非常严格。他也是大渡槽的工程师，一直跟随陈伟荣，两人合作五年。

陈华荣作为雷州青年运河工程副总指挥，参加建库开河的时间长，对整个运河工程贡献非常大。在抢险期间，亲力亲为参加抢险。在运河工地，我跟随他工作，写报道，很多事他都是亲自做，直到运河工程结束。

建库开河期间，我参加过工地各种会议，手头保留一张群英座谈会照片，这张照片是政工处邱海提供给我的，谁拍的我忘记了。照片里，我站着，夹着一个笔记本，中间是陈华荣。这张照片拍摄于1959年下半年，那时运河北段已经开凿，开凿运河北段非常困难，但也涌现出一大批先进分子。

雷州青年运河群英座谈会代表合影

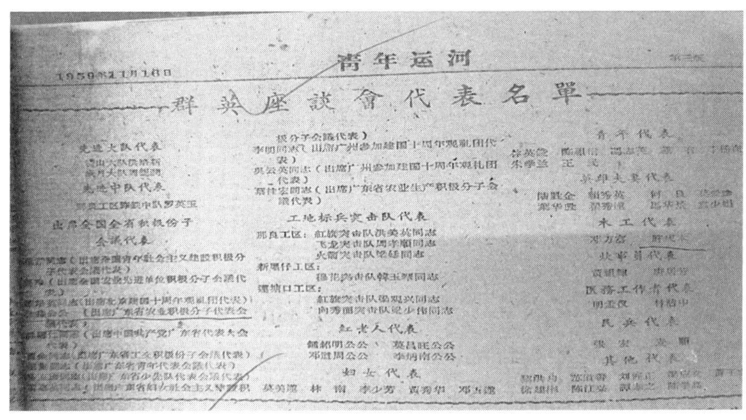

青年运河

群英座談會代表名單

先进大队代表

先进中队代表

出席全国全省积极份子会議代表

工地标兵突击队代表

那良工区：

新墟仔工区：

妇女代表

青年代表

木工代表

医務工作者代表

民兵代表

其他代表

群英座谈会代表名单

拍摄纪录片

1960年，珠江电影制片厂纪录片摄影小组来到我们这里拍摄雷州青年运河纪录片，编导是戈阳，摄影师是周伦爽，副摄影师是李积成。周伦爽是从华南歌舞团调去珠江电影制片厂的。两个月的时间，我跟着他们一起拍这部纪录片。当时叫我做向导，为什么呢？因为我曾是《遂溪农民报》的记者，遂溪那些公社书记、主任都认识我。实际上，我既是向导，也是调度员。戈阳去每个地方拍摄，都是先写好剧本，按照剧本来拍摄。拍雷州青年运河纪录片时，需要多少民工上工地，就要我出去找各公社书记商量。这个公社派1000名民工，那个公社派几百名民工。要多少人拉车，在哪个地方拍都是安排好的。一到拍摄，我就要去组织民工干活，做到密切配合。

此外还有抢险镜头的补拍。鹤地水库抢险发生在1959年5月，指挥部没有拍到抢险现场。雷州青年运河纪录片1960年开拍，抢险时间已过，现在没有险情发生，这部分镜头完全拍不了。那怎么办呢？我去湛江市请消防车来，到开拍的时候，把消防车水龙头开到最大，于是茅屋下起瓢泼大雨，工地暴雨倾盆。我通知公社书记，需要哪些人在工地，哪些人拉车上斜坡。补拍抢险镜头就是这么做的，大家都非常配合编导的工作。横山公社洪培燊书记很卖力，他带头拉车上坡，我看到他全身湿透。我也去了城月大队，找城月公社周锡润书记。周锡润说：我已经开动员会了，我们的民工都说不怕苦不怕累，一定为鹤地水库争光。我们拍这部纪录片，没什么补拍，所以拍得非常好。

剧团慰问

在大渡槽工地做工时，已是工程施工的后期。因《青年运河》停办，报社没什么活干，在工程指挥部办公室人员当中，我年纪轻，家庭又在湛江，我回湛江的机会较多。因为领导派我到湛江，既可以节约费用，又方便住宿。其他人去湛江，需要花费住宿、伙食等费用。

民工在工地劳动很辛苦，指挥部需要安排一些文娱活动来丰富民工工地生活，所以经常有一些剧团来演出。廉江县剧团等县级剧团可直接安排到工地慰问演出。湛江地区级以上的剧团必须持有地委宣传部出具的介绍信去邀请，才会到工地慰问演出。如果有外来剧团到湛江演出，工程指挥部就派我到湛江邀请它们到工地来慰问演出。中央音乐团到湛江演出，我持介绍信邀请他们到工地演出，但没成功。因为他们的排期太紧了，没法抽出时间到运河工地演出，最后他们邀请我观看他们的演出。

我邀请过广东省粤剧一团、河南梆子剧社到大渡槽工地演出，演出名家有红线女、常香玉。抗美援朝期间，常香玉带领剧社巡演，募集资金买一架飞机捐赠给国家。当时，常香玉带剧社到湛江演出。我前往湛江邀请她带剧社到工地演出，尽管他们的演出排期非常满，但还是欣然接受了，来到大渡槽工地慰问演出。常香玉演出的是武打戏，我忘记剧名了，好像是什么山①，大家大开眼界。

工地生活

上鹤地初期，我作为民工营长，与民工同吃同住同劳动。我的饭量比较大，每餐要吃几碗饭。没办法，只能与民工争吃，因为要劳动，不能不吃，如果吃得慢一点就没饭吃。装饭时尽量多装一点，最后没有就没办法了。

调到《青年运河》工作后，我们有自己的食堂，食堂很简陋，吃饭的桌椅都是用木板简单钉成的。伙食很简单，肉很少，有粥有饭，有馒头和青菜，很少吃番薯饭之类的。我吃饭要给钱，一天吃两餐（民工一天吃三餐），以能吃饱为主，3 毛钱一天，每个月的生活费是 9 元。我在遂溪县委工作时，在食堂吃饭也是 9 元。在工地物资供应不足时，采购比较困难，食堂不能提供更多的饭菜。我作为记者，经常下到工地采访、写稿，宣传他们的先进事迹，他们负责我的伙食。民工主要是吃番薯（干块、干丝）饭，我与民工一起吃番薯饭。1960 年 5 月，工程指挥部搬到东海河大渡槽工地，恰逢三年困难时期，当时一餐只有三两米，还要参加劳动，1962 年我患上水肿病。

我们比民工吃得好些。民工的伙食费用靠公社或大队自筹，自己解

---

① 根据百度百科常香玉词条介绍，1961 年，常香玉剧社演出的代表剧为《游龟山》。此时大渡槽工程正处于修建期间。

决。建库开河期间，民工的苦主要体现在吃的方面，劳动量太大，吃得不够饱。民工一餐仅是吃几碗饭，几根青菜，没有肉、油脂。工地民工伙食不统一，由各个公社或者生产大队办食堂。他们的经济条件各异，生活水平也不一样。在困难时期，正常的生活物资都难以保障。

生活即使艰苦，民工依然坚持建库开河，他们“力拔山兮气盖世”的精神，值得钦佩。

抢险见闻

1959 年 5 月，鹤地水库发生过一次险情，那次险情确实是很严重的。因为水淹得很高，如果大坝被淹没，那些洪水就冲到安铺了。大家都知道这是很危险的。所以，一是为了保护大坝，二是为了保护自己的生命，大家都拼命抢险，夜以继日。有时我下到工地采访，也和民工一样，扛沙包、推车、拉石，甚至采访都要推迟。因为抢险是最大的事，虽危险，但也要拼命干，如果不拼命干的话，水淹过来，自己就没命了。

当时的民工，个个都出力干，个个都努力干。如西一坝，洪水差不多淹到坝面时，被陈华荣书记发现了，于是带着几百人上去抢修。大坝工区的书记陈伟荣知道后，也带队去支援了。陈伟荣的爱人林琼是下六公社书记，得知险情后立刻带民工从下六连夜赶到鹤地水库工地抢险，城月、太平等各个公社书记也带队上来修坝。那个时候，又下雨，又刮风，路又滑，大家都拼命干。你看到这样的情况，也会不由自主地投身到抢险中。

抢险期间，水库已经开始蓄水了。我在大坝工地采访，当时爆破溢洪道，轰隆一声，大堆的土石方飞过来。我赶忙跑到水库下面躲避，匆忙中差点被飞来的石块击中。尽管当时存在各种危险，但大家都拼命抢险。最后，战胜了洪水，确保了水库安全。

往事现说

根据国家计划，雷州青年运河工程所需的建设费用是 1.5 亿元，我们坚持民办公助方针，靠群众力量，大部分费用由地区、县级、公社级等支出，只花费8000多万元就建好了，节约了国家大量资金。没有哪一座水利工程耗费这么少的资金，8000多万资金建造8000多万土石方，非常了不起，举世闻名。国务院都颁发奖状给予肯定，称雷州青年运河是典范工程。

运河建成，放水灌溉，民工带水还乡，就是高兴的事。既解决了农田灌溉用水问题，也解决了有些村庄为争水百年械斗的历史问题。

修建运河体现了家国情怀和历史担当，改变了雷州半岛的面貌。我作为《青年运河》记者记录了工地上的一些人和事，给后人留下时代记忆。

当洪水来袭时

陈世俊　口述

采 访 人：林兴

受 访 人：陈世俊（82 岁，湛江市水文局退休工程师。18 岁参加鹤地水库修建工作，兴建雷州半岛青年运河纪念章获得者。其间作为湛江水文站鹤地水文点职工，从事九洲江水文勘测工作。1959 年 5 月鹤地水库抢险时，通过预测水文活动为堤坝抢险提供技术方案）

采访时间：2020 年 11 月 16 日

采访地点：湛江市水文局办公室

采用语言：普通话

协助采访：宋依琳

采访口述人陈世俊

水利尖兵

1956 年，我从广州水校毕业。我初中毕业后就读这个学校，当时学校处于筹建阶段，由武汉水校老师来广州任教。1956 年我们国家开始进入“大跃进”准备阶段，学校把三年课程压缩成一年读完，把我们分配到省内各个地方。我是学水文专业的，开始被分配到阳春一个山区工作，阳春也有很多河流，如漠阳江，我要测量漠阳江的水文状况。我在那里大概工作三个月就被调到高州水文站（现茂名水文站），当时茂名发现油页岩，要建厂开发油页岩生产炼油。茂名炼油需要在鉴江修建水库供水，我在茂名工作一年，测量鉴江水文资料。

1957 年 2 月，我调到湛江水文站。湛江水文站在九洲江鹤地段设立一个测量点，收集九洲江的水文资料，供水利部广州勘测设计院设计鹤地水库使用。水利部广州勘测设计院是我国水利部下属 4 个勘测设计院之一，另 3 个分别是沈阳设计院、武汉设计院和成都设计院。这些设计院主要负责我国具有战略意义的水利工程即大型水库的设计。库容超 10 亿立方米属于特大型水库，超过 1 亿立方米属于大型水库，1000 万到 1 亿立方米库容是中型水库，由省水电厅负责设计；库容 1000 万立方米以下是小型水库，就可以由专区（地区）负责设计。当时各设计院分工是很明确的，大型水库不是开玩笑的，人命关天。

鹤地水库由水利部广州勘测设计院负责设计，说明开发九洲江修建鹤地水库在我国是具有战略意义的水利工程，由国家计划投资建设。水利部广州勘测设计院进行鹤地水库工程设计之前，必须以九洲江水文资料为基础。如果没有水文资料，水库拦河大坝的高程、库容、输水口、泄洪口、发电量、建筑物等就没办法设计。水库规模搞得太大就浪费了，弄得太小了一场雨、一场洪水就马上溃坝，那也不行。

水文测量

总的来说，我在鹤地开展水文测量工作时间较长，可分为建库开河前期、当期和后期。

前期即 1957 年 2—3 月开始到九洲江测量水文资料，广东省水电厅要求我们开展九洲江水文测量工作，我们的工作不是奉湛江地委之命开展的，必须把得到的九洲江水文资料上报广东省水电厅直至转交到水利部广州勘测设计院。后期即水库完工之后，1962 年到文地水文站工作，负责测量水库的进水量。

当期即水库没建好之前测量水库附近河段的水文数据。还没截流的时候，我们要测江水流量、流速，测量整个施工过程龙口逐渐变小时水量的变化，这虽然跟施工无关，但作为国家的工程资料保存，汇集给省里，供其他工程施工的时候参考。每个水利工程都是这样做，所得资料相互补充、参考。水利工程在合龙时龙口的流量、流速以及季节等资料，可以用来计算如何以最快速度合龙，这个属于水利科学研究所要做的。鹤地水库在合龙时，我当时在船上测量流量、流速。合龙后我们主要在渠首、西一坝、溢洪道等有流水的地方测量，在渠首出水口，我们测得最大流量是 56 立方米/秒，即每秒有 56 立方米水流出来；溢洪道建好后，我们测量了好长一段时间水的流量、流速，以验证溢洪道设计是否符合要求，检验水工建筑物的录定与实际有没有出入，这些工作比较烦琐。

我们水文站当期有 5 ~6 名工作人员，负责收集九洲江的流量、流速、含沙量等三个方面的水文资料。

测算流量

测算流量至少要测算水源、集雨面积和年来水量三个方面。九洲江发源于广西陆川，水从陆川流经廉江石角、安铺，经廉江西部出海口进入北部湾。我们先后到过文地、陆川测量，源头的地方没有去。为了测量水库的集雨面积，我们到广西九洲江上游通过测山头的分水岭算出水库的集雨面积。鹤地水库是大工程，测量者少、任务繁重、时间紧迫、上游岭多，我们没法现场测出每个山头的分水岭，利用 1/50000 比例尺的陆军地图①，通过等高线、地形地貌来推算，集雨面积大约有 1460 平方公里。

---

① 鹤地水库根据 1/50000 比例尺地图计算库容误差很大，以现定水库正常水位 40. 5 米来看，原规划库容为 14. 8 亿立方米，现重测后为 8. 76 亿立方米，两者相差 6. 04 亿立方米。因地图误差，导致动工后修建的工程需要改变。

算出集雨面积后，再测来水量，就可以算出水库的库容，即可以建多大规模的水库。年来水量测算比较艰难，因为缺少资料，所以必须另想办法。

来水量作为九洲江最重要的水文资料，当时资料很少，我来鹤地搞测量还不到一年，在九洲江下游距离安铺镇不远的地方有一座通向广西的排里桥，那里有一个水文站，里面记录的九洲江水文资料比鹤地多 3 年左右，设计水库靠记录两三年的水文资料是不行的。水文推测与天文推测不同，天文如彗星、行星等有运动轨迹，多少年来一次其天文频率是固定的。但水文频率不是固定的，也就是说每年的来水量会不一样。设计水库必须算出水文频率，以此为标准推测会出现多少年一遇（如百年一遇甚至上千年一遇）的洪水。比如我们设计大型水库工程必须抵挡得住 500 年一遇的大洪水，有 100 年水文资料就好办了，可我们没有。我国最老的水文站一般都是在清末民初建立的，属于珠江水系的梧州、长江水系的武汉等大城市有百年历史的水文资料，即使关于广州的水文资料也是很迟才有记录，更不用说九洲江了。现在我要科学推测九洲江 500 年一遇的洪水必须要有 30 年的水文资料才行，可我开始测量九洲江时连 4 年的水文资料都没有。

在这种情况下，我们只能通过降雨量来推测来水量。河流大小（即水量大小）决定于雨量多少，但我们采用什么地方的雨量数据呢？分别有玉林、陆川、博白、廉江等地的雨量资料，其中，廉江的有现场感；陆川的有历史感，其气象站有 30 年水文资料，又是九洲江发源地，最好。我们综合各地雨量资料计算出年均雨量有 1700 毫米。但雨量不等于水量，因为降雨后，雨水渗透到地下、积蓄在洼地、吸附于树木和被阳光蒸发等，余下进入九洲江的雨水才是水量，即雨量经过折算后才是九洲江的水量。由于缺少水文资料参考，要准确找到雨量与水量的折算率非常伤脑筋，最后我们建立了一个雨量与水量简单二维关系，再用已有水文资料验证，算出九洲江水量，计算出水库可蓄水量。这对堤坝的选址、高度、溢洪道建筑物规模等具有重要意义。

大坝选址

当时水库坝段选址有两个考虑方案：一个选址在九洲江中游的石角。石角周围有很多山坳适合建大坝，这是优点；但石角与广西接壤，水库蓄水地方大部分在广西境内，造成广西受损、广东得益的局面，这个方案被推翻。另一个选址即现在的位置，水库蓄水地方大部分在广东境内。这个位置的拦河大坝也有两个方案：一个是一坝方案，在两座山的山坳筑一坝拦水，优点是工程量少，缺点是建库蓄水会淹没1955年才建成的黎湛铁路的一部分，铁路改道需要时间、经费，还担心会有影响[①]，在当时不敢公开讲，因为这条铁路才建成2年，只能放弃一坝方案。另一个方案就是现在的方案，除了一条拦河大坝外，沿着铁路周围山坳填筑28条堤坝保护黎湛铁路。另外，大坝选在现址还有个好处就是水库好像一个大水缸装水。水库从蓄水角度分为两种：一种是河流型的水库，如现在的长江三峡水库，河流回水很长，直到重庆。另一种是湖泊型水库，水库蓄水时，水面向四周扩大，这就涉及移民问题，像鹤地水库就属于湖泊型水库。拦河堤坝越高，水面越宽，移民越多，三者之间要找到一个平衡点。

测算流速

测算流速是我们水文人最主要的工作之一，所谓水文就是研究天然水的运动规律。我们测量九洲江流速困难重重，一是工具简陋，二是环境恶劣。

先说工具简陋。流速仪是运河修建过程中的重要测量工具，当时的流速仪主要有两种，一种是苏式流速仪，来自苏联，尾部有螺旋桨；一种是

① 放弃原因：第一，铁路运输成本增加。该方案要求迁移一段黎湛铁路，长约3.5公里，改线后路线长度较原线长10公里。第二，影响不好。黎湛铁路通车不久就要迁移改线，影响不好。第三，采取该方案，水库工程要推迟一个年度。鹤地水库是“大跃进”的产物，要求立即动工，明年完成。但迁移铁路之前不能动工，预计迁移铁路需要一年时间。第四，苏联专家权威。1958年3月20日，苏联专家蔡纳齐维奇考察鹤地水库坝址后，认为不迁移铁路是对的。雷州半岛青年运河工程指挥部：《九洲江鹤地水库工程设计书》（1958年），雷州青年运河管理局档案室藏。

西式流速仪，来自欧美，用转杯来测量。解放初期使用最多的是西式流速仪，这种仪器上有 3 ~4 个杯在水力推动下会随着水流转动，因为可以知道转杯的断面积，故能较为准确地测量出一秒钟所流过的水量，即流速。现在通过多普勒自动测量仪器，24 小时都可以测量。但当时测流速不像现在，我们常常需要坐着船到江面，由缆道、机械、滑轮等带着仪器放入水中，为了不让水冲走仪器，还带着压强仪器、水折，靠水推动才符合标准。

得到数据后，我们还要计算，那个年代计算工具比较落后，有算盘、计算车、手摇计算器等。计算车有产自德国、日本的，材质有象牙、猪牙以及人造材料的，象牙的最好。我第一次接触计算车是在广州读书时，看到老师做作业用计算车推来推去，不知道他在干什么。计算车除了算四则运算外，还可以计算出对数、函数等，而算盘，只能算四则运算。我们水文站属于低级配置，以算盘为主，计算车很少。要准确预报水文现象，如气象预报，需要 40 多个参数，没有电脑无法计算，参数太少预报不准。我们通过算盘计算，参数少，精确度受到影响。

我这代水文人梦寐以求地想拥有一件先进的计算工具。后来，我经常参加全国水文会议，手摇计算机笨重无法携带参加会议，只能用算盘、计算车。有一次，我回到老家，看到别人使用日本产的卡西欧计算器，速度快，效率高，用它可以解决很多问题，但非常昂贵。听说某个华侨有这个计算器，经过沟通同意卖给我，但需要我用一台风凰牌自行车交换。我无法搞到自行车（需要票证），最后不了了之，太可惜了。我出生于新加坡，1947 年回国，于是我联系在新加坡的舅父，请他帮忙买一台计算器寄给我，我为此缴了 12 块钱关税。当时水文站没有这个工具，我用它解决了很多问题。

再说环境恶劣。测流速属于野外勘测工种，我们需要扛着仪器到野外测量，既艰苦又危险。可以说，我们随时都面临着死亡危险，经常在风吹雨打、电闪雷鸣、洪水暴发的环境下外出工作，其中最怕电闪雷鸣，因为水文站有有线电话，拍电报有天线，缆道测量有铁线，全部裸露空中，没有避雷针，很容易遭到雷击。我们在鹤地水库虽然没有发生过雷击事件，但去广西河段测量时出现过一次危险，差点出大事。如九洲江发生洪水，无论白天晚上，我们都得坐船出去取沙、取水量、测流速。我们既要测量库内洪峰、洪峰传播，又要测量下游洪峰，求出一个数据。当时我们只有鹤地几个月的数据，九洲江下游有几年的数据，通过测量，我们建立某种关系，供水库工程设计使用。

虚惊一场

另外，我们的工作还会被人误解。在鹤地水库建设期间，我记得有两次被误解：一次被误解携带炸弹乘车。前面说过，我们测洪水的流量、流速要把仪器伸出，为避免仪器被洪水冲走，我们需要给仪器系上一种重力元件。这种铅制的元件像炸弹一样，有 8 公斤、16 公斤、50 公斤规格。有一次，我们外出测量，扛这个元件从湛江坐火车到河唇鹤地，列车乘务员以为我们带了炸弹，不让我们上车。我们费了一番口舌，他们检查没看到引信之类的东西才放行。另一次被误解安装流动炸弹炸铁路桥。流经鹤地的九洲江上有一座铁路桥，属于黎湛铁路重点保护桥梁，派有一排军人驻扎守卫，我们水文站的工作人员刚开始在鹤地工作时曾住在军营，相互熟悉。有一天晚上，我们在铁路桥附近某段划定好的江面测流速，按往常从上面放仪器，仪器流经我们要测量的段面，就可以测出江水流速。可那次仪器无法使用天然浮标测流速，我们便用稻草绑住仪器，稻草上面放有点燃的煤油。由于事先没告知部队，守桥的哨兵发现江面有点点火焰漂流而下，担心有人放炸弹。他们一边提高警惕，保卫桥梁，一边派人四周查看，后得知我们在工作才放心。

测含沙量

因为水库堤坝筑好后，原来流动水的水位上升，两边的沙砾、泥土排下来，堆积到堤坝处，就会影响到水库的寿命。一座水库的寿命究竟有多长，需要根据含沙量资料来测算。测量含沙量比较简单但很重要，中国河流含沙量较高，其中最高的是黄河，达40%。像后来修建三峡水库必须考虑含沙量的问题，含沙量能够决定水库的寿命。我们在测量九洲江含沙量时，需要测量正常状态的含沙量和山洪暴发时的含沙量，因此，洪水频率、规模尤其重要，我们通过下游排里水文站的资料可以推算出河流含沙量。鹤地水库完工后，水电局曾经问过，鹤地水库究竟有多少年寿命？即多少年后淤泥堆积，水库死库容增大，有效库容减少，库水就放不出，水库无法发挥其功能了。我推算后认为，在没有排水的情况下，水库寿命可达一千年。现在有出水口，再加上做好环保工作，鹤地水库寿命在一千年以上没问题。

同心勠力

建库开河期间，几个互相隶属的部门相互合作才能开展工作。像地质勘测队，他们负责勘测山体土质，以了解是否可以取土筑坝；勘测水库淹没区地质，以了解泥土被冲刷后是否影响江水含沙量等。整个工程最高单位是工程指挥部，大部分是行政人员，由地委书记、县委书记组成，总指挥是王勇；工务处隶属水利部广州勘测设计院，由何多基、林颖夫负责，其中部分人员是来自重庆水校、江西水校的中专生，主要从事检查验收工作，如水泥放多少、水沙比例以及工程是否符合设计图等。还有4个清华大学毕业生，他们负责设计、画图等工作；后勤处负责鹤地水库物资供应，如物料、粮食等。指挥部、工务处、后勤处是鹤地水库工程3个主要单位。工务处与我们联系紧密，相互配合，业务往来较多，我们要为他们服务。我们测量所得水文资料属于国家秘密，要用密码上报给国家，不能公开讲，仅供有关部门设计、修建鹤地水库时使用。我在广州水校学过建筑工程画，会描图但不会设计。他们人手不够时经常拉我去帮忙描图，大家比较熟悉。通常来说，工务处做好设计方案经领导审批后才可以施工。鹤地水库施工不太合常规，按正常程序应该是：先设计，批准后再施工。当时恰逢“大跃进”，只好边施工边设计。

水文观察

九洲江截流水库开始蓄水后，我们的工作主要有：第一，设计一些水文仪器，如给指挥部设计一个在水库里自动记录水位的仪器——有刻度的水泥桩，用来观察蒸发、波浪等现象，这是陆地不能代替的。第二，开展水文计算，我们不再像水库动工初期那样辛苦。

水库建好后，水文观察是我们的常规工作。有一天早上，时值冬天，刮着北风，库面泛起阵阵水浪，恰好这天我负责大坝青年亭水位观察，经过溢洪道时看到水浪砰砰地冲击溢洪道闸门，闸门有一个孔受撞击变形漏水，于是我赶快回到办公室，用文字密码把情况通过邮电局发到省水电厅。省里收到信息后通知湛江地委，地委要求县委做好抢险工作，县委马上组织人马拉来5000个沙包，把溢洪道围起来抢修闸门，及时消除隐患。

洪水突袭

水文工作要懂得观察水文及预报水文状况，如通过天气预报得知降雨量，在下雨前应根据预报的降雨量预测河水洪峰的规模、时间等，提前知道河水最大流量及持续时间，让有关部门做好防洪的准备工作。如果水利工程正在施工，那就要预报洪水来时会不会影响到施工。

建库开河期间就出现过一次这种现象，致使工程指挥部领导非常紧张。当时情况是这样的：九洲江已经截流，导流渠也堵塞了，大坝筑到一定高程，库区下了几场大雨，气象部门继续发出暴雨预报。大坝是继续修建还是停工待建？续建即抢高堤坝则可以蓄更多水，但如果堤坝被洪水冲垮则损失更大；停工待建，如果库内水位上升淹没大坝也可能造成溃坝，前功尽弃。总之，如果溃坝的话，在工地的几万人都有生命危险，还威胁到九洲江下游几十万人的生命财产安全。

巧设参数

洪水预报至关重要，工程指挥部把预报任务交给我们水文站，站长将任务交给我。雨量多少，水量多少，水位多高，现在看来这个计算非常简单，但在当时计算相当困难。20 世纪 50 年代我们水文知识比较贫乏，主要是学习苏联。苏联的理论多，水利学、水文学、气象学等都有，但无法解决我们的实际问题。当时我刚从学校出来不久，也掌握不了很多知识，可参考的教科书和现成的水库也不多。

我接到这个预报任务后，感觉这既是棘手的难题，也是人命关天的重担。如果知难而退，任由水位漫坝，则会溃坝：因为堤坝压得还不够实，水漫坝，造成回流，掏空堤坝，就会导致溃坝。一想到溃坝这种可怕局面，我丝毫不敢怠慢，想方设法完成预报任务。记得上学时有位老师曾经做过这方面的预报，并教给我们一种雨量折算为水量的方法，但这种折算方法不是针对某座特定水库来预报的。

在这次预报工作中，我先估算一个雨水损失参数，再根据鹤地水库实际情况参考老师的方法自己折算。怎么折算呢？我当时是这样考虑的：如果能测出土壤含水量，下多少雨，土壤吸收多少就可以算出来。当时无法测出土壤含水量，也没有这方面的资料，只能按照下雨这一天追溯前 15 天、20 天或 30 天没有下雨，即为干旱。下雨后，一部分雨水被土壤吸收，一部分经地面流入水库即为水量，这样雨水损失参数就可以计算出来了；再通过设置参数找到雨量与水量之间的简单二维关系，雨量和集雨面积知道了，算出水量后，加上原库容已经知道，降雨后库容呈现由小到大的发展趋势，库区水量、水位、大坝高程就可以计算出来。

三种方案

当时气象部门只预报有暴雨，但究竟有多大的雨量不知道。我按照 100、200、300 毫米三个等级降雨量，计算出水量、水位、大坝高程，三个等级降雨量对应三条线，利用坐标建立一个关系图提交给工务处副处长林颖夫。何多基是工务处处长，也是鹤地水库工程总设计师。他作为工程指挥部的领导，开会都是向县委书记、地委书记汇报的。我不可能直接接触到他，但经常接触林颖夫。林颖夫是何多基的助手，与何多基一样来自广东省水电厅，是技术权威，参与鹤地水库设计工作。他需要水文资料就找我们要，我把这次预报结果交给林颖夫。工务处以 100、200、300 毫米 3 个方案作为指导施工的依据，最后决定抢工（抢险），水库最终安全脱险。工程指挥部对我们水文站预报工作很满意，给了我一个建设社会主义积极分子荣誉称号，颁发一枚“兴建雷州半岛青年运河纪念章”。我很珍惜这枚纪念章，它不仅代表了荣誉，还很有历史意义。

很多当年决策鹤地水库抢险的当事人已经不在了，我把这件事讲出来是想告诉大家：几十万雷州青年运河建库开河亲历者当中，曾有无数技术人员在奋斗、奉献。

镶嵌题字

建库开河期间，我与工务处的技术人员往来较多，对雷州青年运河一些具体工程耳闻目睹，印象深刻。有一项是将陶铸题的“雷州青年运河”字样镶嵌在大坝上。陶铸非常关心和支持雷州青年运河的建设，多次到鹤地水库视察。水库完工后，工程指挥部决定将陶铸题字用水泥砂石镶嵌在拦河大坝背水坡以纪念，我的朋友负责这项工程放线。他说这是组织信任他，他既感到光荣，也很有压力。压力来自技术方面，担心把题字的整体结构以及字体放大至数百倍后会出差错，最后他完成任务了。硕大的“雷州青年运河”字样几乎占满大坝坡面，俯视、正面远看都非常壮观，可惜后来被毁。

一片苦心

第二项工程是雷州青年运河东海河大渡槽，俗称天桥。东海河将从鹤地水库引水到湛江，天桥要跨过遂溪河新桥段的洼地，地势两边高中间低，必须砌礅架槽。雷州青年运河功能之一是航运，渡槽必须容许两艘载重 20 吨机帆船对开。天桥有好几十个桥墩，负责天桥设计工作的其中一个技术人员跟我很熟，他曾告诉我：桥墩是用石块堆砌起来的，石块不规则，高空作业，没有机械起重，只好用木板把数百斤重的石块拉上去。砌石人在砌桥墩时既不知高度，也不知各座桥墩高度是否平衡。当时只有一架水平仪，要测量又没有平地，只好顺着竹架爬上一座座桥墩测量。可爬上桥墩，墩面狭窄凹凸不平，找不到物件垫平水平仪，桥墩上水平仪难以摆平，导致测不准各座桥墩的平衡度。如果各座桥墩高度误差较多，将来数十节渡槽拼接时高低不平怎么办？如何通水？他说到这件事，屡屡叹气：太艰难了！压力太大了！

多雨干旱

雷州半岛历来是干旱地带，但年降水量不低于 1400 毫米，放在全国来说，也不算干旱了，像胶东半岛，其降雨量不及雷州半岛的 1/3。可流经雷州半岛较大的江河如九洲江、南渡河等河流较短，没有地方积蓄这些雨水，一下雨水都跑到海里去了，造成旱地、坡地多，水田少的现象，但江河下游常出现洪水泛滥问题。总之，多雨干旱、涝旱并存是当时雷州半岛的特点。

雷州青年运河包括鹤地水库和青年运河两部分工程，承担众多的功能：

首先，是防洪，保护人民生命财产安全。因为九洲江的洪水很厉害，像安铺一带，农田肥沃，是粮仓，居民也多，洪水泛滥时一片汪洋。鹤地水库建起来后就可以解决洪水灾害，不开闸门就可以控制洪峰，九洲江下游就不会有洪水灾害。

其次，是灌溉。雷州青年运河就是为了灌溉，解决雷州半岛干旱问题。鹤地水库的水通过雷州青年运河南流到雷州的南渡河。雷州半岛以南渡河为界分为北部和南部，南渡河所处地势较低，与海平面一样高，运河水无法流到雷州半岛南部。这样，南渡河以北的地方都得到运河水覆盖、灌溉，这些地方在旱季没有水的时候，雷州青年运河放水解决灌溉问题。雷州青年运河是主河，其还分出 4 条干流。因为运河太大，所以不叫渠道，统称运河。

再次，是航运。从渠首可以往广西方向走，那里有很多乡镇，水库建成后这条航线作用很大。现在交通发达了，航运作用逐渐消失。

最后，是供水。鹤地水库建成后，随着时间的推移，防洪功能的重要性逐渐消退，因为水库解决了洪水问题。与此同时，供水功能越来越重要，湛江就靠鹤地水库供水。但运河是明渠，只能供水到廉江、遂溪、赤坎，没办法到霞山。霞山现在是喝地下水。雷州半岛地下水很丰富，由多年来雨水渗透到地下形成。但抽用后就会空，导致地面下降、坍塌、海水灌入。辽东半岛、山东半岛就是典型例子、前车之鉴，雷州半岛一定要千方百计保护地下水，能不用就不用，否则，将会地面沉降、海水倒灌。

漫山遍野

雷州青年运河功能较多，工程浩大，工具落后，主要靠人力，这也是需要那么多民工的主要原因。修建水库时，我们水文站在水库大坝下游一个岭脚的平地上搭建了一座简易平房，有自己的食堂。如果觉得饭菜不好吃，我们可以到外面去吃，一顿 3 毛钱，可以吃得很好。

我们的周围是用甘蔗叶或稻草盖成的茅棚，民工在里面住。民工来自各个受益地区，如廉江、遂溪、海康。这么多人居住在那里，大小便都成问题。我们出入经常踩到“地雷”，这种情景老实说没看过是无法想象的①。我们距离他们很近，看到漫山遍野都是民工，劳动艰苦，生活艰难。自己带粮食、锄头、畚箕……毕竟当时是人民公社，给的粮食又少，民工很苦很苦，在那里挑泥、拉车子运土。堤坝泥土要压实，否则积水成烂泥湴。偶尔有几部拖拉机，拉着石磙碾压，但更多的是由 2 ~3 个人用石硪砸实坝面。

大坝建在河床上，高程 40 多米，除了河底高程 17 米，大坝要填筑 20

① 广东省卫生厅于 1958 年 10 月底到鹤地水库工地检查卫生工作，对工地卫生提出了不少批评意见，指出工地随地大小便的现象相当严重，满山都是大便，臭气难闻（特别是大坝、渠首），很不卫生；另外，苍蝇还特别多，饮食上也不够卫生，因此目前屙肚、痢疾病人较多。中共雷州半岛青年运河工地委员会、雷州半岛青年运河工程指挥部：《为做好当前工地卫生工作的决定》，雷州青年运河管理局档案室藏。

多米高，从河底到坝面，设计高度 28 米。大坝作为梯形堤坝，还有一个宽度，工程量很大，主要是靠畚箕挑泥、单轮鸡公车运泥，基本都是靠人力运输。民工组建诸如穆桂英、红孩儿、花木兰等突击队施工，大家来放卫星，看谁做的土方多。有的民工在劳动中受伤，本来工地上有卫生员，她们大多来自广州惠福中路的广州卫校，背着药箱在工地巡回。但由于卫生员、保健员太少，受伤的民工无法及时找到，便不时出现用错药现象，如沙迪水原本用于治疗消化道疾病，他们有的直接拿来治疗发炎脓肿的外伤，伤情不仅未能得到及时治疗，反而更加严重。听说也有民工无故离开工地，但毕竟是少数，要不然，工程也建不起来。总的来说，劳动很辛苦。

往事现说

对于年轻人来说，要始终牢记为人民服务的宗旨，这是我们建库开河期间经常互相鼓励的一句话。在什么先进工具都没有的年代，工作是辛苦的，但我们精神上是满足的。当时所有参加建库开河的人待遇都很低，虽然也有人产生过抱怨心理，但最终所有人都坚持下来了，算是为雷州青年运河建库开河做出了自己的贡献。

铸锄造车为运河

黄学孟　口述

采 访 人：林兴

受 访 人：黄学孟（中共党员，91 岁，雷州市客路镇田尾村人。雷州青年运河建设期间，任客路公社农机厂厂长兼党支部书记，组织农机厂生产工具供应运河工地，几次参加雷州青年运河工程抢险工作）

采访时间：2016 年 4 月 30 日

采访地点：雷州市客路镇田尾村

采用语言：雷州话

协助采访：邓梅权等人

采访口述人黄学孟（前排右一）

下乡宣传

1958 年，我任客路公社农机厂厂长兼党支部书记，兼任客路公社机关党支部副书记及调解委员。

1958 年，湛江地委发出修建雷州青年运河的通知[①]。雷州青年运河规划中的东运河穿过客路境内通向南渡河，修成后可解决客路干旱问题。我当时任客路公社机关党支部副书记，为了让更多的人了解修建雷州青年运河的意义，参与组织客路剧团，通过雷歌、幻灯片、大字报、电影等方式到厂矿企业、学校、乡村队社宣传[②]修建雷州青年运河的好处[③]，发动群众积极报名，参加雷州青年运河的建设。

托管孩儿

雷州青年运河从海康境内开始修建。客路民工团由陈远和孙才山担任团长和政委，组织客路民工在附近修建河渠，后来才去廉江修水库、挖运河直到回海康挖运河[④]。当时客路乡采取轮换制，即民工参加运河建设一

---

① 指 1958 年 5 月 15 日中共湛江地方委员会颁布的《关于兴建雷州半岛青年运河的决定》。

② 海康县宣传青年运河有特色，出现“满城争说兴建青年运河”的情况。组织宣传队、宣传组以及宣传员通过文艺的方式宣传兴建青年运河的十大好处。兴建雷州青年运河对客路来说是一种鼓舞，因为中共湛江地委于 1958 年 5 月 5 日召开关于修建雷州青年运河的第一次会议，规划从水库引出“一条大干渠流经廉江、遂溪县附近螺岗岭到城月、海康的客路一直到南渡河畔为止”。《钢铁的意志　英雄的决定——记海康县人民在战斗前夜》，《青年运河》，1958 年 6 月 1 日第 2 版。

③ 雷州青年运河给雷北地区带来“四好五化”。“四好”是指：①从根本上消灭了雷北地区水灾和旱灾；②可发电 5000 瓦；③使九洲江能航行更大的船只；④安铺附近 9 万亩常受水浸的良田消灭了水灾。“五化”是指：①水利化；②水力化；③水运化；④水利养殖化；⑤水电化。《喜报》（1958 年 5 月 8 日），遂溪县档案馆藏，3 - 长期 - A12. 9 - 047 - 001。

④ 海康民工参加雷州青年运河工程历程：①参加海康境内河渠建设。雷州青年运河兴建初期水库工程与运河工程同时开工，按地域管理原则，雷州青年运河在海康县境内工程由海康县民工承担。运河工程初时分为北段、中段和南段，后改为北段和南段。1958 年 6 月 1 日海康民工开始在境内建设运河南段工程，直至 1958 年 11 月中止。②陆续抽调参加鹤地水库建设。为尽快完成鹤地水库工程任务，1958 年 12 月底海康师抽调海康团支援坡脊工区，1959 年 2 月底上级党委为了确保鹤地水库 4 月放水，抽调沈塘团全体民工支援坡脊工区境内河道施工，1959 年 4 月 3 日鹤地水库堵导流渠开始蓄水，湛江地委提出 6 月放水，集中力量修建鹤地水库，海康民工从运河南段工地调往鹤地坡脊工区修建第 17 号坝。③参加运河北、南两段工程建设。1959 年 9 月雷州青年运河河道工程由北、中、南三段合并为北、南两段，海康民工均参与北、南两段工程施工，分别属于那良工区和客路工区、河头工区。海康司令部：《青年运河工作总结》（1958 年 11 月 14 日），雷州青年运河管理局档案室藏，8 - 20 - 305；《后来居上》，《卫星报》，1958 年 12 月 28 日第 1 版；雷州半岛青年运河南段工程政治部：《支援鹤地工程》，《运河工地》，1959 年 2 月 28 日第 1 版；《政治挂帅好　工效定提高——流动大红旗　流到了唐家团》，《卫星报》，1959 年 4 月 14 日第 1 版；雷州青年运河管理局：《雷州青年运河志》（内部稿），2015 年，第 228、233 页。

个月后，轮换农业社其他民工参加运河建设。我在农机厂工作，爱人吴秀和在家务农，孩子刚两岁。按照轮换制，我爱人背着孩子先后到东山、福兴、东坡等工地修建运河。后来鹤地水库发生险情，我们夫妻俩上鹤地参加抢险，孩子在家没人照顾，只好送去岳母家，让他们帮忙照管。

鹤地抢险

我作为农机厂负责人，管理农机厂生产工作，制作劳动工具支援青年运河建设。1959 年，鹤地水库出现险情，我带领民工紧急到鹤地参加抢险。那天，县委召开电话会议，通报鹤地水库出现险情[①]，指出湛江地委要求各级党委紧急动员群众到鹤地水库参加抢险。军令如山，会议结束后，客路公社党委一边通过有线广播召开大队干部会议，一边派人连夜到各大队部确保完成党委交给的动员任务。我骑自行车到自己联系的大队部后，召开大队党支部会议，布置任务。天亮后，我找到各生产队长，生产队长按照民工数额抽调民工。我告知民工：鹤地接连暴雨，库区水位急剧上升，即将淹没堤坝。如果鹤地水库溃坝，九洲江下游几百条村庄损失惨重。

动员民工时我告诉他们：这次到鹤地水库抢险是临时任务，几天时间，水库脱险后就回来搞生产。在短时间内能组织起来数千民工，有三个原因：一是共产党的威信。党员领导干部发挥先锋模范作用，客路公社党委带头下村发动群众并亲自带队前往鹤地水库抢险，大多数农民愿意听党指挥、跟党走。二是这次抢险时间不长。抢险是临时任务，任务完成后即可回家，打消部分民工犹豫不决的念头。当时建设雷州青年运河时，海康民工采取轮班制，以一个月为限期。三是公社化大办公共食堂。社员粮食由食堂定量供应，民工到食堂免费就餐。社员被抽派到鹤地抢险，其粮食

① 这里的险情是指 1959 年 5 月鹤地库区遭遇罕见暴雨堤坝发生险情。雷北县动员 3.8 万多工、农、兵、学、商人员于10—15 日由公社党委第一书记带队前往鹤地水库抢险。黄学孟前往坡脊工区参加这次抢险，第一阶段抢险结束后，黄学孟回单位，民工继续参加第二阶段抢险，直至水库工程结束。

转由鹤地食堂供应，不接受抽派的社员，家里的公共食堂不再给他供应粮食。通过粮食定点、定量供应的方式，促使少数不服从调派的民工必须到鹤地参加抢险，这样他们才有饭吃。

那时候，我跟客路公社党委书记游木带着民工去，有多少民工我忘记了，只记得有好几辆车把我们从客路连夜送到鹤地参加抢险。我们被分配到坡脊工区第17号坝，这堤坝又长又宽，人山人海。抢险时，大家誓与堤坝同在。党委下了死命令，像上战场一样，谁要消极、退缩、逃跑，若是党员、团员的，立即开除党团籍；若有国家单位的，立马开除；若是社员的，扣工分或工资。

我作为农机厂厂长兼党支部书记，平时很少干重体力活。工地人多车少，我与民工一起挑土。堤坝很高，挑土时只能一担一担地挑。原本我的任务是发动群众，带领民工来工地抢险，到工地后我可以回去，因农机厂正处在紧急生产时期，制造车子、锄头、铁耙等工具供应工地。但我作为党员，必须带头参加抢险，连续突击了三天四夜。其实，个人的力量是渺小的，但党员带头冲锋在前，能对民工起着模范作用，能带动更多民工投入水库抢险中。

几天后，我回到农机厂工作，客路民工参加抢险直至水库工程基本完成才轮换。

供应工具

1958年4月，广东省在广州中苏友好大厦召开农具改革推广展览会。海康县委书记带我前去参观，看人家怎样制造各种车子，参观回来后，就发动群众制造车子。雷州青年运河开始兴建后，雷北县委要求我们农机厂制造劳动工具供应运河工地，客路公社党委要求农机厂支援运河建设。我们农机厂分两种方式支援运河建设：一是调派铁木工到运河工地铁木厂，制造、修理劳动工具。二是制造劳动工具提供给客路、沈塘两个公社民工使用。运河工程需要什么劳动工具，运河工程指挥部直接向农机厂订购。我们为运河工程指挥部生产了大量劳动工具，松土工具有双铧犁、铁耙、三角铁铲、十字镐、锄头等。工地泥土坚硬，铁铲、锄头、十字镐损耗大，需求量巨大。运土工具有独轮车、双轮车。车轴有铁制的，也有木制的，木车子比铁车子难制作。当时已经是全民炼钢，铁料、木料的供应充足，厂里制作铁车子多，但指挥部需要木车子多，因为便宜。车板、车轮都是木质，橡胶稀缺，车轮没有胶条，工地上车子不必使用胶轮。胶轮车主要是在公路上拖拉，以免压坏路面。当时生产任务紧张，除了供应运河工程指挥部，我们还要供应其他部门，职工每天都要加班加点到晚上 10 点才下班。每生产好一批，客路公社水利指挥部就拉走一批。

支援运河

修建雷州青年运河是全湛江地区的大事，每个部门都要动员起来为其服务。农机厂除了供应工具外，还从各方面支援运河建设，具体有：

第一，发电免费支援运河建设。当时客路民工负责修建客路到水标河段，民工为尽快挖通运河早日放水灌溉，夜晚突击。民工有时候利用月光突击，但更多是农机厂发电供应他们照明。当时运河工程指挥部与农机厂业务往来频繁，我们领导之间相互熟络，关系密切，所以免费供应电力给附近的工地和指挥部照明。农机厂职工晚上 10 点才下班，厂里继续供电给民工突击到深夜 12 点，工程指挥部陈万南每晚都让食堂供应一大碗粥给我们作为夜餐补助。

第二，直接参加运河施工。我记得有几次在客路运河工地参加挖河、抢险工作，因为长期施工，民工疲惫，客路至水标河、客路糖厂至客路桥头这段河渠工程迟迟无法挖通，影响到运河全线放水。为此，客路公社党委动员机关干部、职工一起到客路至水标河参加运河建设。每天下午 4 点半吃过饭后，带着工具前往工地参加运河施工，填土筑坝，直到这段河渠被挖通。民工撤离后，遗留客路糖厂到客路桥头段河渠没挖通，客路干部和农机厂职工每天下午 4 点半吃过饭，又开始挖河挑土，直到打通这段河渠才结束。

第三，参加运河抢险。我两次带领农机厂职工抢险保护运河安全。一次是运河放水后，大边塘河段堤坝被冲毁，客路公社党委连夜通知全体党员、机关干部以及附近社员参加抢险，我赶回厂里动员工人，停止手中工作，紧急赶到出险处。当时天寒水冻，汽灯照明不足，整个工地黑乎乎的，大家几乎在黑暗中挖土打沙包堵塞缺口。这个河段不大，河床4～5米宽，大家通宵施工，终于堵住缺口。第二天，我们回到厂里继续上班。还有一次在草黎抢险，当时水闸还没建好，运河放水后草黎河段堤坝出现险情，我和机关干部一起在前线抢险。如果不是及时发现险情，堤坝就被冲毁了，草黎抢险及时保住了堤坝[①]。

往事现说

参加修建雷州青年运河是社员的职责，就像在家参加农业生产一样。我爱人说过：在工地，人多热闹，比在家干农活有趣，也并没感到特别辛苦。在鹤地水库第17号坝，民工非常多，年轻人一起干活，推车、挑土，你追我赶、锣鼓喧天，蛮有乐趣的。雷州半岛青年运河当时誉满神州，靠我们雷北县人民凭着一股“愚公移山”精神去修建，解决雷州半岛干旱问题。近年东运河及干渠得到维修，河水供应东洋及海康人民生活用水，雷州青年运河益处甚多。

① 至1964年雷州青年运河建成，河渠（不包括鹤地水库）一共发生6次险情（包括毁坝）：①1960年5月西运河茅塘桥下石堤河段出险；②1960年6月运河主干平坡仔排水涵出险；③1961年1月东运河大边塘排水涵出险；④1962年5月主河前进农场河段出险；⑤1964年4月东海河七联渡槽下游出险；⑥1964年5月东海河平岭大填方出险。黄学孟老人所指的抢险是1961年1月东运河大边塘排水涵出险，当时左堤被冲毁土堤200多米。雷州青年运河管理局：《雷州青年运河志》（内部稿），2015年，第21－26页。

功臣模范

艰苦工作、关心群众的好营长

杨　庆　口述

采 访 人：林兴

受 访 人：杨庆[①]（中共党员，88 岁，遂溪县洋青镇外村塘村人，农民。31 岁参加雷州青年运河修建工作，直至工程结束。其间组建运河工地八大标兵突击队之一的洋青火箭突击队，两次被评为一等功臣）

采访时间：2015 年 8 月 19 日

采访地点：遂溪县洋青镇外村塘村

采用语言：雷州话

协助采访：宋子青

采访口述人杨庆

① 杨庆，1958 年 8 月参加青年运河建设，先后任民工连长、营长。《艰苦工作、关心群众的好营长》，《青年运河》，1959 年 6 月 3 日第 2 版；《光荣榜》，《战讯——青年运河增刊》，1958 年 12 月 2 日第 1 版。

抽调民工

我解放后参加土改工作，后任文寮乡[①]（现在的文相、竹山、寮客3个村委会）副乡长。

雷州青年运河（包括鹤地水库和运河主干渠）修建时间跨度长，根据工程进度和农事安排分批抽调民工参加水利建设，县委按照劳动力比例确定抽调民工总人数，然后下达到生产队，具体抽调谁由生产队长决定，每一批都要足额抽调；如果人数不足，洋青民工团指挥部会打电话到公社，公社、大队、生产队再层层落实民工人数。劳动力紧张时，队长会抽调妇孺老少甚至孕妇[②]一起参加建库开河工作。

鹤地水库全面动工后，受洋青区[③]委派，我是最早一批带民工去鹤地水库的。我与乡长参伯带领文寮乡数以百计[④]民工从乡里步行到遂溪，搭火车到河唇，再步行到鹤地工地。工地采取军事化管理，编制依次是公社

---

① 这里的乡与后来的生产大队大致同级。

② 建库开河期间，由于各种原因，有一些怀孕的女民工被派往工地。对于孕妇，工地指挥部给予特别的照顾，如“新进场民工思想还不够安定，老、弱、幼小者不少，还有孕妇”。“孕妇送回去”，“对于老人、孕妇、15岁以下的小孩、慢性病号，应一律处理好”。《张玉池副书记在评比会上对当前工作作了指示》，《青年运河》，1959年10月12日第1版；《关心群众生活，办好食堂，搞好卫生，注意施工安全》，1959年1月1日第1版；《工地党委召开师政委会议　决定一月二十日堵导流渠开始蓄水》，1959年1月5日第1版。

③ 雷州青年运河建设期间（1958—1964），恰逢中国县镇行政体制变化频繁之时。镇级以洋青为例，洋青基层政权组织在1958年至1964年的6年间变动7次，仅1958年就变动4次。区域名称为洋青、跃进、钢铁、遂城、洋青，组织名称为乡、公社、区、公社。雷州青年运河的民工组织有民工大队（1958年6月至9月鹤地水库时期）、民工团（1958年9月至1959年8月鹤地水库时期）、民工大队（1959年9月至11月运河北段工程时期）和民工纵队（1959年11月至雷州青年运河灌区主干工程完成，运河南段工程时期）。县级以遂溪为例，经历遂溪县、雷北县（1958年11月19日，遂溪、廉江以及海康县南渡河以北区域合并）、雷州县（1960年11月19日改名）、遂溪县（1961年3月29日撤销雷州县，恢复遂溪县、廉江县和海康县的建制）。本书不做精确区分，遂溪、雷北、雷州等同使用，洋青乡、洋青区、洋青公社等同使用，保留民工口述时用语。中共遂溪县委党史研究室编：《中国共产党遂溪历史大事记（1949.11—2009.09）》，2009年。

④ 鹤地民工是义务劳动，受农忙、水库遇险、农田水利建设高潮等因素影响，不同时期人数不同，如文寮营，1958年9月鹤地水库大动工期间，有民工190人，1959年5月鹤地水库抢险期间，有民工342人。《人民公社好》，《大坝捷报》，1958年9月30日第1版；《艰苦工作、关心群众的好营长》，《青年运河》，1959年6月3日第2版。

为团，大队为营，生产队为连，下面有排、班。另外，还大量组织团营级突击队，像文寮乡的火箭突击队最具盛名。

厉兵秣马

我参与修建雷州青年运河全过程，工段位于鹤地、那良和洋青3个地方。这些工段的工程各有特点：在鹤地是修建水库，施工时间最长[①]，有一年多，工种最为复杂且施工最危险；在那良是开挖河渠，工程最为艰巨，民工最饥饿；在洋青是填筑洋青大塘堤坝和修建干支斗毛渠，工程土方及出动民工最多，但施工最为轻松。

在鹤地，填筑水库大坝是重点，在填筑大坝前，我们要做以下准备工作：

第一，搭棚修路。这是第一批民工的主要工作，搭建工棚、修路架桥。根据预计的民工人数，以民工营为单位，搭建若干座工棚，材料自带，一般是社里派人用牛车从家乡拖运到鹤地。我们住地、工地在荒山野岭，沟壑纵横，没有现成路道。民工逢山开路修出大小便道，遇水架设简易木桥等[②]，解决民工施工、出入与外界联系的交通问题。

第二，做好填筑堤坝准备。大批民工上场后的主要工作包括清基、挖沟、清淤泥等。绝大多数民工参加鹤地水库修建是从这里开始的。清基任务繁重，要把坝基范围内的各种建筑物拆除，根据设计要求清除所有树林、木根、草皮、乱石、坟墓、淤泥、腐殖土等；沙质基础应清除至河床，把表面的松散浮土及淤泥清除；把库岭范围内山坡及台地的一切污

---

① 关于施工具体时间，杨庆老人记忆模糊，仅记得各地施工的时间长短。据档案资料记载：文寮乡民工1958年7月开始前往鹤地工地，1959年8月完成鹤地水库基本工程并撤离；同年9月转战那良工地，12月下旬完成工程后转回洋青大塘工地，1960年5月工程完成，运河主干渠全线放水。

② 搭桥修路是初上鹤地遂溪民工主要任务之一，截至1958年9月鹤地水库大动工前，修好交通道路25484米，每个土塘都有便道。在整个鹤地水库建设期间，民工架设52座桥，全长1928.2米，涵洞62座，公路22.5公里（工区自建的不列在内）。王勇：《在第七次行政（扩大）会议上的总结发言（摘要）》，《青年运河》，1958年9月9日第2版。

物、厕所、毒草清除。任务分配由师、团、营层层落实，我经常到团指挥部领取任务，很多时候通过抓阄来确定各营的工地。挖沟就是挖掘一条很长的、用来排水的沟渠[①]，文寮营只负责其中一段，我不知道具体排哪里的水。清淤泥是把筑坝地段的淤泥逐层清理至底部不再有软泥，再铺几层沙才开始填筑堤坝。

建库开河

文寮营民工分属大坝工区，大坝工区除承担拦河大坝填筑任务外，还要填筑其他若干座大小不一的堤坝[②]。填筑堤坝分三个阶段进行：一是其他堤坝填筑与清基、挖沟交替进行，任务紧张时经常加夜班冒雨施工。我们民工上到鹤地不久就开始填筑堤坝，待九洲江截流围堰合龙后，我们又开始主坝清基。前面所说的清淤泥主要是清理河床沉积的淤泥。二是填筑主坝，主坝又长又深，成千上万的民工像蚂蚁搬家一样拉车挑担把一座座山岭的泥土运到大坝，层层累积起来。三是抢筑堤坝，在导流渠堵塞、水库开始蓄水后，鹤地连续下雨，水位猛涨，眼看要淹没堤坝，指挥部从社

---

① 排水沟是鹤地工程设计的一个疏忽：这个疏忽来自广东省亚热带资源开发委员会，资源开发委员会在规划本工程时没考虑到这个项目。这个疏忽在技术人员进入鹤地工地后才被发现：在防护堤与铁路之间，有30多平方公里面积的洪水需排泄，要开挖一条150万土方（后修改为79万土方）、长5.5公里的排水沟。假如在规划时即有这个项目，第一个铁路改道的方案是很值得考虑的。这个疏忽导致鹤地工程施工复杂程度增加。排水沟工程为配合拦河坝河床段的施工，必须在秋前完成，以满足大坝施工导流的需要（末端）。排水沟兼作拦河坝施工排水之用，拦河坝的土料有30%以上在铁路以西取土填筑，为了避免运土的严重干扰，不宜在开工初期就把排水沟全部挖通。广东省亚热带资源开发委员会：《广东省海南、湛江、合浦地区热带、亚热带资源开发方案（草案）》附件三之《湛江区九洲江流域规划提要》，第185页；水利部广州勘测设计院：《九洲江流域规划提要（草稿）》（1957年12月30），雷州青年运河管理局档案室藏，53-6-39；凌俊卿：《鹤地水库工程情况介绍》（1958年9月），雷州青年运河管理局档案室藏，1-5-39；指挥部：《鹤地水库主要工程任务安排》（1958年10月14日），雷州青年运河管理局档案室藏，15-16-81。

② 大坝工区有河床、西一、西二、付坝以及一至五坳共9座土坝，其中有3座土坝超过25万土方，河床坝最大，计划数量达44万土方；有6座土坝少于7万土方；第3号坝最小，有2.5万土方。文寮营参与这些土坝的填筑。整个鹤地水库有36座土坝，防护堤工区第17号坝土方最多，达48万土方，渠首工区右二号坝土方最少，仅98土方。《青年运河上游工程各坝高程进度表》，《青年运河》，1959年4月30日第2版。

里调集大量民工来抢险，筑高全部堤坝，抵挡水位上升。抢险结束后，鹤地水库工程基本完成。

完成鹤地水库工程后，我们转战那良开凿运河，这是雷州青年运河最艰难工段，表现在三个方面：一是劈山凿渠难度大。这段运河要穿过的山岭底下全是花岗岩，我们要开凿的山岭有三四层楼高。清理表层泥土后，通过爆破把底下的花岗岩炸开，开凿出 20 多米深的河渠，因为工地附近有村庄，不能大爆破，且炸出的石块大小不一，这给施工增加了难度。二是工期短，粮食缺。当时为了尽快完成施工任务，民工日夜突击①，竞赛评比②。但粮食供应不上，民工吃不饱，由鹤地吃米饭到那良喝稀粥，民工出现伤寒、水肿等症状。我通过其他办法获得多一点粮食，帮助民工渡过饥饿难关。三是被村民误解。运河穿山而过，工程刚开始的时候，附近村民非常反感我们，他们迷信山岭是村庄的龙脊，认为我们破山凿岭把水开到他们村的后岭，破坏了他们的风水。后来他们理解后，还为我们提供了生活上的便利。

完成工程后，我们回到家乡附近的洋青大塘、后湖河段继续施工，“苦干两年、带水还乡”的目标即将实现，民工再也没有思乡之苦、突击之累、打泥牛爆破之险及逃跑之举，民工管理比较轻松。此时期民工主要是填筑堤坝，类似生产队搞农业生产，没有留下特别难忘的印象。但我们可以自主地改造田园，增加粮食种植面积，实现自流灌溉。如文寮乡为了改旱田为良田，多种水稻，一造变两造，政府供应工程材料，我们组织民

---

① 本工程的施工计划分 3 个阶段进行，时间安排总计 60 ~ 75 天，9 月 10 日为大施工的准备阶段，9 月 10 日至 10 月底为大施工阶段，10 月底至 11 月中旬为扫尾结束战斗阶段。大施工阶段 51 天，为突击战时间，分为 10 个战役，每个战役 5 天。工程指挥部：《青年运河第一期工程任务分配表》（1959 年 11 月 16 日），雷州青年运河管理局档案室藏，39 – 30 – 94。

② 评比内容分 7 个方面：政治挂帅（如逃跑率）、组织机构（如干部配备民工进场快慢、劳动组合）、领导（如参加劳动搞试验田、开展劳动竞赛）、工效（正常 3 方，突击队 10 方）、勤俭治水（尽量用代用品）、安全质量（如消灭伤亡事故、质量符合要求）、文化卫生娱乐（如发病率不超过 2%）。评比频率：工区间每个战役 1 次、大队间 3 天 1 次、中队间 2 ~ 3 天 1 次（像黄略天天评比；洋青大队 5 天 1 次，给予先进中队奖金 100 元）。《张玉池副书记在评比会上对当前工作作了指示》，《青年运河》，1959 年 10 月 12 日第 1 版；《那良工区广泛深入踏实开展高工效运动》，《青年运河》，1959 年 11 月 11 日第 1 版。

工建造两条干渠，通过涵管引水，一条灌溉我们村周边的坡地，另一条灌溉文相村周边的坡地。这些涵管由我组织男民工自己搞，当时因缺乏建筑工具，民工徒手捧浆抹涂，日夜施工，直至完成。

火箭标兵

在雷州青年运河建设期间，工地上活跃着无数支突击队。当时竞赛评比常态化，团、营、连都组建自己的突击队参加各类竞赛，像洋青民工团有赵一曼突击队，文寮营有上游突击队、火箭突击队。突击队员劳动强度大，只要不是好吃懒做的青年人都愿意加入突击队，我认为有三个原因：第一，突击队是少数志同道合者的组合，在这种环境中劳动，心情舒畅。开始是党员、团员积极分子带头自发组织熟悉的民工为施工小组，逐渐补充愿意加入施工小组的民工，我作为文寮营营长，顺势引导成立突击队，在竞赛评比中发挥作用。第二，容易获得各种荣誉。当时竞赛评比多，有各种名目的荣誉称号，最常见的是授予功臣称号，分为特等、一等、二等、三等四个等次，以及获得“英雄车手”“红旗车手”“状元”[①] 的荣誉称号，这些荣誉称号对青年人是一种精神鼓励。第三，得到衣服之类的物质奖励。在物资稀缺年代，这个有很大吸引力。这些奖励分为司令部、师、团、营不同等级。很多年轻人以加入突击队为荣，在雷州青年运河建设前期，加入突击队的条件比较高，能够参加突击队的民工比例不多；后期，突击队不断扩展，越来越多的民工加入突击队。

到鹤地不久，我从民工中挑选出 10 多个思想进步、劳动积极、身体

① 洋青纵队定出状元条件是 300 车/天，开展“考状元”运动时，纵队决定全体党员、团员全部参加“考状元”，并带动 80% 民工投入“考状元”运动，凡考上状元每人奖文化衫一件。《西埇工区广泛深入开展“考状元”运动》，《青年运河》，1960 年 4 月 1 日第 1 版。

强壮的青年人成立了一个突击队，命名为火箭突击队[①]。像来自我们村的一个突击队员，他个子不高，但很强壮，自己负责一架车子，每次车子载满后还叠加几畚箕泥土，拉着车子就飞奔起来，拉上坝面较为艰难，必须安排其他民工在坡顶帮他推一推，我经常帮忙推车。其他突击队员在打冲锋、搞突击时也是如此，快如火箭，才屡屡创下高工效[②]纪录，获奖无数。

印象最深的是在那良工区，工地山岭多，施工时从山顶爆破挖渠，把石砾泥土从渠内往外拉。施工日趋艰巨，工期又紧，我们任务还没完成，正需要突击队发挥模范作用的时候，上级却要抽调火箭突击队去支援其他大队。我从大局出发，同意调派火箭突击队与其他突击队一起去支援别的大队。他们是去抢攻那座有几层楼高的岭头[③]，经过几个昼夜奋战，终于搬走山岭泥土，挖通河渠。

---

① 洋青火箭突击队，运河北段工程八大标兵突击队之一。因 7 名突击队员在鹤地水库一次突击周活动中创下平均工效 37.51 土方声名鹊起，在运河北段工程施工中负有盛名，被工地团委评为八大标兵突击队之一。70% 突击队员采取车子加畚箕的运土方式，最少添加 10 畚箕土，最多添加 18 畚箕土，屡屡创下高工效纪录。《坚决当高工效运动的突击手》，《青年运河》，1959 年 11 月 11 日第 2 版；《高产卫星满天飞　锣鼓喧天报喜频》，《战讯——青年运河增刊》，1959 年 2 月 3 日第 1 版；《洋青突击队工效倍增　满上加满　车子加畚箕》，《青年运河》，1959 年 10 月 31 日第 4 版。

② 高工效评定：以突击队为单位，运距在 200 米至 800 米内，200 米运距要求 20 方，300 米运距要求 18.5 方，400 米运距要求 17 方，500 米运距要求 15.5 方，600 米运距要求 14 方，700 米运距要求 13 方，800 米运距要求 12 方。以每一突击周平均计算。《关于高工效计算标准》，《青年运河》，1959 年 3 月 2 日第 1 版。

③ 老人这里说的岭头有 45.1 米高程，在运河北段工程中是最高的山头之一。估计有 23 万多方，其中坚土 4 万方，风化岩石 5.3 万方，风化软石 2.7 万方，开挖 37 米深。那良工区党委专门成立四五・一高地指挥所，由沈塘大队主攻，客路、海康大队协助，1959 年 11 月 6 日开始围攻高地，直至 11 月底，还有 3 万方。按照沈塘大队日进 1500 个土方计算，要 20 天才能完成任务。工地党委要求 12 月 10 日前必须完成北段工程。那良工区组织 8 个突击队 280 人，命名为“共产主义支援队”支援四五・一高地，提出“五干”口号：日夜都干、风雨也要干、什么地方艰苦困难就往那里干、不休息一鼓作气地干、团结一心互相帮助共同跃进干。洋青大队在没完成自己任务的情况下，响应号召，派出刚被评为北段工程八大标兵的火箭突击队、赵一曼突击队共 45 人，火箭突击队分秒不让，边拉车边喝水，女队员陈维琴为此推辞回家结婚的要求，苦战巧干三昼夜完成任务。《八路英雄奋战“451”高地》，《青年运河》，1959 年 12 月 7 日第 2 版。

张弛有度

在修建鹤地水库中后期，洋青民工团政委杨彩光任命我为文寮营营长。因施工艰苦加上生病、体力透支、个体差异或意志薄弱等导致工地出现民工出勤率下降，工效没有达到要求。我采取几种措施管理民工，成效明显：

一是张弛有度。修建鹤地水库非常辛苦，表现在：①施工时间长。当时采取军事化管理，民工起床、吃饭、出勤、收工等闻号而动，洋青民工团由郑贻东负责吹号。民工从早上6点起床离开工棚后忙碌到深夜12点才回工棚，除一日三餐、处理个人事务花去个把小时外，劳动时间有14~16个小时。②劳动强度大。文寮营民工在大坝工区主要负责清基、挖排水沟、清淤泥、填坝等挖运泥土的工作。像长达几个月的填筑堤坝，民工一天到晚从几百米之外运土上坝，每天人均要完成上万斤泥土的运送任务，没有休息日，民工挑土、拖土时间久了逐渐放慢速度。这个时候，我在工地拿着广播筒鼓励、督促民工劳动。拉不动车子的，我就去帮他推一下。发现有民工等待抽水烟筒或假大小便偷懒的，我不点名提醒："你不要停拉哦！又有人偷懒了。"

我对团部领导说："民工劳动时间无法缩短，但劳动强度要适当。我们工效不比别人低，要平衡好工效与体力的关系[①]，不能把民工抓得太紧，过于强硬，有些民工熬不住可能会逃跑或者生病，得不偿失。"

二是思想教育。对于少数逃跑民工，我提出应该以教育为主，不能有出格的体罚。结合家乡干旱缺水的现实，修建雷州青年运河贯穿家乡，可以彻底结束干旱的历史，利于搞好农业生产、提高生活水平等，通过教育

---

① 高强度的施工如1958年10—11月连续打了8次战役，土方提高不少，但民工严重消耗体力，出现逃跑现象。如防护堤师在10月的4次战役后，据不完全统计，已逃跑1000多人。民工普遍向工地慰问团反映"工作太重。上午5时开工干到夜里12时。有时突击通宵，在工作上冲锋过猛，整日冲，身体维持不下"。1958年12月参加南方十四省水利现场施工观摩会的代表间接批评这种现象，指出"苦干没有和巧干结合起来，往往强调了延长劳动时间"。《情况简报014号》，雷州青年运河管理局档案室藏，20－1－1；《遂溪县慰问团到鹤地水库慰问情况报告》（1958年11月7日），遂溪县档案馆藏，3－长期－A12.9－047－023。

提高他们对修建水库意义的认识；通过比较教育让他们对逃跑产生羞耻感，自己当逃兵，将来回到家乡如何面对积极分子、安心在工地劳动的人？如果民工团领导管理武断，对逃跑民工处罚太重，只会与民工结怨。修建雷州青年运河只是一时之事，将来大家回到家乡还要长期相处，不能让他们“笃背脊”①。

三是差别安排。文寮营几百民工中，年龄介乎于十五六岁至五六十岁之间，青壮年居多，也有一些先天身体羸弱、矮小的。我根据每个人身体条件安排工作，对那些少年人、老年人、身体羸弱者、轻伤病人多安排一些轻松工种，如捡柴、装土、发牌子等。身体健壮的民工抽调或动员他们参加突击队，否则，简单的工种轮换，不能优化劳动组合，会影响工效。

四是以身作则。我在工地没有固定做某个工种，相当于救火队员，哪里紧张到哪去，下土塘、拉车子、推车子、加油鼓劲搞宣传，与民工同甘苦。

积劳成疾

我有两次在工地现场受寒着凉：

第一次是在鹤地大坝河床段清淤泥时着凉。正值寒冬时节，大家穿着短裤背心下到泥塘，稀稀拉拉的泥滗深至大腿位置②，车子无法下去，铁铲、锄头也用不上，只能用畚箕铲、竹箩捞，把泥滗搬到泥塘旁边的车子上，剩余积水用抽水机排干，再清理下一层的淤泥。清理淤泥需要一段时间，天天如此，直到把河床的淤泥清理干净，再铺几层沙才开始填筑堤坝。有一天，我反复上下泥塘，身上沾满泥滗，没及时穿衣服，冻了一天之后回到工棚，开始发高烧。生病期间，我没有休息，继续在工地，或推

① 即在背后不点名地骂人。

② 与洋青团毗邻的城月团民工在泥滗中施工的详情：“奋战在大坝工区溢洪道和付坝”的城月团石塘营全体民工在上月 25、26、27 三天创每人每天 7.29 方纪录。该营在付坝的工地做清除深及膝盖的污泥工作，泥浆稀烂得像浆糊一样，装卸土都是较艰难的。但全体暂时不顾一切，各个奋战得像泥人一样，创出色纪录。《轰响大单位高土方的第一炮——石塘全营破七方》，《青年运河》，1958 年 10 月 5 日第 1 版。

车子或宣传鼓劲。

第二次是在那良竞赛时着凉。当时那良工区指挥部开展高工效运动，工地划片进行竞赛，黄略、洋青一片。这类竞赛没有奖励，大家为声誉而战。有一天，文寮中队与黄略平石中队挂钩竞赛。大家共在一条路道运土，他们的车子满载泥土冲来，我们的车子满载泥土还积叠几畚箕泥土飞去，一轮轮的你来我往，大家不分输赢。天空飘落的小雨点变成大雨。其他中队民工全都收工，我们继续冒雨施工，路道积水，车轮打滑，必须两个人推车才行。大家浑身泥浆，非要赛出输赢不可。我与平石中队领导各自站在高处，冒着寒风冷雨，拿着广播筒给民工加油鼓劲。我说："我们有没有信心压倒平石？"民工大声回答："有！"我又说："平石爬上爬下吐三次！认输吧！"民工大声回答："冲呀！"我说："平石输啦，停工吧！"民工欢呼："我们赢了！"对方也一样回应我们。天寒地冻，我们两个冻得颤抖，受不了，但谁都不愿意收工。后来上级来人要我们停止施工，大家才收工。这次受寒，我生病了好几天。

我的工作既得到上级的肯定，也得到民工认可，每次评选都是一等功臣，得到广播筒、衣服一类的奖励。当时杨彩光政委准备调我当运河管理工，守洋青大塘，负责守坝和开水。每次要调走我时，民工都不肯，不让我去！他们说只服从我的管理，如果我调走了，那他们也回家不干了。杨彩光政委调走后，抽调我的事也不了了之。

往事现说

工程结束后，我继续担任文寮大队干部，直至20世纪90年代，我的农民身份未变。当年一起参加雷州青年运河建设的老人，每见我时就问："庆啊！现在有机会，你还那么积极吗？"我说："过去的事就过去了。"

泪洒鹤地

梁克宽　口述

采 访 人：林兴

受 访 人：梁克宽（中共党员，95 岁，遂溪县杨柑镇白水塘村人，农民。32 岁参加鹤地水库修建工作，直至工程结束；在鹤地工地加入中国共产党，兴建雷州半岛青年运河纪念章获得者。其间担任民工连长，从事民工管理、运土填坝、修建青年亭等工作，多次被评为运河功臣）

采访时间：2021 年 5 月 23 日

采访地点：遂溪县杨柑镇白水塘村

采用语言：白话

协助采访：陈晓婷等

采访口述人梁克宽

告别妻女

1958 年，我结婚不久，女儿出世，嗷嗷待哺。雷州青年运河工程动工后，我先在洋青乡泮塘地段搭工棚挖运河，不久后停工，转到鹤地修水库。上级分配给生产队的任务是派10多名民工到鹤地参加水库建设，我当时任生产队副队长，负责召集民工并带往鹤地。我把能做工的后生抽调去鹤地，那些年老体弱、做工疲沓的人留在家里搞生产。那时整个中国都在修水利，农村人人参与。修水利是大势所趋，人员抽调容易，一叫就去，有部分人还是主动报名参加。

抽调到鹤地的民工集中步行9铺路到遂溪，再搭火车到鹤地，车票是0.5元，由公家负担。春节期间，公家只负责民工从鹤地至遂溪来回路费，遂溪回杨柑圩的路费1.4元由民工自己承担[①]。因此，回到遂溪后，大部分人步行回杨柑，来回一趟鹤地非常艰难。

我去鹤地，家里体弱的父亲、年幼的女儿怎么办？只能由妻子、母亲照料。她们在生产队参加种番薯、砍甘蔗、插秧割禾等劳动，赚取工分分配粮食，维持家人的生活。

身先士卒

我们民工刚上到鹤地，有一个多月不做工，专门训练出操。后来工地实行军事化管理，来自白水塘村、杨柑圩及附近村庄的一百来名民工组建成一个连，我当选连长。我们的任务是筑大坝挡住河流，蓄水成库。河的两边是稻田，水稻长势非常好，估计亩产一千来斤。反观我们杨柑周围的田地，由于缺水，亩产只有两三百斤。施工期间看着这些良田被淹没，很心疼。

我带头参加劳动，给民工布置任务，管理好民工，这是我的基本职责。每天6点钟起床，带领民工到工地做工，8点钟，炊事员把早餐送到工地，吃过早餐后继续做工到11点半就收工，午饭后2点钟又做到6点

---

① 据遂溪籍建库开河亲历者回忆：他们前往鹤地是从所在地步行到遂溪火车站，再从遂溪火车站乘车到坡脊火车站，然后步行到工地。文件规定："凡各乡社民工去鹤地水库的车费，由遂溪火车站至坡脊火车站车费由我部负责，统一由联络站办理购票"，但只负责第一次去鹤地的民工和乡社干部火车票，以后来往的、遣送不合格民工回家、各乡社催粮食工具材料等方面车票不予报销。雷州半岛青年运河遂溪县指挥部：《关于来往鹤地水库车费的问题（遂运字第20号）》（1958年9月16日），雷州青年运河管理局档案室藏，2-20-55。

钟，晚餐后休息一个钟，再做到深夜11点才回工棚睡觉。因为工棚距离工地有段距离，我们白天就在树林底下、河边休息。

我们施工以筑大坝为主，中老年、女民工以掘泥松土、装土为主，年轻力壮的民工运土，或挑或拉。一担泥土有80~100斤，一辆车子可装4~5担泥土，共三五百斤重，两人负责一辆车。大家拼命做，想着尽快筑好水库造福子孙后代。像截流期间，我经常带着10多名后生民工夜间突击，筑堤坝。水库开始蓄水后，有段时间总是下大雨，看着水位一天比一天高，搞得工地很紧张，不知道大雨下到什么时候，堤坝会不会被淹没？最紧要的是筑高堤坝能不能挡住猛涨的洪水。筑坝时先将一边堤坝筑高以挡住来水，待堤坝达到安全高程后，再筑高另一边，最后保住堤坝。好在师部当时做出单边筑坝的决策，要是像往常那样整体筑高堤坝，所需土方太多，且堤坝狭长导致施工没回旋之地，民工来得再多也没法做工[①]。

我们有时兼顾其他工种，记得夜晚经常突击卸石块[②]。有一次，火车从石场运回石块，临时通知我们去卸石块，我带领几十个突击队员突击到夜间两点多钟，收工后回工棚睡觉。当我们要横穿铁路时，听到远处火车的鸣笛声，前面的人已经横过铁路，我走在后面，前脚已踩下路道，刚想横过铁路，突然听到有人大叫："你不赶快走？找死吗？"我赶紧抽脚后退两步。嘀、嗒，差几秒钟就被火车撞到，原来火车在后退，火车头还在远处，但后节火车卡已到眼前，但天黑看不到。好险啊！差点死在鹤地。

---

① 梁克宽老人所说的单边筑坝发生在1959年5月中旬，鹤地水库遇险，何多基要求15日前把水库各大小堤坝迎水坡单边高程抢高到38米，然后全面填筑至38米，21日再单边填高到40米。

② 卸石块是杨柑民工团的工种之一。据《青年运河》报道，负责卸石块的杨柑民工团民工在1958年12月13日晚上，创快速卸石块高纪录。这次突击卸石块，12人负责一卡车，比平时减少一半民工，用20多分钟卸完一卡车，速度比过去提高了2倍。《杨柑团创卸车快速高纪录》，《青年运河》，1958年12月17日第1版。这种高强度的突击之后，民工已是精疲力尽，梁克宽老人所说差点被火车撞到可能是精神恍惚而忽视了周围的危险因素。

四种教育

我参加劳动之余，还要做好民工思想工作。民工来自四面八方，对到鹤地修水库各有想法。为了既给民工鼓劲，又教育民工约束自己的行为，我采取了这些办法做民工思想工作：

（1）正面教育。我们都是穷人出身，要做才有的吃。家乡缺水无法种植更多水稻，为了让我们能吃上米饭，政府号召我们修水库、开运河，这对世世代代都有好处，人要喝水，农业生产也要水。修水库，辛苦一代，幸福子孙万代。

（2）文化教育。在鹤地时，有外来的剧团唱公仔戏，也有民工自己成立剧团演出。我发现某个人掘土拉泥工效低，但会表演，就让他搞宣传鼓动工作，在施工期间敲锣打鼓，工闲时间唱歌演戏。总之，工地的锣鼓从天亮打到天黑，咚咚锵！咚咚锵！响个不停。我觉得这种娱乐方式很好，既可缓解疲劳，又可让大家不挂念家里，安心于工地，鼓起干劲修水库。

（3）纪律教育。要求民工遵守工地纪律，如出勤，听到哨子响，马上集中到工地劳动。对于个别诈病不出勤的民工，我教育他们：“千万不要这样做，认为自己有病，可以让我带你们去医院检查。属实则休息，集中治疗；诈病作假将受纪律处分。”有些人在施工过程中使伎俩偷懒，如长时间大小便、试图逃跑，我知道后教育他们：“做工做不死人，被抓住了整个工地师团部都要传达，自己没面子不说，连公社、村、家人都脸上无光，严重损坏集体名誉。”

（4）警示教育。说真的，工地人多，有干活积极的，也有偷懒、诈病甚至逃跑的。像逃跑，虽然是极少数，但如果不处理，会影响民工的劳动积极性。因此，工地会设一些关卡检查，夜间还派民兵在河边把守、巡查。民工涉河逃跑，容易被民兵发现、抓住。有的民工团对抓回来的逃跑民工给予处分，逃跑民工感到失礼，检讨认错。

建青年亭

鹤地水库筑坝基本完成后，我带着百十人继续留在鹤地搞后期工作。

当时有两项工作：

一是填补大坝迎水坡护堤石的缝隙。大坝是土质坝，为确保安全，在迎水坡铺上石块。石块形状不一，相互之间有大、小缝隙，必须灌入水泥浾，抹平，防止受库水冲刷带走泥土。这项工作强度不大，但量大、细腻，施工时要蹲着挪动，只能慢工出细活。在这期间，我们村有人在杨柑的缸瓦厂当领导，他托人转告我说："大坝已经完成，收拾被铺回来到厂工作，有什么事我负责。"但我想到所管理的民工还在鹤地水库做末期施工，想到国枢团长[①]、营长对我的关心，我于心不忍，便回复厂长说："我不能对不住大家，不能去缸瓦厂工作。"

二是修建青年亭。堤坝末期工作完成后，接着修青年亭。青年亭建在与溢洪道接连的一座山丘上，主体是钢筋水泥结构，由廉江建筑工程队负责施工，亭子的柱子、台凳、栏杆、台阶、地面要镶石米，凹凹凸凸。指挥部从全师抽调100多名民工参加青年亭的辅助工作，我负责带领民工把青年亭及附属建筑物外表打磨光滑。这道工序需要大量的磨刀石，我带着一批民工到化州把磨刀石搬运回来。青年亭建好后要绘画，当时由会绘画的人自由发挥，结果有人绘出带有民国风格的画，被刷掉重新绘，又耗费一段时间。

青年亭建好后我回到家，结束了在鹤地的三年工作。

火线入党

在鹤地三年，我被评为特等功臣1次，一等功臣3次，二等功臣2次，奖品有4条厚笠、1条薄笠、多条毛巾及奖状，还有1个（兴建雷州半岛青年运河）纪念章。好像是评上一等功臣的民工才奖励纪念章，像杨柑民工团几千民工，仅有几个人得到纪念章。由于我自己没文化，不懂得这块纪念章是宝贝，随意丢在家里，已经遗失很多年了。只记得这块纪念

---

① 即彭国枢，时任杨柑民工团团长。雷州青年运河管理局：《雷州青年运河志》（内部稿），2015年，第411页。

章是圆形的，非常精美，可能是铜质材料制作的，不记得纪念章是什么图案了[①]。

营里的党支部见我干活积极、不推诿，服从安排，善于做民工思想工作，得到民工的支持，就培养我入党。我参加几次积极分子学习班后要提交入党申请书，但因不认得字也不会写，后在其他人的帮助下，1958 年底，我向党组织递交了入党申请书，不久就加入了中国共产党。

团办食堂

在鹤地三年，前期能吃饱，从库水上涨筑单边坝时就开始挨饿了。

刚到鹤地时，我们吃薯丝掺和一点米煮出来的粥（饭），番薯丝分湿、干两种，配餸是豆豉煲姜雌水。民工各自拿碗筷，要多少吃多少，有剩没欠。我们想把吃剩的东西留给当地人喂猪，但他们说："我们的猪不吃这些东西，要吃米糠。"当时有钱人吃不惯食堂的饭菜，自己去外边的档口吃，像连里有两个民工，一是读书刚毕业回来的，一是做牛中[②]的，他们勉强在食堂吃早餐，午餐、晚餐长期在档口解决。我细心观察过，那些有钱人做工不如我们落力[③]。

后来杨柑民工团办了一个食堂[④]，几千人吃饭，吃净米饭。吃了一段时间，又掺和番薯干（丝）煮饭，逐渐番薯干（丝）多过米。当时的米很少，我记得曾派民工到河唇把米挑回来，大概人均一天有一斤等次较差的三级米。食堂留 1 两米来喂猪，人均一餐 3 两米。我们施工回来看到食堂地坛上晒的番薯干越来越多，到筑单边坝时就吃不饱了。有些与我们年

---

① 梁克宽老人讲到兴建雷州半岛青年运河纪念章时，已有几十年没见过纪念章了。但他结束关于纪念章的口述时，笔者拿出纪念章给他看，他一眼就认出，看得出他对纪念章充满感情，并流露出遗憾的神情。

② 即牛市场上的中介。

③ 即勤奋。

④ 杨柑民工团食堂创办于 1958 年 12 月 2 日，是大坝师第一个团办食堂，由 7 个小食堂合并而成，有 57 个炊事员，共 2000 多个民工就餐。食堂养猪 19 头，种菜 20 多亩。《食堂好　人人夸——洋青、杨柑民工团建立第一个新型大食堂》，《战讯——青年运河增刊》，1958 年 12 月 7 日第 1 版；《杨柑团食堂饭热菜香卫生好》，《青年运河》，1958 年 12 月 17 日第 3 版。

龄相仿的女民工，去外边偷摘别人的番薯藤、瓜菜叶煮熟顶肚饿，勉强吃饱。

美味佳肴

因民工饥饿，各个部门也想方设法改善民工生活，有三件事让我印象深刻：

第一，煲焗咸鱼。有段时间，杨柑同界炮两个乡合二为一[①]，恰逢原界炮乡送很多咸鱼到鹤地，杨柑民工也分得不少。因缺少花生油，只能用煲仔将咸鱼焗熟，香喷喷的，作为民工一日三餐的配餸。我们持续吃了一两个月的咸鱼，爽死了。

第二，泄洪拾鱼。水库已经蓄水，运河还没开挖，库水只进不出，水位越来越高，大坝承受水压越来越大，为确保堤坝安全，必须择机泄洪，每次泄洪都很壮观：水从闸口一泻而下，溅射起来的水似乎把心脏都要撞出来；鱼一群一群地冲下，撞向溢洪道远处的水泥板，有撞晕的、搁浅的，还有游向与溢洪道仅田埂相隔的沟渠的，可沟渠有石头挡着，鱼只能藏在石头缝里。每次大雨后泄洪，指挥部都组织民工去拾鱼，分派食堂加菜改善民工伙食。有一次，师部开会到12点，我们回来路过溢洪道，望见数不清的鱼在闸门附近游来游去，大家向朱恩铭提出：放水给大家拾鱼，开闸个把钟头就有鱼捡。闸门被打开后，这群鱼顺库水飞向溢洪道远处，我在石头缝里翻找出3条大斑鱼。

第三，宰猪加菜。每逢宰猪，民工都能吃上猪肉及猪油炒出的香滑青

---

① 1958年11月，东风公社（9月16日，界炮乡改为东风公社）和红旗公社（9月16日，杨柑乡改为红旗公社）合并为飞跃公社；同年12月5日，飞跃公社改为界炮公社；1961年3月，界炮公社又分为界炮、杨柑等公社。中共遂溪县委党史研究室编：《中国共产党遂溪历史大事记（1949.11—2009.09）》，2009年，第68、81页。据梁克宽老人讲，他应该是在1958年8月中旬作为杨柑乡民工来到鹤地，9月9日鹤地工地实行军事化管理，杨柑民工大队改为杨柑民工团，9月16日杨柑乡改为红旗公社，12月梁克宽老人所说的杨柑与界炮合并为界炮，在鹤地作为军事化组织的界炮民工团和杨柑民工团建制继续保留，但两团民工后勤由界炮公社统一供给，因此，界炮公社（辖北潭渔港）盛产海鲜，送咸鱼到鹤地工地，杨柑民工从中分得一杯羹。

菜。对身体虚弱的民工来说，这也是补充营养的机会。记得我手下有两个民工，男的当过保长，女的能说会道，他们都是有文化的人，因胃出血在廉江医院留医。宰猪时我提出多分一些瘦肉给他们，然后提着猪肉从工地走到廉江探望他们，来回6铺路。对我的到来，他们非常感激，尤其是保长，觉得我没有歧视他，后来因年纪大及胃出血严重而获批回家。女民工病愈又回到工地修水库，逢人便讲我好话。雷州青年运河工程结束后，有一次，我带几个人外出到这个女民工家附近帮人砍甘蔗。她知道后，硬要我们到她家，热情招待不说，还帮我们解决住宿问题。

泪洒鹤地

在鹤地，我除了做好连长管理工作外，还参与运泥上坝、大坝护坡石勾缝、修建青年亭等工作，一心建设鹤地水库，两三年都没回过家。春节期间，民工放假回家，我主动留守工地。有人不理解，说家里有父母、老婆、孩子，春节放假都不回家；也有人认为我思想好，事事带头。

我之所以留在工地，首先，我是党员又是连长，要带头从而带动一些人安心留在工地过春节，这也是响应师部的号召，总不能都让孤寡人员留下。其次，希望在春节期间多干点活，尽快完成工程，早点带水还乡。最后，看管好工具，主要是车子，确保开春不影响施工。这些车子是我们自制或带到鹤地的，来之不易。为了制造车子，派人到处砍树，我们村有很多四五个人手拉手都无法围抱的古树被砍来锯木板制车子，木工制出一辆新车子要耗费几天时间。那些磨损严重的车子因放假来不及修理，乱七八糟地放在工棚。如果没人看管这些新、旧车子，它们很可能被偷走或作为废柴烧掉。

有一年春节期间，我因病在地处鹤地岭头的工地医院留医两三天，其间没工做，气憋心躁。年初六那天，我溜出医院，在岭头四周观望，看到民工拉车子来来往往的身影，我叹了口气：唉！车子回到岭脚下了。突然心一酸，说了一声：败家伙[①]！家里还有老婆、孩子和父母哦！尤其是女儿从出世至今，两年多没见过，不知他们过得怎么样？顿时脑海全是他们的身影，眼泪不由自主地扑簌扑簌直流。我慌忙躲到角落哭喊，自责自己心肠硬，不牵挂家人，来鹤地几年都没想起过家里的情况，就连春节也不回家。

自责归自责，出院后，我又一心扑在工地，直到鹤地青年亭工程结束才回家。

往事现说

我从鹤地回来后，我们村附近的支渠[②]从主渠引水，哗啦啦的运河水灌溉农田，去鹤地修水库“带水还乡”的目标实现了。修运河是件大好事，福荫子孙万代。回想几十年前，远离家乡赴鹤地，拼命干了几年，感觉自己的努力没有白费。

但我对鹤地经历有两点感慨：一是通向我们村的河渠毁掉了，土地复垦。有些河堤被毁掉是由于社会发展，农民不再主要靠农业收入，这是好事。二是如果有关部门对修河民工有点补助就更好了。现在退伍军人、民办教师、大队干部都有一些补助，运河民工那几年的付出更加艰辛。我已经九十多岁，补助一点钱对我的作用不大，只是希望我们当年的建库开河经历得到某种承认。但是，修河民工没有花名册记录在案，当时是抽中即去。比如我，在鹤地数次立功，但所获得的奖章、奖状都没了，无法证明自己在鹤地的经历。

如果不是你来走访，我们建库开河的几年付出又能向谁倾诉呢？

---

① 口语，即哎呀或惨啦。

② 杨柑境内运河支渠有 3 条共 37.1 公里，即杨柑总支渠、杨柑总南支渠、杨柑总北支渠，从草潭干渠引水。梁克宽老人所指的属于杨柑总南支渠。雷州青年运河管理局：《雷州青年运河志》（内部稿），2015 年，第 123 页。

有奖就有我

苏文秀　口述

采 访 人：林兴

受 访 人：苏文秀（86 岁，遂溪县洋青镇洋青圩人，农民。29 岁参加雷州青年运河修建工作，直至工程结束。其间担任民工连长，多次荣获厚笠等奖励）

采访时间：2015 年 7 月 21 日

采访地点：遂溪县洋青镇洋青圩

采用语言：雷州话

协助采访：沈玉英

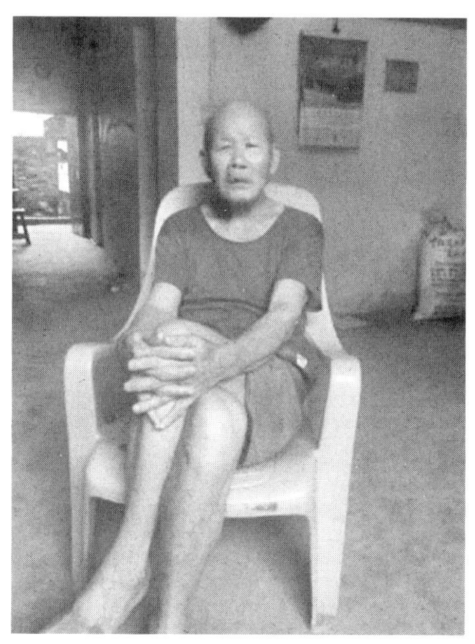

采访口述人苏文秀

宣传鼓动

1958 年鹤地水库大动工时，需要大批民工上鹤地修建水库，上面分派任务到每个生产队，按比例抽调民工。我是农业社社长，乡里派我带民工前往鹤地。经过前期宣传，已经有少数民工前往鹤地了，建库开河已经深入人心，家喻户晓。但要离开家前往几十公里远的鹤地修建水库，社员各有想法。未婚青年人喜欢成群结队，他们愿意去；已婚的人上有老下有小，是家里的顶梁柱，他们犹豫不决。

如何抽调足额人手到鹤地？我召开社员大会，说："修运河，既为国家修，也为我们修。修建好运河，可以解决生活用水，不用到一两公里外的水井挑水，不用一家几口人合用一盆水既洗脸又洗脚；可以解决生产用水，我们的坡地可以放水种植水稻，一年两造，稻谷收成多，我们就不用天天吃番薯粥。还有我们到鹤地修建水库，有饭、有粥吃，生活也好。"有自愿报名参加的，主要是党团员、青年人；有随大流报名的，主要是已婚的。我当时已结婚，在社里有威信，第一个报名参加后，带动了一些人报名。还有点名分派的，如兄弟姐妹多的家庭，就点名其中一人去鹤地修水库。总的来说，我所安排的人都乐意去修水库。

我们在规定时间集中，从洋青圩步行到遂溪，乘火车到河唇，再步行到工地。我们住进别人已搭好的一座工棚，安顿下来后，开始参加修建水库劳动。

兢兢业业

我到鹤地后，上面以为我是生产队长，就任命我当连长。连长职责主要有：第一，领取工具。营、连欠缺工具去师部领，不是去团部领，统一领回来给营部使用。工具就是车子之类的。第二，排工。安排民工每天的常规工作，工地上有松土、运土、挑土、推车等工种，哪里需要多少民工，就调派他们去。第三，参加具体劳动，主要是拉车子，运土筑坝。一个人拉，两个人在后面推，拉到坝面卸下。第四，临时任务，如到营部、团部开会，召集民工开会等。

早上6点去做工，做到11点半，中午1点半又开始做。吃完晚饭歇一会儿就天黑了。开夜工时有时无。我当时早上5点半起床，洗漱完毕，6点吃粥，6点半就去做工。如果要突击完成任务，每个民工都要去，统一由连长带队，一个连接一个连地按顺序排列好前往工地。突击到夜间10点钟才收工。我没有几日几夜不睡觉的经历。

当时团、营、连都成立了突击队，我是连突击队长。突击队员这样挑选：身体强壮、工作积极、自愿报名。准备成立突击队时，召集民工开会，告诉他们突击队的人数、任务等。加入突击队的以年轻人居多，他们能承担冲锋突击的繁重任务。突击队员比一般民工辛苦，连级突击队只有名声没有实惠，大家为荣誉而战。所吃的饭菜与普通民工一样，不是说当连长或是突击队员就另备饭菜。饭粥随便吃，菜就按份额吃，忘记是6个人还是8个人一钵菜了，大家蹲在一起吃，肉类很少，以炒青菜为主。

民工做工有快、慢之分，但无论是谁，做工都做得全身湿透。每做工两三个钟头，休息一会儿，再继续做。日出而作，日落续作，天天如此，劳动途中不休息是无法继续的。

如果有人做工不积极被我看到，我就告诉他不要停歇太久，去大小便，快去快回，不能在那里闲坐。我没有批斗过任何人，也没有因某人偷懒，号召大家来开会批斗他。

我的连队没有逃跑回家的人，被批准从鹤地回家的民工，有人给他开证明带回公共食堂开饭。食堂有就餐人的名单，每天按名单分粥。如果是逃跑回家的，没有从鹤地带回在家开饭的证明，食堂就不给分粥。这样的话，只有在鹤地才有饭吃。我这样教育民工，他们就知道了逃跑的后果。因此，他们都服从管理，接受教育，不逃跑回家。

连连上榜

我带民工到鹤地修建水库直到完成才回家。上级认为我服从安排，带领民工完成任务好，管理民工有办法，工作积极；民工认为我工作起带头作用，关心爱护他们。因此，每次评先进，我都榜上有名。有奖就有我的份，这不是说大话[①]，没有哪一次遗漏过我。我得过 3 条厚笠的奖励，这是最高级的奖励。很多人得到的奖品大多数是背心、口盅。我从鹤地带厚笠回来，别人非常羡慕。几十年过去了，这些厚笠都穿烂了。

我参加过两三次入党积极分子培训班，车路头人当我的领导，他叫我参加培训班。最终我还是因为身份问题，没能入党。对此，我没有耿耿于怀、满肚怨气，做工还像原来那么积极。我从鹤地水库回来后，继续担任队长。在洋青圩的 10 个生产队中，我们队劳日[②]是 0.7 元，别的队是 0.3 ~ 0.4 元。我带领社员积极做工，在 10 个生产队中，我们队社员积极、团结。因我工作出色，还被上级派到北京参观农业生产。

往事现说

几十年来，没有人问过关于修运河这些事，你是第一个。你是教师，可以教育下一代。否则，他们以为青年运河是天上掉下来的，谁还记得我们建库开河这段历史呢?

建库开河是一件大事，雷州青年运河是一项大工程。鹤地筑大坝、建水库，运河从鹤地伸延到雷州半岛各地几百公里长，从世界范围来看也是大工程。如果没有响应党的号召，没有当时人的艰辛、努力、齐心，在那种条件下要筑起青年运河很难咯。当时国家一穷二白，既无法支付民工工钱，也无法供应足够粮食给民工，民工从家里带粮到工地吃。虽然当时有些人有怨言，但没有后悔，因为国家建库开河也是为了老百姓。就以我们洋青来说，东有文相河、西有车路头河，这两条河周围可以种植水稻，其余坡地只能种植番薯、甘蔗等一些耐旱作物。现在修好运河，还修建各种大小渠道几十条，大量坡地变成稻田，改变了洋青人以番薯为主食的情况。筑运河对我们的好处太多了……

虽然现在对建库开河者没有什么物质补助，但我作为其中一员，不埋怨。国家现在针对农民出台了很多优惠政策，我每个月都能领到国家发放的养老钱，怎能埋怨国家呢？身体好、生活好、社会稳定就满足了。

---

① 在采访过程中，苏文秀老人重复这句话不下 10 次。

② 即劳动一天所得的报酬。

哪里需要到哪里

梁桂芳　口述

采 访 人：林兴

受 访 人：梁桂芳（中共党员，83 岁，遂溪县洋青镇寮客东村人，农民。雷州青年运河建库开河期间任民工突击队队长）

采访时间：2022 年 10 月 31 日

采访地点：遂溪县洋青镇寮客东村

采用语言：雷州话

协助采访：李诗婷

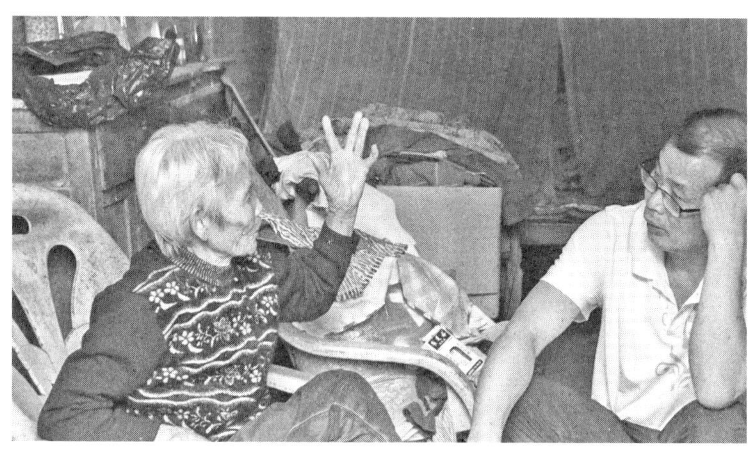

采访口述人梁桂芳

光荣入党

我什么时候去筑运河不记得了，从罗马坛开始，筑到洋青、闸坡村河段后，我回乡搞生产，同时在文相剧团负责煮饭，没去鹤地修水库，也没去修建运河那良段。

1959 年，我加入党组织。当时入党需要考验多方面，像水稻出现昆虫，我们半夜三更下稻田抓昆虫；天冷时下到农村看五保户是否有被子；台风天要到危房户检查是否出险。如果你不是先进分子，不发挥带头作用，要入党是很难的。

当选队长

青年运河洋青大塘段修建，从后坡村开始做，直到前进场（现为后湖分场）。当时，我专门做突击队的工种，没有做小队的工。就是说，当时民工分为两类：普通民工和突击队员。普通民工按照生产小队施工任务参加运河建设，他们归生产小队管理。突击队员归突击队管理，突击队分公社和生产大队两级，洋青公社最著名的突击队是赵一曼突击队。饮食方面，两类民工不一样，普通民工的饮食由生产小队负责。小队社员比较艰难，不去修运河就没有工分，不少社员背着孩子去修运河，饮食差，总是用番薯块掺点米煮饭。突击队饮食较好，米饭充足。我在突击队里，经常把净米饭端回来跟叔伯他们交换。

每个生产大队都组织好几支突击队，像洋青大队的突击队队长是列珠，洋青圩的突击队队长是拾哥，我是文相大队突击队队长。[①] 突击队员是在全大队社员中挑选出来的，主要由青年人组成。突击队员是如何选出的呢？当时的人愿不愿意加入突击队？突击队并不是随便加入的，由于工作辛苦，一般都是青年人加入，其他人不敢参加突击队。先挑选队员，再选出队长。每个大队级突击队有两个突击队长，当时女突击队员数量不少，我是女的，又是党员，为方便女民工的管理，大队任命我当突击队长。小队有小队的施工任务，社员必须去，不去没工分。突击队有突击队的施工任务，突击队员不记工分，只管饭吃。突击队员不参加生产小队的

① 当时民工用雷州话自创歌谣赞美列珠等三人：好人好事当众叹，介绍喜事有一章，是我洋青个大队，模范英雄有三人。起床又早肯苦干，每天完成五十方，应该表扬和奖励，大众看齐先进人。个是列珠个是广，成瑞一个说知章，三人劳动态度好，劳动英雄这三人。四点半钟起床干，不分日夜做土方，这人真是不怕苦，拖车每日二百零。同志啊！大家要争做模范，超额完成那土方，早日返家做生产，生产今年开门红。《大家作　大家唱——三个英雄》，《青年运河》，1960 年 2 月 20 日第 2 版。

施工，哪里需要就到哪里。大家都积极干活，虽然辛苦，但没有人退出突击队。一方面是粮食供应充足，另一方面突击队有统一服装，穿着劳动是一种荣誉。若立功，就会奖励衣服，中间写着大大的“奖”字。

满装快跑

我作为突击队长，责任重大，要以身作则，哪里需要到哪里。突击队长是否能有效调动突击队员？肯定可以。队员非常信任我，听从我的调派。我的工作表现好，态度好。如拉车我比别人车数多，被上级评为英雄模范。其他大队突击队人员也非常相信我，肯定我的工作。评价说：都是文相突击队那个妇女表现好。贫雇农是修运河主力军，我是雇农，工作积极。

突击队不像小队那样分地段施工，主要是干紧要工程，某个任务没按时完成，突击队就出现在那里施工，冲锋突击打比赛。由于工具缺乏，车子少，筑坝填土，普通民工以挑土填坝为主，没什么危险。突击队以拖车运土为主。车子是两轮车，不算大，但比较难拉，因为普遍没有玻珠、胶轮。施工时，我运土上坝，拉着车子，一路奔跑，不停歇。不过，有人帮忙推车，推上坝面，即拉着跑。在土塘装土，用铲来快速铲土，装满即走，卸土后马上回到土塘，如此反复。当时计车数，采用登记、发牌子、写正字等各种计数方式。在突击队里，我拉的车数最多，一天可以拉几百车土，汗流浃背，有时候要赶速度，半车也拉着跑。拉车多者即可立功，获得衣服奖励。

伤愈归队

突击队员拉车飞跑有点危险。我在搞突击时，拉车子跌到土塘里，差点被车子砸死。当时在洋青修大塘，突击队搞评比，我拉土上坝。规定每人要拉多少车就可以奖励，记一等功。我拉车飞快跑着，卸土后即飞快跑回土塘，如此反复。不知道为啥，拉车时手滑，就摔到一个很深的土塘里。好在车子没翻滚下去，否则砸中脑袋，我必死无疑。我父亲得知我跌伤后哭得死去活来，因为我是他唯一的子女，我母亲已不在了。我回家治疗，吃了几服中药，休息几天后，又去工地做工。

突击队工作辛苦，经常要打通宵，直到完成。洋青完成任务后，到各处支援，印象最深的是去界炮抢险修运河，一天来去，打通宵，有时候连续几夜打通宵，确实辛苦。总之，突击队就是哪里需要到哪里。比如，哪个工段没挖通，阻碍运河全线放水，我们就到那里去。我在修运河期间，作为党员，经常去帮助别人。尤其是任务紧张他们未能按时完成，我们就必须去帮助他们尽快完成任务。

现场评比

评比小组由突击队长、大队干部、公社干部组成，评比时看谁干得快、干得多。评比一般是一个礼拜一次，有时十天八天评比一次。

修运河时，按大队来分工段，我们就去评比他们的工效，进场民工多少、完成任务情况如何、民工劳动积极性如何、是否打通宵等。参加评比的不仅有生产大队，也有突击队，经常有突击队突击时挑战评比。一个大队组成一个突击队，洋青、文相、后昌等都成立了突击队。我们评比时主要看该队的施工情况，既要快、多，也要讲究施工质量。完成快、质量又好的就得到奖励。评比对象分公社和大队工段，如我带领的突击队经常与赵一曼突击队竞赛，同样接受上面的评比。

有一次，我参加突击队评比，沿着运河坝面进行现场评比，评比小组到我的突击队所在工段时，我利用在剧团的工作经验，在工地做宣传工作，给我们的突击队员鼓劲，希望他们努力工作，大干快干，将来有个好的前途。

工地生活

突击队吃的大米来自政府划拨，不是小队供应。突击队自己负责伙食，米饭充足，饭随便吃，队员基本不会挨饿，但工作辛苦，没有工分。一般民工伙食由小队食堂负责，队里有什么就吃什么，番薯、芋头等杂粮也不充足，难以维持，挨饿的主要是小队民工。

我结婚到寮客后，社员到大塘口修运河，我负责煮饭，将番薯砍成碎块，基本没有大米。煮好后，挑到大塘口给民工吃。突击队虽不存在这种挨饿情况，配菜充足，但整个社会粮食都稀缺，突击队的菜比一般民工的也好不到哪去。

往事现说

以前的人真凄凉，搞农业生产没有水。由于没有水，靠土地改变生活很艰难。运河修好后，洋青到处都有大大小小的运河渠，坡地都能种水稻，谷米产量增加，生活好多了。

架起运河桥梁

冯锦北　口述

采 访 人：林兴

受 访 人：冯锦北（82 岁，遂溪县城月镇垌仔村人，农民。24 岁参加雷州青年运河修建工作，直至工程结束。其间主要从事泥水匠工作，兴建雷州半岛青年运河纪念章获得者）

采访时间：2016 年 4 月 17 日

采访地点：遂溪县城月镇垌仔村

采用语言：白话

协助采访：冯晓飞

采访口述人冯锦北

风餐露宿

1958 年开始建造雷州青年运河时，生产队派我和另一个民工运桁子、竹木、茅草等材料到鹤地搭工棚。我们赶车前往鹤地工地，车上没有预留座位，走累了就让一个人坐在车辕上赶牛，不敢两人同时坐在车辕上。牛作为生产队最值钱的生产工具，我们舍不得让牛负担太重。

城月到鹤地路途遥远，将近20铺路。人比牛走得快，人牛并行速度太慢，为了尽快把材料运到工地，我们商量分头行动：一人快速走在前面，一人赶车在后面跟着。步行者在前面某个约定的地方休息，待赶车者到达约定地点，换由休息者赶车，原赶车者步行到下一个约定的地方再休息。我们一路轮换，煮了3次饭，夜晚停车在公路旁的草地上睡觉，第二天晚上才到达鹤地工地。在工地休息一晚后，我留在工地，另一个民工把晒干的粪便[①]装满牛车，运回生产队当肥料使用。

能工巧匠

在鹤地工地初期，我参与山岭的土质勘测、清基、挖土填坝，还做过一段时间的木工、水工。城月团抽调十几名民工组成砌石小组，我担任组长，与界炮、太平等民工团的砌石小组一起，专门砌排水沟、堤坝护坡和桥梁。

早期先修桥，有便于民工通行的简易木桥，有用于车辆运输的石桥。石桥12米高，桥墩10米，桥拱2米。我和村里姓陈的民工负责砌一座桥墩，我修头，他修尾。两者比较，桥墩尾部比较好砌，边砌边围成圆弧状，层层砌高。桥墩头部含有圆嘴，砌这部分时，还要砌杂槽和滴水线，有好多工序要做。当时水泥稀缺，只能用块石来造型。块石从10多斤到100多斤都有。民工把块石扛上去后，我按照大小、厚薄、形状不同逐块摆好位置，才能砌出圆嘴形状。如果块石一边厚一边薄，要把厚边砌在下面，要不就会散，这不是谁都会做的。我是组长，承担最艰难的这部分

① 粪便处理是鹤地水库工地卫生工作的重点。初时由当地生产队按合同每天清理1～2次，1958年9月后因农村劳动力紧张、工地远离当地农业社以及民工人数众多等，当地生产队粪便不能及时处理，成为繁殖苍蝇的大本营，直接影响到民工身体健康，为此工地组织专业积肥队，清理的粪便一是用来种蔬菜，二是晒干后立即运回自己的生产队，消除卫生隐患。卫生保卫处：《鹤地水库工地卫生工作报告》（1958年11月1日），雷州青年运河管理局档案室藏，19－6－58。

工作。

其他堤坝填筑到一定高度后，主坝开始填筑[①]。筑主坝时，有人用畚箕挑泥，有人推车运泥，各行其道。主坝底面宽 120 米，高 42 米。我在主坝迎水坡砌护坡石，砌护坡石比砌桥墩轻松些。堤坝每天都在升高，我们砌石速度也要跟上，顺着坡度弯腰斜蹲不停地由下往上砌。唯有手边的块石没了，我们上坝面推块石下来才感到轻松点，但不能想偷懒就故意慢慢推移块石。如果砌石速度跟不上，堤坝升高后，拉开与砌石地方的距离，推石就更艰难了。因此，我们要抓紧时间砌石，使两者保持适当距离。如果块石的形状、大小不合适，我们还要搬动调整。暂时用不上的大块石，我们要抬上坝面以免阻碍砌石。

立盹行眠

比较起来，砌石比搞土方轻松些。白天大家工作节奏差不多：天一亮就出工，做到七八点，在工地吃早餐；吃完早餐、处理完个人杂事后，有人吹哨子开工，做到中午 12 点就收工；在工地吃完午餐后，休息半个小时，接着开工做到下午 6 点收工，回工棚吃晚饭；晚上，如果放电影、剧团演出等，所有民工都不开夜工，如果砌石的与搞土方的节奏不同，搞土方的就继续开夜工，做到晚上 10 点左右；我们刚开始不用开夜工，后来团部以其他民工有意见为由，要求我们开夜工。其实，晚上不适合砌石，因夜晚影响砌护坡视线，导致防水坡不美观、凹凸不一。如果是砌桥墩，一层一层往上砌，也很不安全。有一次，我们在砌桥墩，桥墩突然失衡倒塌，人摔下。团部担心发生伤亡事故，不再要求我们夜晚砌石，可以自己利用晚间时间做一些准备工作，如搭脚手架、备料等，但不能做得太晚，

---

① 大坝施工分 2 个阶段：先完成西一坝、西二坝与付坝排水渠，后填筑主坝的防水堤坝。1958 年 12 月 16 日九洲江截流围堰合龙，主坝开始清基工作，1958 年 12 月 31 日主坝河床部分坝面高程 17.2 米，其他超过 20 万填方的堤坝高程在 25.16～27.5 米。凌俊卿：《鹤地水库工程情况介绍》（1958 年 9 月），雷州青年运河管理局档案室藏，1－5－39；《九洲江截流围堰合龙》，《青年运河》，1958 年 12 月 23 日第 1 版；《开展突击战　大攻主坝工程》，《战讯——青年运河增刊》，1959 年 1 月 7 日第 1 版。

以免睡眠不足，影响第二天工作。我们砌石时，移动空间狭窄，局限于建筑物周围，人不走动，容易犯困，稍微打个盹就有可能翻滚到河里或从桥墩上摔下来。有一次砌石，4 个人用铲耙搅拌水泥砂浆，2 个人负责挑沙、石、水泥。其中一个挑担的说他困了，便倚着旁边的脚手架停下不走了。我回来时，发现他挑担站着睡着了，唤了他一会儿才醒过来。我心想：好在是挑担，如果在砌桥墩就可能出事故了。

险过剃头

砌石是危险活儿，必须时刻注意安全，因为砌石要么在河边，要么在桥墩上。我们砌石小组基本没有发生过严重事故，但在鹤地工地，我目睹了一些伤亡事故，像溺水身亡的、打泥牛被砸的、被火车撞的等。这些都是不服从管理、不注意安全导致的，更多属于个人原因，我曾目睹一个民工被火车撞就是个人原因造成的。鹤地工地山岭延绵，铁路曲曲弯弯，路过的火车在转弯处每隔一段距离就鸣笛提醒，为安全起见，指挥部专门告诫民工不得在铁路上行走①。因搭脚手架需要桁木，这个人就扛着长长的桁木在铁路上行走，火车行驶过来他来不及躲闪被撞。

有一天中午，我在主坝那里的桥面做水工，另一个方向有人在搞爆破。开始警戒后，我躲到桥底。轰隆！轰隆！轰隆！接连响起三次巨大的爆炸声，最后一响刚过，泥土、石片、缸瓦片砸到我这边来，把桥边的脚手架砸倒，大腿般粗的杉木头都被砸断，可以想象爆炸威力有多大。我幸运地躲过这次爆破，但那些爆炸物还是砸到很多民工。这是我遇到最危险的一次事故②。

一般来说，如果做好安全措施，施工时不会发生大的事故。工地各级从上到下都比较关心民工的健康，像我们村有个 20 来岁的民工，他身体

---

① 鹤地水库动工初期，指挥部发布命令：严禁民工挑笨重货物、扛竹木桁子在铁道上行走，严禁民工在铁道上横冲直撞、乘凉、睡觉、休息等。《雷州半岛青年运河工程指挥部命令》，《青年运河》，1958 年 12 月 28 日第 2 版。

② 即溢洪道爆破造成的大事故。

没有病，但体质弱，受不了高强度的拉车挑土，气喘吁吁地拉了一段时间的车子，似乎再拉下去就顶不住了。连长见状，调派他干养牛和拾柴等相对轻松的工作。最后他坚持到工程结束才回家。

起早摸黑

鹤地工地上年轻人多，那些身强力壮的年轻人积极参加各种各样的突击队。他们劳动起早摸黑，挑重担，起带头作用。我记得我们城月有支突击队，早上大家还在睡觉，队长便摸黑起床，悄悄把突击队员逐个从梦中叫醒，提前到工地搞土方，他们不想在与别的突击队竞赛中落后。他们的工效比普通民工高很多，几十米高程的堤坝，长长的斜坡上，有人在路上吹牛角号，敲着锣鼓，大声呼喊："加油！加油！"拉车的一个人拉一辆满载泥土的车子奔跑着，担土的都是几对畚箕积叠起来挑，很多是每边3个畚箕，一担6个畚箕[①]，算下来有100～200斤泥土，挑着向前冲，他们一个顶仨，土方做得比普通民工要多好几倍。

目击截流

我记得在截流时，突击队员冲在前面，发挥积极作用。九洲江有一条支流经过主坝这个位置，河面宽，流量大。主坝两边的堤坝已经填筑一定高度，逐渐向河床靠拢。为了堵塞河道，师部运来粗大的杉木和沙包。身材高大的突击队员，有人浸泡在河里扶着杉木；有人在上面，抡起大木锤将杉木打入河床当木桩；有人扛起200～300斤重的沙包，从两边抛到河

① 挑多担是民工在劳动竞赛、抢险、突击完成任务等情况下经常出现的一种现象。《青年运河》对这类现象多有报道，有的自发多挑，有的开展多担化运动，有的因此荣立一等功。1958年6月21日《青年运河》报道："一个新市中队民工一担挑24畚箕土。很多社员一担挑4畚箕、6畚箕、8畚箕、14畚箕，一个叫戴日魁的民工，索性用大鱼箩当畚箕，一担足有300斤以上。"1959年6月《青年运河》报道城月团突击队员"开展双担化运动，突击队员黄平美一般挑土10筐，有一次他挑土13筐，一连压断5条扁担后改用粗实的木杆挑，一天挑了1400担土，抢险期间荣立一等功"。《遂溪工地上的先进人物》，《青年运河》，1958年6月21日第2版；《战斗在溢洪道的英雄们》，《青年运河》，1959年6月9日第1版。

里拦住流水。我在那里砌护坡石，看着水位一天比一天高，河道越来越窄，水流越来越急，数百斤重的沙包一抛入河中，就被湍急流水冲得无影无踪。于是，有很多人跳进河里倚着木桩，用身子挡住流水。岸上的突击队员，扛着、抬着沙包。这批抛下沙包，另一批马上冲下来，沙包不断地被抛入河里。沙包越扛越大，人们越走越快。河里的人不畏被沙包激起的水浪，快速地推移沙包，最后才把缺口堵住①。

民工管理

在鹤地，民工日夜劳动，一天 14 个小时是常态。民工基本上是早出晚归，深夜 12 点才回工棚。有人困得睁不开眼，甚至连脚都不洗和衣而睡。

因这种工作艰苦的环境，少数民工有逃跑的念头很正常。为制止逃跑，鹤地工地与社里联合采取严格措施：一是加强宣传积极分子，鞭策落后分子，教育民工不要逃跑。工地上经常有宣传员敲锣打鼓，现场表扬积极分子，批评落后分子，甚至点名批评逃跑分子。二是在工地交通要道派民兵巡逻放哨。我在修建桥梁时，就见到民兵检查那些要离开工地的人。有个别民工夜间涉河离开工地，但这容易发生事故。三是伙食限制，我看到那些逃跑的是 10 个人或 8 个人一钵粥、一小钵菜。当时一般是 6 个民工一钵粥、一小钵菜。人家吃咸鱼、豆角，逃跑的只能吃萝卜、酸菜，当然通常吃三五天。四是社里限粮，当时是公社化，粮食定量供应。社员由社里公共食堂定量供应，免费吃饭。民工由工地食堂供应，免费吃饭。因此，回家的民工如不能提供由团部签发的回家证明，社里公共食堂限制供应饭菜给他。他们靠吃番薯、甘蔗坚持不了几天，最后还是回到鹤地

---

① 1958 年 12 月 16 日上午 7—9 点，3000 多名突击队员耗费近 2 个小时，把深 2 米、宽 6 米的围堰口堵住。在围堰战斗中，堵河命令下达，城月团城月营一等功臣黄绍理托住一个沙包，第一个跳进冰冻的水里，一个个大沙包像重型炸弹一样投到围堰上，在 25 分钟内就把河水堵截了。《主坝围堰合龙》，《战讯——青年运河增刊》，1958 年 12 月 18 日第 1 版；《堵河勇将——黄绍理》，《战讯——青年运河增刊》，1958 年 12 月 28 日第 1 版。

工地。

我所认识的人当中，逃跑的人属于少数，但如果不采取这些管理措施，可能会有更多的人逃跑，要完成雷州青年运河工程就有点难了。

饱腹妙招

修建雷州青年运河时是我一辈子最饿的时候。一个团两三千民工在一个大食堂就餐，民工饭菜定量供应，6 个人一钵粥配一小钵菜，自备碗筷。有人总结出能吃饱饭的经验：一少二多三大四快。一少是指开始吃饭时少装饭，舀半碗即可。二多是指第二次装饭时要多，舀饭时要压实满装。三大是指装饭的碗要大，当时有部分人用口盅吃饭。我曾经看到一个民工口盅非常大，有 1 斤半米饭的容量。他吃饭时先舀半口盅，吃完后再压实装满口盅。因为他的口盅特别大，其他民工不愿意跟他同吃一钵饭，后来他自己也不好意思压实再装满了。四快是指吃饭要快，一钵饭是人均 2 ~ 3 碗的分量，吃快点可能还能舀第三碗。有个民工连长吃饭细嚼慢咽，经常还没吃饱钵里就没饭了，以致他经常说没饭吃。有一次，炊事员又听他说没吃饱，便从厨房里提一桶饭出来。大家拿勺子争先恐后围上来装饭，你一勺我一勺用力一按，木桶一下子就裂开了，米饭洒落在地面。

有一次开夜工，团干部知道大家有段时间没吃过肉了，就叮嘱炊事员用半肥瘦猪肉煮粥给民工当夜宵。我看到有民工把浮在上面的肥肉片舀了，心想瘦肉丁可能沉在粥底，便从底下舀起，装满一口盅粥，结果一点肉丁都没有。

精打细算

我专职砌石后，负责砌石小组工作。搞土方的民工可以按时收工，砌石的要按件收工。比如已经搅拌好砌石用的砂浆，如果还没用完就按时收工，再开工时砂浆可能凝固无法使用。各工种收工节奏不同，泥水匠属于技术工，每个月补助 9 元伙食费，我负责保管。在鹤地的民工很少见过公家发现金[①]，我们都想从这 9 元钱里省出一点儿分给自己，便打起减少菜金支出的算盘。早上，我们在河边砌石，发现河里有很多鱼虾在游动，就用竹篓、畚箕装着杂草，傍晚收工后放在河边。第二天，我们抓到不少鱼虾，丰富了菜式，减少了菜金支出。这样，我们小组民工有时一次可以分到三五毛钱。

荣获奖章

我砌石起带头作用，管理得当，做到有点工钱发放，其他民工非常羡慕我们。砌石小组民工支持我的工作，劳动积极性高，更不会有人逃跑，施工任务完成得好。大家自然而然地得到上级表扬、奖励，有部分人奖励背心、毛巾等物品；我获得短袖上衣、笔、笔记本等物品奖励。在我所有的奖品中，最珍贵且保存至今的是一枚兴建雷州半岛青年运河纪念章，该纪念章为圆形，铜质材料，正面以闪烁的五角星为底，镶有雷北县地形图和鹤地水库及运河主干渠，背面写有“兴建雷州半岛青年运河纪念章1959”字样。

千千万万人参加修建雷州青年运河，但很少人得到纪念章的奖励。我只记得在鹤地水库工地拿到纪念章，而忘记自己因何事、在何时得到这枚

① 雷州青年运河作为民办公助水利工程，鹤地工地民工的工资经历从无到有两个阶段：①免费义务劳动。1958 年 9 月 15 日，鹤地水库全面动工，工程副总指挥凌俊卿介绍鹤地工程时说：“工程投资费的开支预算，迁安赔偿550 万元，剩下来水库只800 多万元。土方全部由群众义务劳动解决，一分钱不花。工棚全部由群众带材料自搭工棚；小型工具群众自带或自筹解决。”②发放工资。1959 年 6 月 21 日，中共湛江地委第一书记孟宪德在一次讲话中指出：“现决定每个民工发工资 0. 8 ~ 1. 2 元。技术工每人每月发工资 1. 3 ~ 1. 7 元，公社原来评定的工资还照常发给，在工地的民工比在家的民工工资高 15%。”凌俊卿：《鹤地水库工程情况介绍》（1958 年 9 月），雷州青年运河管理局档案室藏，1 – 5 – 39；《乘风破浪　继续前进　誓把青年运河建设好》，《青年运河》，1959 年 6 月 24 日第 1 版。

纪念章[①]的奖励。

往事现说

从上鹤地修水库开始，到回实荣[②]修主河终点，时间长达3年。一路下来，我参与运河沿线不少桥梁的修建，主要工程结束后，我又回到生产队务农，直至现在。

这条运河解决了我们城月的农业灌溉问题。过去，我们种植水稻主要靠城月河流域低洼处的田地，靠近螺岗岭周围一大片坡地，地势偏高，等雨水种植，靠天吃饭。通过开挖运河，农田、坡地实现自流灌溉，彻底解决了水的问题。直到现在，运河城月段的水量仍比较充足，如遇旱情严重，水量少，我们村周围农田就无法灌溉。

修建雷州青年运河期间繁重的劳动，使我落下脊椎劳损的后遗症。年

---

① 冯锦北老人获得雷州半岛青年运河纪念章经过：①工地党委提出颁发纪念章。1959年2月26日工地党委提出为庆祝水库完工，在水库工程基本结束时举行庆功表模大会，立功民工颁发奖章、奖状、纪念章、纪念册和奖品，并于1959年4月拨款订制奖章。②砌石6吨。1959年2月，工地指挥部在工地开展“高工效运动”，高工效计算标准（1959年3月2日）规定砌石工每天完成：浆砌石，1.5~3方；干砌石，2~4方，其中工地5米以上的分别1.5方、2方，地面的3方、4方。冯锦北老人作为纪念章获得者，当取最高标准，即地面干浆砌石平均3.5方/天，方块石1700公斤/方，一天干浆砌石5950公斤，约6吨重。③喜获奖章。湛江地委机关报《每日新闻》报道，1959年9月19日，雷州半岛青年运河工程建设委员会召开庆功大会，庆祝鹤地水库工程胜利完成。参加这次庆功大会的有特等功臣556人、一等功臣1627人、二等功臣2836人、三等功臣3344人，各等功臣分别获得工地党委奖励，有单车、奖状、纪念章、布衣、自来水笔等。据《青年运河》报道，在鹤地水库只颁发过一次纪念章，冯锦北老人回忆他在鹤地水库获得纪念章，推测是这次庆功会。《雷州半岛青年运河工地党委会关于全面进行评功选模的通知》，《青年运河》，1959年2月26日第1版；《鼓起更大干劲　提前完成任务》，《青年运河》，1959年4月24日第1版；《关于高工效计算标准》，《青年运河》，1959年3月2日第1版；《雷州半岛青年运河工程指挥部：雷州半岛青年运河建设动员民工完成任务的办法（草案）》（1958年6月13日），雷州青年运河管理局档案室藏，1-6-47；《青年运河建设者举行庆功大会欢呼湛江专区出现一个人造海》，《每日新闻》，1959年9月20日第1版。

② 实荣，位于遂溪县城月镇实荣村，是雷州青年运河主河终点，人们常说雷州青年运河长74公里，是指鹤地水库至实荣这段距离。当时以实荣为起点，分向修建东、西运河，各有49、50公里；在廉江市新民镇三角山附近分向修建东、西海运河，各有56、16公里；从鹤地水库引渠连接75公里长的四联河。雷州青年运河主干渠共320公里，除四联河外，其余均可航行20吨的帆船2艘，还有若干条支渠可以航船。综合《雷州青年运河志》（内部稿）。

老后因骨质增生导致脊椎骨变形，腰骨都不能挺直，这种身体状况给子女增添了很多麻烦。现在，偶尔干旱少雨仅影响农业生产，基本不影响生活用水，人们难以感受到雷州青年运河的益处，导致有人无法理解我们这代人对雷州青年运河的付出。

在没修建雷州青年运河前，我们这代人连生活用水都无法保证，水资源是我们祖祖辈辈渴望又无法解决的问题。当年，政府发出修建雷州青年运河的号召，大家义无反顾地奔向鹤地。事实上，修建雷州青年运河不仅改变了我们的生活，也使农业生产无后顾之忧。

一心只为高工效

莫爱珍　口述

采 访 人：林兴

受 访 人：莫爱珍（81 岁，廉江市安铺镇牛皮塘村人，农民。23 岁参加雷州青年运河修建工作，直至工程结束。其间荣立特等功、一等功多次，在工地入党）

采访时间：2016 年 11 月 26 日

采访地点：廉江市安铺镇牛皮塘村

采用语言：白话

协助采访：何辉娜

采访口述人莫爱珍

推迟婚事

1958 年修建鹤地水库时，我与何良[①]正处在谈婚论嫁阶段，抽调民工名额分配到各个生产队。鹤塘生产队队长动员我："修建雷州青年运河要靠青年人。"我找何良商量："我要去修运河，怎么办啊?"他是勤丰大队干部，也要带人去修运河。我们便约定把婚事放下[②]，先去鹤地修水库。

出发前，我们民工大队集中在大队部，上午从鹤塘开始步行，经廉城、河唇，晚上八九点才到达坡脊[③]。刚去的时候还没搭工棚，民工住当地村民家里[④]。该村是库浸区，已经有部分人搬迁，空出一些房子。指挥部安排我们住这些空房，但村里有些老人不肯搬迁，对建设水库淹没他们村想不通，对我们的到来有意见，不太想让我们住空房子。后来我们队长就跟他们讲道理，说我们是政府派来修水库的，不是我们自己要来的。住了一段时间，我们就到山岭上住搭建的工棚，直到鹤地水库工程结束。

生产队派出的 30 名民工中，有少数是地主富农[⑤]，大队安排我当小组长。每天队长分配好劳动任务，我就带他们到工地做工，出工、收工前后

---

① 何良，河堤勤丰中队民工，曾组织民工成立"何良小组"，即运河工地著名突击队飞虎队的前身。飞虎队用落后工具在 100 米运距内人均每天做出 35.3 土方的成绩。坡脊师司令部编：《何良小组》，《卫星报》，1958 年 9 月 13 日第 1 版。

② "运河不建成不结婚"是很多当婚民工的决心。《青年运河》以"延迟婚事"报道钟富英、陈少芳、洋青火箭突击队队员陈维琴、杨柑三八突击队队长秀美等部分女民工为修建运河延迟婚事的事迹，粤剧团为此创作《开河延婚期》在运河工地演出。莫爱珍老人因修水库延迟婚期，后为消除双方父母忧虑，请假回家结婚，办完喜事第二天即双双上鹤地工地，立过三次功，被评为运河工地"英雄夫妻"。《北段运河工程举行文艺会演》，《青年运河》，1960 年 1 月 3 日第 2 版；《英雄夫妻》，《青年运河》，1959 年 11 月 16 日第 3 版。

③ 鹤地水库防护堤于 1958 年 6 月 10 日在坡脊动工，坡脊工区要完成 28 条堤坝填筑任务。《规模雄伟的鹤地水库昨天施工》，《青年运河》，1958 年 6 月 12 日第 1 版。

④ 1958 年 6 月 12—13 日工程指挥部召开民主协调会，指出民工"现在住的主要是民房"，距离工地远，不好管理导致出勤率低，要求尽快搭建工棚。办公室：《行政会议总结》（1958 年 6 月 18 日），雷州青年运河管理局档案室藏，12－10－51。

⑤ 民工来源有三种：第一种是自愿要求参加的，这部分人大多数是农村的积极分子和干部，约占总人数的 20%，他们劳动积极，干劲足，是建设运河的骨干力量。第二种是勉强来参加的，遇到困难会逃跑回家，这部分人出身于小商小贩以及农村中的上中农。第三种是充数的，单干农民和地富分子以及其他不纯分子。《在第一次政工会议上张玉池的总结发言》，《青年运河》，1958 年 9 月 27 日第 2 版。

收拾、保管工具等。有时候领导检查或有人参观，我们出工、收工都要排着整齐的队伍，扛着旗帜，带着各种工具，唱着工地歌曲，喊着各种口号。

刚开始是筑路、铲地皮、清基等，在那些比房屋还高出好几层的山岭间修筑交通便路，供我们民工出行、汽车行驶。当时有很多货物、器材等物资需要运输。

巾帼相惜

我与何良是河堤团（后与安铺团合并，下文不做区分）不同大队的，在工地偶尔会遇见。有一次我们团有两艘船到河里筛卵石，勤丰营的苏培英在这边筛，我在那边筛。苏培英看我工作勤奋、作风过硬，知道我和何良的关系，便对何良说："良哥，你叫爱珍过来我们这边做。"何良说："哪有那么容易呐，人家也不肯啊！修运河不知道何时才能结束，我们一天不结婚，父母一天不放心。"于是，我们请假回来结婚，恰逢一个农历节日临近，因修水库任务紧张，我们提前回鹤地，没在家过节。

当时，苏培英组建的穆桂英突击队已扬名鹤地工地，她希望我能加入。我回到鹤地后，便从鹤塘营转到勤丰营，随后加入穆桂英突击队。我加入时，突击队已有 9 名队员，分别是苏培英、苏桂山、陈祝水、陈坤、梅子、何雪英、陈少仙、赖玉琴，还有一个叫什么勇。其实，当时很多人都在努力争取[①]加入突击队，像安铺团有很多著名的突击队，如飞虎队、穆桂英队、李毓莲队、扫雷队等。参加突击队的条件有三：一是思想好。对修建雷州青年运河有发自内心的向往，不能因工作辛苦而生不满之心。二是工作积极，不能有丝毫懒惰。三是服从安排。一个突击队由少到几人

---

① 突击队员占民工的50% ~60%。党团员、功臣模范一律参加突击队，青年自愿参加，占比达的95%以上。像安铺原有穆桂英、李毓莲、扫雷、飞虎、青春、保尔 6 支突击队共 80 人，后增加到 72 支突击队共 922 人，占民工的 50% 以上。《赵立本在工地团干会议作出指示》，《青年运河》，1959 年 12 月 11 日第 1 版；《高举红旗　高速前进——安铺纵队工效高进度快的施工经验》，《青年运河》，1960 年 1 月 12 日第 1 版。

多到二三十人组成。队员在搞土方时，松、装、运、卸等环节的分工、组合必须服从突击队长的安排。

加入穆桂英突击队后，我先后在坡脊工区修建鹤地水库，在莲塘口工区开凿运河北段，在书房仔工区修筑运河南段，修建西海运河[①]。此后，运河水流到安铺，做到了带水还乡。

争当表率

我们在鹤地填筑堤坝时，到处都是山岭，无论是挑土还是运土都要爬上坡度很大的坝面。现在我们空手爬楼梯都觉得困难，可那时民工运土上坝，挑多挑少、拉快拉慢，大家表现可不一样。突击队员要为普通民工做表率，工作要做得更出色，就必须多装快跑向前冲。无论雨打风吹、天寒地冻，要给普通民工树立榜样。比如，拉车运土上坝，突击队员与普通民工就不同。开始时，那些拉泥车是单轮木头车，俗称鸡公车；后来才有双轮车，但车轮没有橡胶皮，与轴承一样全是木头制作。车子拉久了，车轮磨损严重，拉起来一拐一拐的，非常难拉。普通民工是 2 ~ 3 人负责一辆车，前拉后推；我们突击队员一个人拉一辆车，没有人在后面推。如果是打冲锋或有人来参观，突击队员一整排地拉车冲上去，看谁冲得快。在我们的影响下，普通民工也行动起来，尽可能一人一车。工地呈现出红旗摇、锣鼓响、广播喊的景象，竭力拉车，拼命推车，你追我赶，不甘人后。这种施工场面，使人的内心感到热乎乎的。

突击队通过竞赛提工效。开始时，民工搞土方工效不高，指挥部通过

---

① 西海运河，从新民镇三角山附近引水通往安铺的干渠，又称西海干渠。《人民日报》曾对西海干渠进行报道。1961 年 7 月 14 日，雷州青年运河西海干渠完工，全长 14.8 公里，终点在安铺镇境内。西海运河有 13 条渠道，其中一条为牛皮塘大干渠。莫爱珍老人说：“真正带水还乡，人一到家，水就流到。”《雷州青年运河西海干渠完工》，《人民日报》，1961 年 7 月 15 日第 2 版。

发动民工打战役[①]、冲锋、突击、竞赛的方式来提高土方。竞赛是工地常见的一种激发民工积极性的劳动方式，因为大家想早点完成运河工程，带水还乡搞生产，所以非常热衷于竞赛活动。有些竞赛是上面要求的，有些是我们突击队自行约定的，一般是以土方多为胜者。上面组织的，会有师、团、营部领导以及其他代表来参观、评比。竞赛期间，突击队员劳动劲头足，越战越勇，无论哪一方，都是拉起车子飞跑上坝。

雌雄对决

穆桂英突击队的竞赛对手是飞虎突击队。我还没加入穆桂英突击队时，这两个突击队就经常竞赛了。穆桂英突击队由身体弱小的女民工组成，飞虎突击队男民工都是彪形大汉，男女有别，我们身体素质比不上他

① “打战役”是当时修建水利工程所采取“大兵团”作战的俗称。据笔者统计有关档案资料与《青年运河》1958 年 10 月至 1960 年 11 月关于打战役的记载及报道：打战役在 26 个月至少开展了 44 次，平均每个月约 1.7 次，每次战役的时长 2 ~ 10 天不等，参加民工少则几万，多达几十万。打战役频率最高的是 1959 年 9 月 10 日至 10 月底，51 天打了 10 次战役，平均约 5 天 1 次；其次是 1958 年 10 月至 11 月，2 个月打了 8 次战役，平均约 7.5 天 1 次。通过打战役开展高工效运动，掀起施工高潮，完成雷州青年运河各时期施工中心任务或艰难目标，如 1958 年 12 月中旬截流，1959 年 4 月上旬堵导流渠、5 月水库抢险、9 月攻克运河北段四五・一高地，1960 年 5 月 15 日运河全线放水，等等。打战役期间涌现出数以万计的模范功臣、英雄车手、状元郎等先进分子。如 1960 年 1 月 22 日《青年运河》以《千车能手——朱惠琴》为题报道城月纵队穆花突击队队员朱惠琴 1 月 7 日 50 米运距从早到晚拉了 1000 车土，约 250 方，是个人工效最高的车手。莫爱珍老人打战役表现不俗，1959 年 11 月 16 日《青年运河》以《英雄夫妻》为题报道：“莫爱珍在每次战役中都表现出英雄气概，多装快跑，屡次被评为英雄车手。在最近一次战役中，她病了仍然坚持一人一车运土。”综合指挥部：《鹤地水库秋前施工工作总结报告》（1958 年 12 月 21 日），雷州青年运河管理局档案室藏，19 - 3 - 21；《雷州半岛青年运河工程指挥部青年运河第一期工程施工计划及其意见》，雷州青年运河管理局档案室藏；《青年运河第一期工程的设计与施工》，雷州青年运河管理局档案室藏；《欢迎南方十四省水利施工现场观摩会议召开》，《青年运河》，1958 年 12 月 17 日第 1 版；《排水渠最后一战　安铺工效达 2.2 方》，《青年运河》，1959 年 2 月 6 日第 1 版；《为四月放水而战》，《青年运河》，1959 年 2 月 16 日第 2 版；《新情况　新认识　新的战斗部署》，《青年运河》，1959 年 3 月 13 日第 1 版；《鼓干劲　反松气　力争六月完工放水》，《青年运河》，1959 年 4 月 8 日第 1 版；《青年运河全线开工第一次战地会议号召立即掀起施工高潮　坚决夺取第一战役胜利》，《青年运河》，1959 年 11 月 29 日第 1 版；《保证劳力上足　再打两个战役　坚决在二月底完成运河总干渠》，《青年运河》，1960 年 2 月 20 日第 1 版；《认清形势　大鼓干劲　为实现更高速的建成运河而奋斗!》，《青年运河》，1960 年 4 月 12 日第 1 版；《开展“一顶几”竞赛　人少工效翻几番　认清形势　提高工效　掀起秋后水利建设高潮》，《青年运河》，1960 年 11 月 22 日第 1 版。

们。我们要战胜他们[1]，只能延长劳动时间，早出晚归。这种竞赛是非常辛苦的，记得有一次打战役搞突击，我们与飞虎突击队竞赛，突击三天三夜，整个过程只睡几个钟头。虽然艰苦，但竞赛能赛出我们的气势、劲头、热情、勇气、作风和组织能力。

以竞赛展现出来的勇气为例，突击队员在劳动中不怕苦、不怕累、不怕牺牲，甚至不惜牺牲，目标就是要战胜对方。像打泥牛，我们要在某座山丘取土，一般会选择 2 ~ 3 层楼的高度，有人在下面沿着土壁挖出一条 10 多米长、1 ~ 2 米宽、几十厘米深的槽，待挖好槽后，有人在上面打桩，直至泥土坍塌。泥牛有大有小，打一个泥牛得到的土方一般要几天才运得完[2]。如果想打更大的泥牛，就加大壁槽的宽度、深度。但随着壁槽的宽度、深度加大，打泥牛的危险性也升高。我作为突击队中的积极分子，将“不怕牺牲”之类的口号牢记脑海中，干起活来只想到高工效，根本不会想到危险。因此，我每次挖槽时总想打更大的泥牛，把壁槽挖得更宽、更深。甚至上面有人喊要打桩了，我想着还剩余一点点，继续把它挖完才离开，根本不在乎有危险。现在看来，我有侥幸心理，但当时占据脑海里的是高工效而非危险。

明知道我们与飞虎突击队竞赛没有优势，为什么苏培英每次组织我们进行劳动竞赛时，都得到大家的支持？除了她以身作则的工作作风激起我们的劳动热情外，她还在思想、身体等方面关心队员。她工作到位，经常引导我们积极向党组织靠拢，包括我在内有好几个队员都加入了党组织，每个队员都能得到各种等级的奖励。她关心队员生理特点，年轻人身体素质没有问题，但女性的生理规律不一样，她了解清楚后，在分配工作中有针对性，让大家劳动舒心。如果大家都说辛苦，她会体贴地让我们适当劳

---

① 穆桂英队得胜，符蒙队（即飞虎队）败北。两队各有 15 名队员，在一次挖通 400 米长、16 米高的排水渠施工中进行竞赛，连续战斗七天七夜，穆桂英队人均每天 5.27 方，符蒙队人均每天 3.68 方。《穆桂英大战符蒙》，《卫星报》，1959 年 1 月 24 日第 1 版。

② 一个大泥牛有 30 ~ 40 方。《河堤团大破二十方》，《青年运河》，1958 年 10 月 23 日第 2 版。

逸结合，待精力充沛后再突击。她什么时候都充满活力，时刻保持着旺盛精力。因此，她赢得了大家的信任。

特等功臣

穆桂英突击队突击多、竞赛多，所以获奖也多。突击时，我们出工早收工迟，作为先进突击队遇到有人来参观的话，中午 12 点都不收工，晚上开夜班干到深夜 11 点，早上三四点钟就起床，甚至经常通宵达旦几十个钟头不睡觉。天寒地冻、日晒雨淋，都要出工，工地广播不停地播放“小雨当出汗，大雨当冲凉”之类的口号来鼓舞民工，我们根本没有休息日。

当时，伙食是两干一稀，早、晚吃饭，中午喝粥。挨饿时期，每人每天定量供应几两米，食堂以番薯干（丝）为主掺和一点米煮番薯粥，以咸菜、萝卜、咸鱼为配餸，偶尔有点肉。吃饭不分男女，只论人头。食量小的能吃饱，男民工尤其是那些身强体壮的民工普遍感到饿，整天嚷嚷肚子饿。当时，上级规定突击队员比普通民工多吃一点饭餸①，以吸引更多人积极参加突击队。但突击队员比普通民工的劳动强度、工效、体力消耗要高好几倍②，多吃一点饭餸依然感到饿。粮食供应不能再增加，只能给予精神或物质方面奖励，这是突击队员普遍获奖的原因。

---

① 突击队员根据“多劳多得、多吃”原则供给粮食。当时粮食供给，80% 为基本口粮，20% 为劳动奖励部分。安铺大队以每人每月粮食 80% 作为基本口粮，20% 根据超产情况来奖励。突击队最少要占民工 50% 以上，要多照顾他们粮食，粮食跟定额，多劳动多吃，有的把定量分四等：一等饭为 24 两米，二等饭为 21 两米，三等饭为 18 两米，四等饭为 15 两米。《县委书记陈华荣在第 5 次评比会议上作出重要指示》，《青年运河》，1959 年 10 月 27 日第 1 版；《总路线教育深入人心　高工效运动波澜壮阔》，《青年运河》，1959 年 10 月 31 日第 1 版；《开展定额超奖运动的做法与体会》，《青年运河》，1959 年 11 月 3 日第 2 版；《大搞爆破　大抓高工效　二十五号完成运河干渠任务》，《青年运河》，1960 年 1 月 12 日第 1 版；县委检查团河头、客路工区检查组：《河头、客路工区工作检查报告》（1960 年 1 月 19 日），雷州青年运河管理局档案室藏，61－2－4。

② 突击队完成的土方占总土方的 70%～80%，突击队的工效比一般民工高几倍甚至数十倍，标兵突击队经常保持 10～20 方以上，安铺穆桂英突击队在考红状元运动中创造 30 方的高纪录。《中共雷北县委书记陈华荣四月九日在工地标兵代表会议上的报告》，《青年运河》，1960 年 4 月 12 日第 2 版。

修建雷州青年运河是我一生经历过最辛苦也最光荣的事。我得过1次特等奖[①]，3次一等奖，二、三等奖记不清几次了，奖品分别有厚笠、薄笠、背心。像苏培英还得到去北京的奖励，她回来后说见到了毛主席[②]。她的事迹对我们穆桂英突击队来说是巨大的鼓舞，人人为之骄傲，因为我们也贡献了力量！

我除得到衣服奖励外，还有一次很特别的奖励。鹤地水库完工后不久，上面奖励穆桂英突击队包括我在内的3个人坐电船游览水库：水底清澈，看下去真的很深，一座座房屋，残垣断壁，四周散落着火砖桁木，还有感觉很高的竹林树木。水面辽阔如海，这巨量的库水是我们农民的希望。将来运河修好后，这里的水可以直流到家乡。想到这些，活越干越开心。

工地入党

我未参加穆桂英突击队前，苏培英已经是党员。她是鹤地水库工地的榜样人物，有资格参加各种各样的会议，还去北京开会。突击队的姐妹非常羡慕她、信服她，她引导我们向党组织靠拢，争取加入党组织。我没有文化，不懂先进、先锋、思想进步是什么，只知道听从她的指挥，积极肯干。记得有一次，天寒地冻的，天还下着雨，我们挖排水渠，渠沟泥土变成泥泚。普通民工犹豫观望，是否要收工回工棚。我跳进沟渠，把泥泚搬到渠外，凭自己的力量，做多少是多少。这个时候，突击队向前冲，会带动其他民工跟上去，冒雨继续挖渠[③]。

---

① 《青年运河》以《英雄夫妻》为题报道莫爱珍和何良的事迹，指出莫爱珍立过三次功，是穆桂英突击队的优秀队员，屡次被评为英雄车手，作为夫妻代表参加1959年11月15日工地党委举行的运河北段工程“群英座谈会”。《英雄夫妻》，《青年运河》，1959年11月16日第3版。

② 苏培英被邀请参加国庆十周年观礼活动，作为农村姑娘的她见到毛主席等中央领导人后，激动得眼泪都掉下来。《莫大的光荣　巨大的鼓舞》，《青年运河》，1959年11月3日第2版。

③ 《青年运河》对此情景曾记载：“几天来，天气转冷，北风呼呼地吹着。穆桂英小组接受挖排水沟任务，在运距600米推土上坡，要求突破每人每天10方的指标。本月9日，第一天就突破了10方的指标。”《安铺团开展移山开渠红旗赛　穆桂英小组奋战排水渠》，《青年运河》，1959年1月11日第1版。

凭借自己的努力，以及苏培英言传身教，我积极向党组织靠拢。经陈海介绍，我很快加入党组织①。我比苏培英迟一期入党，具体是哪一年我忘记了，当时的突击队里只有苏培英、陈祝水和我 3 个党员。

遗憾叹息

在建设运河期间，我爱人是大队干部，一心扑在工作上。他文化水平不高，但习惯写笔记。我读过他的笔记，里面记载着他怎样入党、工作的过程，包括修水库时在哪条坝修建，又转到运河哪一段，直到修完安铺这段干渠，整个雷州青年运河修建过程记录得一清二楚。前年，他去世了，为避免睹物思人，按照农村习惯，除了党员证，我把他所有的东西都烧毁了。现在看来，烧毁笔记本太可惜了！如果保留下来，说不定还能发挥它的作用。

我与爱人在建设雷州青年运河期间表现出色，双双获得特等功臣荣誉称号，都是党员。在工程建设末期，有个部门的领导对我们俩的思想素质、工作能力、工作态度非常认可，提出把我们俩安排在水利部门下属单位工作，并且预留住房了。我爱人回家跟家公家婆商量，家公家婆认为，二儿子何业已经调入机械队在外面工作了，如果我们也外出工作，两个儿子就都不在家了，所以不同意我们外出工作。为此事，家公家婆哭哭啼啼，茶饭不思，坐立不安。我爱人见状，就以要照顾父母为由，婉拒了领导的好意。运河工程结束后，我们回到农村搞生产。

---

① 运河党员是指在修建雷州青年运河期间加入党组织的工作人员。1958 年 12 月初，雷州青年运河工地党委召开第二次庆功大会，大坝、坡脊、渠首 3 个师吸收 70 人为预备党员，苏培英谈过火线入党的感想。1959 年 6 月 15 日至 17 日，青年运河上游工程召开第二届功臣代表大会，陈华荣书记在会上指出：修建鹤地水库期间吸收了 1100 人入党。1960 年 5 月雷州青年运河主干渠全线放水，陈华荣书记在一次讲话中指出：到目前为止，在雷州青年运河工地上有 5071 人入党。《火线入党谈感想：穆桂英突击组长苏培英》，《青年运河》，1958 年 12 月 8 日第 1 版；《保持光荣　发扬光荣　一干到底》，《青年运河》，1959 年 6 月 20 日第 3 版；《三大法宝显神威　赤地千里银河成》，《青年运河》，1960 年 5 月 18 日第 2 版。

往事现说

为了带水还乡搞生产，我们听从上级安排，前往鹤地修水库，转战运河各段开河填坝，直至完成安铺这段干渠，我们才回到家。鹤地水库的水通过村旁的支渠流到村前、村后，周围的田园都能种植水稻。我们见此情景，喜悦之情难以表达，觉得我们的艰辛付出终于有了回报。搞农业生产，有水就意味着丰收。几十年来，我们凭自己的双手，辛勤耕作，生活也算过得去。

现如今，农民不用固守着家里的田园，生活过得越来越好。只是早年修建的众多灌渠因失修、破落，被毁坏、废弃不少。看到村周围田园无法再用运河水灌溉，回想自己当年的付出，感到有点可惜。后辈根本不知道运河是怎么来的，以为是天上掉下来的。在珠海读书的孙女曾问我："奶奶，运河是怎么修建的?"我说："在毛主席领导的时候，他派我们农民去鹤地挖泥、担泥，筑坝建库，劈山开河，建成运河。我们凭借双手，把鹤地水带回安铺。"

永不言输

王田古　口述

采 访 人：林兴

受 访 人：王田古（81 岁，遂溪县黄略镇沙沟村人，农民。19 岁参加雷州青年运河修建工作，直至工程结束，兴建雷州半岛青年运河纪念章获得者。其间从事拉车子、打泥牛等工作）

采访时间：2020 年 11 月 15 日

采访地点：遂溪县黄略镇沙沟村

采用语言：雷州话

协助采访：王水玲

采访口述人王田古

兄弟同心

我已不记得什么时候去修运河了，那时候我父母不在了，家里只有我和哥哥。九东乡的工作组来发动人们去鹤地修水库，我想：在哪都是干活，去鹤地干活有饭吃。于是，我们两兄弟一起报名参加鹤地水库建设。我们村这批上鹤地的有十几人，其中极个别家庭成分不好的人被要求一定要去鹤地，参加水库建设。

我们从村里走路去遂溪（铸犁）火车站，再坐火车到坡脊站，最后走路到鹤地工地。工棚距离工地很远，我们与洋青民工分住在两座岭头，隔河对望。那时候已经修好工地之间的道路，大家出工、收工经过公路。

我们刚到的那几天很轻松，指挥部仅布置我们去鹤岭捡柴。鹤岭有 100 多米高，岭头种满橄榄树，一大片树枝被砍下来放在那里晒。我们看到当地人在岭间干农活，他们面黄肌瘦，坐在树下吃午餐，每个人分 3 颗刚打下的橄榄，混着一把盐拌粥吃。他们没啥东西吃，生活似乎比我们还差。

挖沟筑坝

在鹤地，我们营有几百人，做什么工种的都有，诸如泥工、水工、木工、铁工，后勤如煮饭、洗衣等，领导安排干什么就干什么，没有人推辞、讨价还价。我哥哥被安排在厨房煮饭，我主要是做泥工。泥工包括挖沟、筑坝、卸石头、打硪、爆破等，工段集中在西一坝、西二坝、主坝，根据工程进展和天气状况安排不同的工。雨天无法筑坝，便安排挖沟。挖沟是为了堵坝后把江水引排出去，好筑高主坝蓄水，这条沟断断续续挖了几个月。我更多的时候是筑坝，筑坝有几道工序：松土、装土、运土、卸土、夯实。开始采用锄挖肩挑，一天做不了多少土方，这个坝又大又宽，也不知道筑多高，一畚箕泥土倒在坝面就像沙堆里的一粒沙子，按照这个施工进度，何时才能筑好坝？后来变了，把大队部改成营部，民工闻号起床、出勤、收工、休息，施工进展快了很多。

我大多数时候是在运土上坝。当时大坝底层已经做好，我从第二层开始拉土到大坝，一人一辆车子。路上，人来车往，领导为了给我们鼓劲，专门安排人敲锣打鼓、摇旗呐喊、吹号鸣哨；我们拉着车子跑起来，喊着：“冲呀！冲呀！”想放慢点速度都不行。拉车跑到坎头高处时喘气放慢速度，必须有人推车才上得了坝面。

砸硪卸石

那时候没有机器压土，每铺一层土就要用人工拉硪砸实，俗称打硪或砸硪。我也打过硪，用绳子绑住一个 200 ~ 300 斤重的石头，由 4 个人把石硪拉起来，松手后，石硪从 1 ~ 2 米高处重重砸下，坝面经过几十次撞击，变得非常结实坚硬。我们打硪时谁都不敢偷懒，一是事关诚实，做人的面子问题；二是出力不平衡容易出事故，担心追责；三是坝面没压实直接影响堤坝质量，如果溃坝那就是件大事。因此，我们打石硪结束，觉得精疲力尽，饭都不想吃，只想喝水。

每隔两三天的晚间，我们还要当搬运工去卸石头。石头是从石场通过火车运来，用于建筑大坝基础、堤坝护坡、桥墩、溢洪道。石头分规则的方块石、不规则棱角分明的乱石，大小从几十斤到一二百斤都有。卸石头辛苦且危险，辛苦表现在卸石头时间不固定，只知道是晚上，但具体时间点无法固定。因此，无论刮风下雨还是晚餐、睡眠时间，车到号响即集合，在规定时间内卸下石头让火车开走；危险表现在量大且缺保护设备，每次都要卸十几火车皮石头，路道狭窄，石头笨重且棱角锐利，夜间照明设备差，没有手套袜子保护，手掌结茧脱皮、手脚割破碰伤等情况屡屡出现。

讽刺批评

有一次，上面安排我们黄略营几十个人去卸石头，不少人忍受不了，有人找借口说去大小便，半天都没回来，其实他们趁黑夜已溜走。我记得当时有 2 个人被画洋相贴到布告栏，还被造歌谣批评：“铁锣（化名）大便点半钟，诺骁（化名）那个死懒蛇”，意思是铁锣每次大小便都要花半个钟头；诺骁干活偷懒，吃饱就睡觉。领导批评他们偷懒，他们谎称有病，鹤地医生医不了。其实，他们身体壮得很，我曾经问他们为什么有病还来修水库？他们说：“去到鹤地是充人头数的。”他们家庭成分高，是富农，经济条件比我们好，后来我忘记了有没有批斗他们俩。

挑战失败

我们在大坝施工时，那里有一条江隔开黄略和洋青的民工，我们各在一边取土填筑大坝。当时大坝上各自工段没有明显划分，大家运土上坝卸在附近。为了提高工效，上边经常组织我们竞赛，相互挑战。因为我们的车子好拉，竞赛挑战赢多输少。

有一次，双方领导又组织我们竞赛。大家约定：第一，参赛人员固定，竞赛时间以天计；第二，土方按实方计，多者为胜；第三，输方赠送胜方一定量的猪肉犒劳对方。营长对我们说：赢了，米饭配猪肉；输了，白粥点盐水。最后，我们输给洋青民工 10 多车泥土，只好敲锣打鼓把猪肉送给洋青民工，晚餐谁都没心思吃，气坏了。一天下来，大家不停歇满装快跑，怎么会输呢？原来是输在运土车子上。当时车子由各公社自制，黄略、洋青制造的车子不一样。黄略造的车子是铁质轴心、铜质车辕，有车斗，脚动卸土，非常方便；洋青的车子，包括轴心、车辕等零部件全是木质的，手动卸土。不知什么原因，竞赛前双方相互交换车子。洋青车子磨损严重，车轮吱吱作响，一拐一拐，必须添加润滑油才跑得快。竞赛争分夺秒，哪有空去添加润滑油呢？再说也没有那么多润滑油。我们运土速度受到影响，输给洋青是情理之中。大家对吃不上猪肉有点难过，但更难过的是失去了荣誉，事关面子问题，大家把气全撒在营长身上。几十年过去了，我还记得竞赛换车子的事，生气得很。

挺身救人

在鹤地修建大坝时，天气炎热，劳动起来满身大汗，身上衣服湿了又干，干了又湿。我没有多余的衣服可以换，所穿的衣服是奖励来的。汗渍印在衣服上黏糊糊的，很不舒服。当时午餐后有点时间休息，因工地距离工棚有点远，我们要么到河里洗干净衣服后，到白墓仔那里睡觉，顺便晾干衣服；要么是到河里冲凉玩耍。因为发生过有人洗澡溺水事件，领导一再强调不要到河里洗澡，但我们几乎每天都偷偷到水库洗澡。

有一次，我们村 5 个会游泳的又到水库洗澡，下六公社有 5 个人在江边洗衣服，看见我们玩得正欢，认为水很浅，于是有3个人下了水。我们尽兴后陆续上岸，有4个人穿好了衣服，我正准备穿衣服，突然看见江里有一个人双手乱拍着水，似乎要沉下去了，我估计他不会游泳，另外2个人已没了踪影。他们在岸上那2个同伴见水深不敢下去救他们，就跑回去喊人了。我们那4个人叫我不要多管闲事，我说不能见死不救，急忙跳下水救他。我把他从水里救起来后，摸到他还有呼吸，便放到斜坡上，然后把他竖立起来，头朝地，水就从嘴里流出来了。要不是我救了他，他可能就被鱼吃了。水里的鱼比人还大，有几百斤，鱼头都有几十斤。我回来后没有告诉营长救人的事，毕竟偷偷到水库洗澡是违反纪律的，担心讲出去被营长批评、处罚。然而，不知道救人的事怎么被对方营长知道了，他找我们5个人，批评我们带人去洗澡造成别人溺水，准备处罚我们。我辩解说我不认识他们，没有叫他们一起洗澡，是他们自己下水的，大家各洗各的。后来这事不了了之[①]。

屡获奖励

像我这种家庭贫穷的人，没有父母，只能依靠政府，听从安排，叫你冲你就要冲。我拉车子快过别人，多过别人，装土满过别人，不耍花招偷懒，敢批评不良现象，又是突击队员，冲锋在前。一次会上，领导夸我功劳大，奖励一枚纪念章给我，还有一件衣服、一支笔。这次会上，有300多人得到纪念章奖励，黄略营只有我和另一个人得到。得奖的具体时间忘记了，只记得大坝差不多建好了，有人在大坝打实坝面、铺草皮，不让土流失；堤坝周围已经种好橙子树，因为土质硬没有浇水，橙子树死了一些。

除了这次奖励外，我还获得不少衣服的奖励。在鹤地期间，我所穿的

① 关于洗澡安全有如下规定：①凡往库内洗澡，一律要4人以上前往指定地点进行，单人不准去洗澡。②游泳时不得离岸10米。③凡不熟识水性的，不准游泳。④遇员工被淹时要立即抢救。以上规定，如有违者，按情节给予应得处分，严重者追究刑事责任。仰各遵照执行。《雷州半岛青年运河工程指挥部命令》，《青年运河》，1959年5月23日第1版。

衣服基本都是奖励得来的，我哥哥没有得到衣服，我还给了他一两件。当时有人叫我入团、入党，我参加了好几个晚上的学习，心想：白天做工那么辛苦，晚上去上课，又不能休息，自己不认识字，什么都写不了，心里难受；而且入团、入党后，做得不好容易被人埋怨，自认为还不够条件入团、入党，就以做工为借口，不去上课，入团、入党也就不了了之。

那良爆破

鹤地水库基本完成后，我们被调派到那良开挖运河。这里山岭一座连着一座，运河要从山体中间穿过，无法用锄头、铁锹开挖，只能靠炸药爆破。我加入青年爆破队，每天都在挖井、装药、起爆。一个炮井 3 米深，口径 1 米左右，我们施工工段的山体主要是砂砾石，没有硕大的花岗岩石块，相对容易。3 个人负责一口井，挖掘、抽土、堆放，分工合作。当时天气寒冷，井下的人穿着短裤薄笠，挖掘时泉水渗出，衣服湿透；泥涟溅射，满脸泥垢。井面的人用竹筐把泥土抽上来，面对寒风吹袭，冻得发抖。挖好炮井便安装可以容纳几百斤稻谷的大镗缸，再装进炸药，连接好各个炮井的引线，待民工傍晚收工后再起爆。炸药威力大，爆破时必须离开工地，否则容易出现伤人事故。在修筑鹤地水库时，溢洪道爆破，发生过伤亡事故。当时，我们黄略民工躲在距离溢洪道好几百米远的铁道旁，没人发生意外。因此，在那良爆破时，我们都要检查周围是否还有民工在施工，确保安全才引爆。每爆破一次，民工要花好几天才能运走泥土。待土方被清理干净后，我们又爆破，如此反复，花了几个月的时间才在山岭中间挖出一条运河。

吃高产饭

自从到鹤地修水库后，我再没回过家。我们两兄弟都在修水库，以工地为家，先后到鹤地、那良、西埇等地修水库、主河、东海河，一直修到家乡。原以为修水库、筑运河有饭吃，但这一两年伙食从有到无，各种饭粥都吃过。

刚到鹤地时，据我哥哥说，开始每人每天供给1斤米，后来搭配番薯干（丝）。我记得以稀粥为主，偶尔才吃米混番薯干（丝）饭，配萝卜、咸菜，能吃饱。食堂备有盆、碗、筷子、羹匙，采取定量共餐制，人均3碗左右，5个人一钵粥（饭）和一钵菜，炊事员分配好粥（饭）菜。民工自由组合，自己去端粥（饭）和菜，以地为桌，围着菜钵蹲在一起吃。定量共餐、自由组合没有考虑民工之间劳动强度、个人体格、吃饭快慢等问题。有人蹲在粥（饭）钵边，吃得快就多装几回，这样有人就少吃了。像我们营的康宜，身材粗壮，劳动积极，他自己拉一辆车，像一只老虎一样，但脾气暴躁。他如果吃不饱，就摔饭碗，不去干活，躺在工棚睡觉。炊事员只得给他盛多两碗，好让他干活。

随着工地转移，大米越来越少，连番薯干（丝）都无法足量供应，我们只好将香蕉头、木薯头捣烂制作成薯干煮饭吃。为了让民工吃饱饭，工地采取了两种方法：

第一，报计划数。当时按人头供应粮食，但量也不够。民工吃不饱，大多数能挺住留下来；少数胆大的、挺不住的就无故离开工地回家。像我们村留在工地的有三四百人，占计划人数的七八成。食堂按照计划人数上报，多领一点米煮给民工吃，工地民工勉强能吃饱。那些无故离开工地的人只是暂时不在工地了，因为家里已办公共食堂，无故离开工地回家的人在公共食堂吃饭受到限制，能离开工地几天呢？最后他们又回到工地。有人无故离开工地，有人回工地，工地的实际人数总是少于计划人数，土方不能按计划完成从而引起上级注意，上级便派人下来检查民工人数，最后没听说处理什么人，但粮食供应改为按土方供应。

第二，煮高产饭。这发生在西埇工地，已经是修主河的末期，九东大队自己办一个食堂，跟我关系蛮好的广瑞当炊事员，我是大队的突击队员，白天夜里都要突击，每天比一般民工多吃一两餐，不会太饿。其他民工一日三餐，由于粮食短缺，炊事员也想尽办法让民工吃饱。据广瑞说，当时九东大队食堂搞过高产饭，1 斤米煮七八斤饭[①]。高产饭有炒米法和双蒸法两种：炒米法即先把米炒熟后再加水煮，煮出来的饭比平时多一倍；双蒸法是按正常做法把米蒸成饭，然后再加水重蒸一次，蒸出的饭也比平时多一倍。高产饭看不出饭粒形状，稀稀烂烂非常黏稠。我在突击队里吃过这样的饭，虽暂时能吃饱，但饿得快。

卖牛修河

我们完成东海河的土方任务后，要带水还乡，还必须修一条支渠才能灌溉我们村的田地，该支渠经过好几个村庄，中间还要炸一座很高的山岭才能引水到我们村。修建这条支渠由受益村庄筹资，我们村贡献了 7 亩田地，卖了 3 头牛，拿钱和米来维持两三百民工的日常生活。最初去鹤地修水库时，村里的老人半信半疑，不相信能把百八十公里远的鹤地水引来黄略九东灌溉田地，还跟我们打赌，说："如果能引来鹤地水，我用头颅壳来走路。"当经过我们村的支渠修好，鹤地水哗哗流到我们村时，我跟他们说水已经到屋后，快去喝一口鹤地水。老人不提打赌的事了，只是说："这水真甜！鹤地水库是块宝，引水灌溉，生产有奔头了。"

往事现说

当年修水库、建运河，我们村派出几百人参加，为了引水回乡，我们队还贡献了 7 亩土地建造运河小渠。生产队期间，运河水通到黄略村，有部分田地得到灌溉，得益最大的是塘口等 3 个村，他们在运河渠上游，我们在运河渠下游，由于流量不足，下游经常没水。分单干后，村边运河小渠逐渐荒废，最后被推平复垦，土地又回归我们，算一个轮回吗？

---

① 《把"五好食堂"红旗插遍全工地》，《青年运河》，1960 年 7 月 28 日第 2 版。该文指出："一天 14 两米，10 两米煮出 4 斤多饭。"王田古老人回忆说 16 两米煮出 7～8 斤也不为过。

一切行动听指挥

梁雪英　口述

采 访 人：林兴

受 访 人：梁雪英（82 岁，遂溪县洋青镇其连村人，农民。18 岁参加雷州青年运河建设，在鹤地修建水库主坝，在那良开凿运河。其间作为突击队员以拉车运土为主）

采访时间：2022 年 11 月 12 日

采访地点：遂溪县洋青镇其连村

采用语言：雷州话

协助采访：陈启华

采访口述人梁雪英

结伴同行

说起筑运河，首先是在罗马坛修水库，在宵港、牛滚窟、东塘河渠、沙古河渠等处做工。这段工程完成后回家，我在食堂煮饭，煮饭需要收番薯、大米，登记数字，又要刨番薯丝，7 工分一日。我父亲说，外出做什么都比干 7 工分一天的煮饭强。1958 年队里招人到鹤地筑水库，我主动要求参加，当时我 18 岁。几个同睡、同吃、同玩耍的姐妹说去鹤地修水库可以坐火车，可以游玩廉江各个地方，可开心了。

我们从百桔仔村坐车到遂溪火车站候车再前往鹤地，在车站等了七天七夜才有车送我们到鹤地。这期间，我们睡在车站；饿了，就在车站周围档口买面包、肉粥吃。当时还没开始筑运河，没粮食供应，我们用备用的零花钱和粮票来买东西吃，熬过等待的日子。

我这几个姐妹都乐意去鹤地修水库。只是没想到去鹤地后，不能随便回家，待廉江段的工程完成后，我才能回家，回来时瘦得只剩下一个凹塌的眼眶。我父母见状，痛心地说："侬啊，鹤地工太繁重么？瘦了这么多？"我说："在鹤地，吃住在山岭，日夜做工，很少休息，肯定瘦咯。"邻村有个女民工叫阿娣，因为身体弱小，刚到工地几天就被要求回家，不让她参加运河建设了。她不愿意回家。她弟弟阿隆哭着说："娣姐生得体格弱小，身材矮小，不合人家意愿，唉！娣姐的命怎么这么惨呢？"

突击队员

农历七月鸭子节[1]过后不久，我去鹤地，属于百桔仔营。营里有 4 个干部：盛、智、贵、模。大约半个月后，营里成立突击队需要一批年轻人。挑选队员时，领导认为我工作认真又有力气，便把我收入突击队，专门拉车运土。这期间，上面先安排我去爆破队专门洗衣服，后又想安排我去食堂煮饭，但我都不肯去，就愿意待在突击队。

---

① 鸭子节，农历一九五八年七月十四日，即公历 1958 年 8 月 28 日，此时为鹤地水库全面动工前夕。

每天，盛边用广播催促我们突击队员起床，边唱（白话）：“天光地，快起床；吃饱粥，去土塘；筑水库，开运河；蓄起水来带返屋。”其他人开夜工到深夜12点就可以回来睡觉，但突击队员不分日夜，经常打通宵，不能回工棚休息睡觉。第二天早上其他民工开工，我们接着劳动，基本上是吃在工地。经常是今天拉车运土打通宵，第二天又说有人来检查评比，我们又拉车运土打通宵，两日两夜都没得觉睡是常事。只有遇上下雨，地面湿漉漉无法施工，才有机会睡个好觉。

堤坝又高又长，坝底不知道有多宽。随着堤坝升高，坝面逐渐收窄到8米宽，拉车上坝很艰难。坝高原定高程32米，上面担心水无法供应到遂溪，便把大坝高程增加到42米。盛经常拿着广播筒呼喊：“32高程，水不够，鹤地水到不了洋青；42高程，水才足，洋青人才能吃到鹤地水。”增加这10米高程，给我们拉车上坝带来极大困难。三个人拉一辆车，拉到坡中，有人推车轮，有人推车底，才把一车土拉到坝面。突击队员一般是拉车跑起来，大喊：“冲啊！冲啊！”因为我力气大，就安排我在坡中推车。推车比拉车辛苦，拉车者用绳子绊着肩头，在平地拉着车辕前行。推车者守在坡中，待车子到时，尽力推才能把车推到坡面。木制车子如果点上甲油（即润滑油）就好拉一些，没有甲油，车子吱吱作响，很难拉动。

我们筑坝是为了拦住流经安铺的九洲江。填筑大坝时，土质要求非常严格，泥土里的头发、树枝等杂质都要剔除出来，担心填埋在堤坝里出现渗漏，毁坏堤坝。我印象较深的是参加截流，车子卸土时，如果不拉紧车辕，泥土砸下去，车子都不知道被河水冲到哪里。突击队员把装有砂石的槽形长竹笼砸到江里，轰隆的响声差点把心脏震出来，又用石头从两边合龙，才把滔滔江水截断。

负重而行

我在突击队里，不仅仅是做土方，还有其他工作。前面说过，干部曾安排我到爆破队洗衣服，我出于两个原因不愿去：一是我喜欢结伴而行。在突击队里，3个人拉一辆车，我与几个相好的姐妹同吃、同住、同劳动，做土方辛苦一点也无所谓。说真的，在鹤地，我是积极分子。二是担心耽误爆破工作。装炸药的镗缸口径那么大，引线点着了要赶快离开，我作为女子，跑得慢，容易发生危险，之前营里来自老麦田村一个民工上厕所时被泥炮砸伤。除了做土方外，突击队经常临时安排突击任务，比较多的是卸运任务。较有印象的事情有两件：一是卸水泥。汽车运来水泥，我们突击队就要卸下来，第二天用车子拉到坝面给水工搅浆砌石。我们突击队又要挑水来搅浆，赤脚长时间浸泡在水里。二是卸石头。石头是用火车从广西的石场运回坡脊，一般是晚上到。石头运回来，领导安排突击队去卸石头。我们突击队把大石头从火车上艰难地卸到铁路旁边，再用车子运回到大坝工地，之后把石头扛上坝面给水工砌防护坡。

靶心开花

到鹤地一两个月后，我们 4 个女民工加入团部民兵组织。初时，我担心枪支太重，扛不动，不想去训练。他们鼓励我说："不用担心，训练习惯了就扛得起了。"民兵组织进行军事训练，包括操练齐步走、匍匐前行、步枪拆装、投弹、瞄准、射击。有一次集训 7 天，真枪实弹射击。射击前，我既紧张又害怕，指导员不断安慰我，但还是无法消除紧张心理，只能执行射击命令。第一次射击时，砰的一声枪响，吓了我一跳，枪托撞击肩膀有些疼痛。我对领导说："明天我不想参加训练了，想去拉车运土。"领导批评我说："你是民兵，现在训练也是工作，不能回去拉车。如果不参加民兵训练，回去没饭吃。"没办法，我只能继续参加射击训练，打出 3 颗子弹，其中 2 颗中靶心，得到领导的表扬。

民兵还有一个职责就是在工地巡逻放哨守夜，每天固定安排男民兵承担这项任务。夜晚，他们在工棚周围巡逻，查看民工睡觉状况，防火、防盗、防冻；在交通要道关口把守，防止交通事故的发生，查看民工出入工地证件。

光荣入团

我在突击队不分日夜突击，从不叫苦、偷懒、怠工。在其他方面的工作表现也很突出，很多事我忘记了。但是，有3件事我记忆犹新。

一是在鹤地，我得过很多奖励，多次被评为一等奖、二等奖，我是运河功臣，这是经过民工开会评选、领导批准才得到的。当时我的穿着很差，既没钱也没处去买鞋子，都是光脚劳动。剪布还要布证，我没钱，因为在鹤地做工没有工钱。好在鹤地奖励薄笠、衬衫、背心，我才有新衣服穿。衣服上印有大大的“奖”字，穿在身上骄傲得很。

二是成为共青团员。在鹤地，能够入团的民工不多，我是多次获奖才被批准入团的。后来结婚到洋青其连，在迁户口时，老麦田村干部阿莫提议我把团组织关系转过去，认为团员是一种荣誉，要珍惜。因为要缴团费，虽然说只需要五分、一角，但家里穷，没钱。我虽然没把团组织关系转过来，但一样积极劳动。

三是获准参观鹤地水库。这是一种荣誉，不是谁都可以去参观，只有先进的民工代表才有资格。主要是看鹤地水库出水的地方，这地方放水出来就可以流到我们洋青地头。想着水可以流到家乡，带水还乡的愿望就要实现了，高兴极了。

凭牌吃饭

我去鹤地时，按土方供给粮食。早餐吃番薯丝粥，午餐吃番薯块饭，晚餐吃芋头仔饭，一日三餐吃3样粥饭，打通宵没有另外加夜宵。作为突击队员，午餐、晚餐由炊事员用牛车子运一箩筐饭菜到工地吃。

到那良开运河后，我还在突击队里，蒲岭仔阿强发牌子，无论你是突击队员还是跟随大队伍劳动的普通民工，都要做工才能领到牌子，凭牌子吃饭。那个牌子是四方形，上面登记你做什么工种，做多少分量。我们几个关系要好的姐妹都在突击队，一齐出工，一齐收工，一齐吃饭，几个人一钵饭菜。我们女民工一般能吃饱，有剩余的就端给男民工吃，不能浪费。

在食堂吃饭不区分突击队员与普通民工，区分的仅是工分，我是突击队员，工分比普通民工多。比如，大家劳动一天包括加夜班有 10 个工分，我在突击队里突击通宵，相当于一个白天，又增加 10 个工分。普通民工只在白天劳动和加夜班，有 10 个工分，我比他们多 10 个工分。在工地登记好工分，寄回给生产队，生产队按工分分配粮食给我家里。所得粮食拿出部分当口粮由生产队带到鹤地食堂，供应我们一日三餐的伙食。

宿营工地

鹤地工地有很多女民工，从工棚数量看得出女民工不比男民工少。百桔仔营的工棚搭建在岭顶，一座工棚 5 个门，1 个在中间，供干部出入，男女各 2 个门出入，女民工这边占大多数床位。少华是女干部，专门管理女民工；智、盛、贵负责管理全体民工，巡查有没有人躲在工棚偷懒不出勤，不出勤的没饭吃，因为我们的午餐、晚餐都在工地吃。如果民工有感冒等身体不适症状，就凭证明在工棚休息。工棚附近的半山腰有块墓地，形状似圆形锅底，四周围着，硬底，外围有几棵大树，常有民工躲在那里偷懒、睡觉。

民工偷懒就会饿肚子，待出勤时，面对繁重的土方任务，做工更无成数。于是，有人就萌发跑回家的念头。打铁塘有个女民工嫌工作辛苦，约我一起跑回家，我不同意。她回家后又回到鹤地。我问她回家走了几天时间？她说四天四夜，白天走路，夜晚在甘蔗林里睡觉，回家还是饿肚子。我说：跑回家也这么艰难，那更不能跑回家。在鹤地辛苦就辛苦一点，做工有功劳，跑回家只得到一个坏名声。盛经常鼓励我们积极劳动，修好运河，带水还乡。

带水还乡

完成鹤地工程后，我们转到那良筑运河。我们倚村庄而住，生活方便，尤其饮水方面。那良有一口井，斜斜长长，像土塘，不算深，弯腰可掬水。它供应几千名民工的生活用水，从不干涸，因为这口井旁边就有一条河溪。用水方便是我们对家乡生活的憧憬，增强了我们带水还乡的决心。我在那良主要是拉车运土筑坝，沿着那条溪畔筑高堤坝，从里面拉土到外面填筑。差不多完成堤坝填筑后，上面又安排我和蒲岭仔一个女民工洗衣服，我们把所有民工换下来的衣服挑到溪里洗，晾干后，又收起叠好放在民工床头。这种工作相对轻松，不用到工地拉车运土了。差不多一个月后，在那良建运河的任务就完成了，大家集中回家。夜晚，我们队伍沿着河堤走路回家，边走边检查堤坝有无漏水（即管涌），到洋青地界时，天也亮了，各回各村。

回家后不久，我结婚到其连村，附近的洋青大塘这段河堤还在填筑，但我没参加。后来在后坡村河段还有土方未完成，需要赶快完成，好放水灌溉搞生产，生产队就派我去修建，不久完成运河工程，放水灌溉农田[①]，实现了带水还乡的愿望。

往事现说

青年修运河时，我作为突击队员，积极、主动服从安排，各种辛苦工种都参加过。老年脚关节不够灵活，走路有点不自然。但想到带水还乡，灌溉田地几十年，也值得了！

---

① 据报道："雷州青年运河提前挖通全线放水。（1960）5 月 14 日正午，鹤地水库启闸，滔滔的银河水，沿着从北到南纵贯雷北县的 178 公里的河床，直泻雷北县最南端的东洋，沿运河全线的 70 万亩土地，立即可以引水灌溉解除旱患。"《青年运河全线放水灌溉农田》，《青年运河》，1960 年 5 月 18 日第 1 版。

守护健康

在工地医院的日子

柯汝权　口述

采 访 人：林兴

受 访 人：柯汝权（79 岁，遂溪县界炮镇留泥村人，农民。21 岁参加雷州青年运河建库开河工作，时间长达 6 年。其间担任民工保健员、工地医院护士）

采访时间：2016 年 4 月 19 日

采访地点：遂溪县界炮镇柯家

采用语言：雷州话

协助采访：陈景花

采访口述人柯汝权

洗缝衣服

1958 年开始修建雷州青年运河，大队抽调好几十个民工去河唇修建鹤地水库，其中有两名女民工。当时大家生活困难，只带一两件缝缝补补的破旧衣服到工地换洗。民工烈日下扛石头、担泥土、拉车子，汗流浃背，有时候冒雨施工，每天要换洗一两套衣服，男民工洗衣服笨手笨脚，感到烦恼。连长担心影响工效，召开民工会议，安排我们女民工专门负责男民工衣服的清洗折叠、纳线缝补等工作，不用参加土方劳动。

我们用竹箩装着衣服到河边洗，每次清洗衣服都要大半天时间。当时的衣服是苎麻编织的，又厚又硬，没有肥皂，要下到河里用扁担捣打衣服，这活并不比搞土方轻松。我们还要提防河里的大蚂蟥，这种动物非常灵敏，一旦水面漾动，它就会悄悄地蠕动过来，附在我们的脚上吸血。待我们发觉时，它尾指般小的身子已经涨到拇指头那般大。它吮饱后自行脱落，否则很难甩落它。有时候清洗完衣服，我们会主动到工地搞土方[①]。其实我们不去也无所谓，但我们的伙食来自土方补助，土方多了对我们也有好处。再说，农业合作社运动方兴未艾，人们的集体观念逐渐形成，把集体的事当作自己的事情，尽力做好。党和政府说修建雷州青年运河是为老百姓着想的，成千上万的民工听从安排赴鹤地修水库。我们在这种思想支配下主动去搞土方，但会提前回来，缝补、收拾衣服的活在等着呢，我们必须保证民工吃过晚饭后能取到自己的衣服更换。

拍摄电影

当时年轻，对很多新生事物感到好奇。堤坝上，民工如织，穿梭来回，推着独轮车运土上坝，在家乡从没见过这种劳动场面，很容易受其感染。这种独轮车的车轮安装在中间，四周钉上一排硬板，装载量一两百

---

① 主动承担工作是一种担当，可分个人担当和集体担当，在鹤地水库工地是一种普遍现象。个人担当有如柯汝权老人所讲的，普通民工在完成自己本职工作后主动请缨挑担拉车，也有像莫湖、莫珣这些鹤地工地有名的运河功臣的担当。莫湖、莫珣在堵导流渠时没有被安排下水，但在激流中他俩抬着将200斤重的大沙包接连抛下去。鹤地水库36条堤坝，有数座堤坝用特定集体名称命名，即反映出一种集体担当，如“炊事坝”“共青坝”“五四坝”和“三八坝”分别由渠首遂溪附城民工团20个炊事员、坡脊师560多个青年、大坝师青年突击队以及界炮团妇女填筑。《鹤地水库开始蓄水了》，《青年运河》，1959年4月5日；《渠首炊事坝建成》，《青年运河》，1959年1月1日第2版；《“共青坝”“五四坝”开工》，《青年运河》，1959年4月14日第1版；《三八坝开始施工　娘子军大显身手》，《青年运河》，1959年4月30日第1版。

斤。我认为自己能推得动，便加入推车队伍，跟着其他民工，边推边喊：“冲啊！冲啊！”

有一次，指挥部召集大家推车运土上坝，为拍电影做准备[①]。当时连电影都很难看到，何况是参加拍电影？好奇心驱使我加入推车队伍。一声令下，这边民工迎着摄影机远远冲过来，铆足劲推车冲上坝面；那边又有数不清的空车被推下来；旁边宣传员敲锣打鼓，摇旗呐喊，锣鼓声、冲锋声响彻整个工地。泥土卸下后，有人开着我们在家没见过的大型拖拉机，拉着大石滚压实坝面。我二哥在鹤地开拖拉机压坝面，我有时去跟他学开拖拉机。

施工中，有民工在砌护堤坡时被石头砸伤、碰伤。连长认为我的时间比较宽裕，常常派我去帮忙处理。我开始接触保健员工作，但还想着学开拖拉机。二哥得知后，骂我放着保健员不当，来学开又晒又震又吵的拖拉机，再不肯教我开了。

---

① 老人所说的拍电影实际上是拍纪录片。雷州青年运河工程纪录片拍摄分三个阶段：①为配合会议拍摄现场施工纪录片。1958 年 12 月 22 日，南方十四省水利施工现场观摩会议代表到鹤地水库参观，广东电影制片厂的摄影师于该日来鹤地水库拍摄会议镜头，老人参与这次拍摄。②拍摄《开山劈岭造银河》专题纪录片。该纪录片由珠江电影制片厂于 1960 年 3 月至 9 月期间拍摄，1960 年 10 月 1 日在广东全省正式放映，该片分 5 部分，共 596 个镜头，时长 45 分钟。③拍摄《雷州青年运河》新闻纪录片。1964 年 8 月 22 日，中央新闻纪录电影制片厂到鹤地水库拍摄新闻纪录片，在全国各地上映。一部好的新闻纪录片，常常拥有几千万人次的观众。《人民日报》把《雷州青年运河》与大庆、大寨的新闻纪录片并列报道，认为这些纪录片迅速反映了大庆人、大寨人，以及千百万社会主义新“愚公”们自力更生、奋发图强的革命气魄。《鹤地水库拍纪录片》，《青年运河》，1958 年 12 月 23 日第 1 版；《劈山造河　人定胜天——长纪录片“雷州青年运河”拍成》，《青年运河》，1960 年 9 月 18 日第 4 版；雷州青年运河管理局：《雷州青年运河志》（内部稿），2015 年，第 23 页；《新闻片要为全中国和全世界人民服务》，《人民日报》，1965 年 12 月 30 日第 2 版。

保健治疗

大批民工陆续来到鹤地工地参加水库建设，工地开始招收保健员①。营长知道我读过夜校，干活麻利，便调派我参加保健员学习班。几天后，我跟一个来自湛江医院的海康籍医生到工地巡查，他教给我很多医学实用知识。我懂得急救包扎、常见病症判断、药品服用等最基本医疗常识后，开始独立负责本营民工的保健工作。保健员没有固定的工作地点，我每天背着医疗箱，里面装有胶布、纱布、红汞水、碘酒、正骨水、消炎药、止血粉等药品，在工地附近巡走。一旦民工突发伤病，我要第一时间赶到现场处理。

有一次，天气炎热，民工非常多，他们在拉车、挑土、扛石、打泥牛等，人来人往。我正在巡走，“有人晕倒，快叫医生”的呼喊声突然传到我这里，我赶紧跑过去，原来是团里一个五六十岁的民工在挑土时耐不住酷暑，突然晕倒。我不认识他，不知道他身体状况，但人已经晕过去了。我赶快给他做人工呼吸，效果不明显，后送到工区医防站，再转送到工地医院。最后，在工地医院治疗一段时间，人还是走了。这是我第一次面对死亡，既难过又内疚，总想着如果我是正规医生能不能救活他呢？不过，当时医疗人员不充足，工地医生很少②，一个工区只有一名。

---

① 保健员又称急救员，是不脱产的工地卫生医防工作辅助人员。业务要求：懂得工地卫生基础常识及简单疾病的处理、外伤急救；职责：经常指导、督促、检查工地各项卫生防疫工作，负责工地一般的急救处理和卫生宣传，并负责送药给病人等；个人条件：高小以上文化程度的民工；训练方式：短期集中上课，晚上学习《基础医学》《简易护理法》等知识，白天与团卫生员下工地实习。1958 年 8 月开始培训，培训了近 500 名，平均每 80 名民工配 1 名保健员。建库开河期间培养了 3757 名保健员，这些人后来成为农村赤脚医生。《雷州半岛青年运河工程总指挥部关于医防大队迎接大施工前医防工作计划的通知》（1958 年 8 月 5 日），雷州青年运河管理局档案室藏；雷州半岛青年运河工程指挥部:《鹤地水库卫生工作报告》（1958 年 11 月 1 日），雷州青年运河管理局档案室藏，19 –6 –58；工地医院：《雷州青年运河 1960 年上半年卫生工作总结》（1960 年），雷州青年运河管理局档案室藏，70 –22 –74。

② 雷州青年运河工程建设期间医防工作分为四个层次：工地医院、工区（师部）医防站、纵队（团部）医防组、大队（营级）保健员。以雷州青年运河北段工程为例，70000 多民工在 3 个工区施工，才有 2 名医生、22 名医士、73 名保健员。该数据不包括工地医院有关人员。工地医院：《雷州青年运河北段工程卫生工作总结》（1959 年），雷州青年运河管理局档案室藏，57 –1 –1。

工地经常发生伤病事件[①]，绝大多数保健员能够处理轻伤。医疗箱里的医疗物品如包扎用的胶布、纱布，2～3天就要补充一次。当时有一种止血粉，一颗颗像味精一样，不管多宽多深的伤口，只要一撒下去就能止住血，疗效很好，现在似乎已经停产了。

民工受伤情况各异，我接触到的外伤比内伤多，像车子撞伤、泥土压伤、石砾割伤、爆破炸伤、雷电击伤等。受伤最多的是打石民工，他们施工艰巨，也缺乏保护设备，连最普通的鞋子、袜子、手套都没有[②]。那些打出来的成品石头什么形状的都有，如三角形、方形、无规则形等。打石时，石片石碎飞射，容易伤及民工的眼睛、脸、头、脚和耳朵；民工扛搬石头容易砸伤四肢，还有爆破受伤的。在那良工区，我目睹了一民工去爆破，因爆炸点多，躲避不及被炸伤，后送往医院抢救。

染上伤寒

我作为保健员，业务上受工区医防站指导，医疗物品由他们分派；身份上又属于城月团民工，伙食由团里承担，与民工一起在食堂吃饭。工作

① 据统计，1958年6月至1960年4月，工地医疗部门共治疗242305人，平均每月治疗10535人；1960年上半年，工区医防站（包括纵队医防组）共治疗100283人，平均每月治疗16714人。在鹤地工地的病患一般通过工地医生半天至一天的治疗便好转参加劳动，要留医的病号是极少的；所患疾病以一般感冒居多，在工伤方面车辗撞伤的较多。工地医院：《1958年至1960年4月运河卫生工作总结》（1960年5月），雷州青年运河管理局档案室藏，70－21－67。工地医院：《雷州青年运河1960年上半年卫生工作总结》（1960年），雷州青年运河管理局档案室藏，70－22－74；工程指挥部：《雷北县水利工地1959年第一季度卫生工作总结》（1959年3月），雷州青年运河管理局档案室藏；工程指挥部：《雷北县水利工地1959年卫生工作总结》（1959年12月），雷州青年运河管理局档案室藏，59－12－22。

② 为保护石工安全，雷州青年运河工程指挥部于开工初期，提出“县委动员机关干部捐献破鞋和款（买草鞋），以解决石工安全问题，防止脚底插伤，从而提高工作效率”。遂溪县委于1958年10月发起捐物活动，除驻遂部队捐鞋524双外，很多单位“未发动捐献旧鞋子运动，未献出鞋子”。针对民工反映“要求公社织些草鞋、草帽供应”的问题，遂溪县慰问团提出“各公社可组织些社员编织草鞋、草帽，县商业局可组织些草帽到工地供应”。由于民工经济困难，大部分难以购买鞋子等劳动保护用品。因此，柯汝权老人说石工缺乏保护设备。《遂溪指挥部关于向鹤地水库民工捐献物品的通知》（1958年10月16日），雷州青年运河管理局档案室藏，7－24－59；《遂溪县慰问团到鹤地水库慰问情况报告》（1958年11月7日），遂溪县档案馆藏，3－长期－A12.9－047－023。

不规律，饮食不定时，后期粮食短缺，饥饱交替。每天日晒雨淋地在工地巡走，积劳成疾。

工地由鹤地水库转到运河北段后，我出现发烧、感冒症状，被诊断为伤寒病，送到工地医院治疗，当时有不少民工患上这种病[①]。留医期间有一个多月禁止吃东西，只能靠输液来维持。饿得实在忍耐不了，就喝点不能有半点粥粒的糊状米粥。因为伤寒病会使肠胃黏膜变薄，吃东西会导致肠胃穿孔，甚至可能致死。

很多伤寒病人被医院用土处方治好。具体做法是剥掉蒜头外衣，用石臼捣烂后，再用纱布裹着，挤出汁液给病人服用，每天几毫升。我服用一段时间后，病情有所好转，可以喝少量糊状米粥，待一日三餐正常后才算病愈。工地医院有一个青年民工在治疗伤寒病期间，饿了太久，待病情有所好转，熬不过嘴馋，到廉江县城买东西吃，结果病情复发，几天后因肠胃被食物磨穿死亡。

我病愈后，恰好工地医院缺少工作人员[②]。他们知道我是保健员，就让我留下来当护士。

工地医院

从工地保健员摇身一变到医院护士，这个转变太大。首先，吃住由医院负责，每月补助 8 块钱，工地民工只有伙食，没有工钱补助。其次，业务水平有所提高。进去当护士，医师给我们上课，学习医疗、护理基础知识。来自广州或湛江专区医院的老师用白话授课，我只会讲雷州话，听课

① 伤寒病是雷州青年运河工地流行病，1959 年至 1960 年上半年在民工中的发病率比较高，据统计共有 949 名伤寒患者入院治疗，其中 1958 年 33 例，1959 年 574 例，1960 年上半年 342 例。防治伤寒病：①预防注射。1959 年上半年及 1960 年第一季度有 56978 人注射。②采取土法治疗疾病，用大蒜糖浆液治疗肠伤寒，疗效达 56.5%。工地医院：《1958 年至 1960 年 4 月运河卫生工作总结》（1960 年 5 月），雷州青年运河管理局档案室藏，70－21－67；工地医院：《雷州青年运河 1960 年上半年卫生工作总结》（1960 年），雷州青年运河管理局档案室藏，70－22－74。

② 据记载，1960 年工地医院 240 张病床，只有 4 个医生，10 个护士，其中 3 个护士待产。工地医院：《1958 年至 1960 年 4 月运河卫生工作总结》（1960 年 5 月），雷州青年运河管理局档案室藏，70－21－67。

似懂非懂，只能把老师写在黑板上的知识抄到本子上自己慢慢看，或课后请教老师，去买基础医书自学，逐渐胜任护理工作。

工地医院最早建在靠近鹤地水库工程指挥部附近的地方，随着雷州青年运河工程的推进，工地医院先后搬到廉江县城附近、遂溪西埇、遂溪新桥大渡槽工地。医院是用竹木稻草搭建的工棚，病床用木板钉成，简陋易迁。工地医院很大，有 10～20 个医生、护士，分中西医、内外科。七八十岁的安铺老中医陈世新，响应政府号召，带着老婆主动参加工地医院的工作。他医术高明，擅长骨科，很多因骨折留医的民工都是经过他悉心治疗得以康复。可惜工地医院解散后，他回家不久就去世了。

在工地医院工作期间，我接触到一些伤残死亡的民工。在医院留医的伤病人，是工区医防站无法处理而送过来的重伤民工。留医的民工人满为患，医院基本上没有空闲病床，有些无法治疗的民工转到湛江等地方医院治疗。也有一些在工地医院经治疗无效死亡的伤病人，具体有多少我不知道。我作为护士，对两个死亡病例的印象最深：一是有个伤病人因抢救无效死亡。我刚到医院工作不久，那天，我恰好轮值。按惯例，伤病人死亡后，由值班医生、护士将他抬去太平间。医院规定：每安放一名死者，补助 2 元。相比一个月固定补助 8 元，这 2 元钱可不少了。第一次近距离接触死者，我战战兢兢地把尸体抬到太平间安放好，飞快地逃离。经历这件事后，我胆子大到啥事都不怕了。二是有个 70 来岁的民工因病住院，他没有明显外伤，可能是身体内部某个部位出了问题，经过一段时间的治疗也没有明显好转。有天下午三四点钟，照顾他的老婆看他还在睡觉，想叫醒他，结果叫不醒，慌忙去找医生。医生发现他已经去世，好像熟睡的人一样。

随着东海运河大渡槽工程竣工通水，雷州青年运河基本建成。工地医院在完成使命后解散，那些从各地医疗机构抽调来的医生、护士返回原工作单位。从 1959 年下半年直至 1964 年工地医院解散，我在工地医院工作了4年多。像我这样有工地医院护士经历的人可以回到原公社卫生院工作[①]，那些在工地当保健员的民工在工程结束后返乡当赤脚医生。1958年我作为城月公社民工参加建库开河，期间结婚嫁到界炮公社。雷州青年运河工程结束后，我回到界炮公社，由于所属公社的变化及家庭成分等原因，我又回归自己的农民本色。

往事现说

大到社会小到个人，无论从哪方面看，我当年的付出都是值得的。

从社会来看，雷州青年运河不是造物者恩赐给老百姓的礼物，而是党和政府组织我们数以万计的民工历尽千辛万苦，甚至付出生命代价才建造出来的大工程，大河小渠就像血管，遍布雷州半岛的廉江、遂溪等地，鹤地水库就像心脏，流出来的水像血一样孕育着生命，处处生机，人人喜悦。青年运河使雷州半岛摆脱苦旱已久的局面，为人们营造了良好的生活环境。

从个人来看，我当年的付出既方便了自己，又能为村民服务。我用自己学到的医学知识照料子孙后代健康成长，他们偶尔出现不适症状，对症下药，很少与医院打交道。我曾经帮助村里孕妇解决燃眉之急。邻居一孕妇家里穷，没钱去医院待产，临盆时找不到接生婆，分娩时小脚先出，一旦难产危及母子生命，是我帮她接的生。后来我又帮她接生第二胎，为此，他们夫妇俩对我特别好。其实，周围的人不知道我懂得接生技术，邻居是在平时交流中知道我一点情况，才找到我帮忙。

我极少对人提及自己在雷州青年运河工地医院的经历。在此之前，我儿子、孙女都不知道，这次我才告诉我孙女[②]。他们以前不知道我懂得医

---

① 雷州青年运河管理局成立，从建库开河民工中挑选360余名有文化、思想好、身体健康、热爱水利事业的男女青年到基层所、站任管养工人。雷州青年运河管理局：《雷州青年运河志》（内部稿），2015年，第394页。

② 时为大一学生，2016年参加笔者发起的“铭记　感恩　传承——走访雷州青年运河建库开河亲历者实践”活动，她始知奶奶是雷州青年运河建库开河亲历者。经其引介，笔者采访其奶奶，获得150多分钟的音频资料。这是口述者首次详细讲述其参加修建雷州青年运河的经历。

学知识的来龙去脉，我一直不愿提及在青年运河工地医院工作的经历。

相比因雷州青年运河工程而伤亡的民工，我是幸运的。现在，我子孙满堂，儿孙孝顺，让我能安享晚年。如果说时代赋予我这代人修建雷州青年运河的责任，那么也因时代局限导致我这辈子的命运。回想自己在工地医院的所见所闻，现在也只能自我安慰了。

省城来的白衣天使

郑慕贞　口述

采 访 人：林兴

受 访 人：郑慕贞（女，83 岁，湛江市第一中医院退休职工。中山医学院附属卫生学校学生，在雷州青年运河工地实习，毕业后留在工地，其间担任民工团卫生员、工区医防站药房管理员）

采访时间：2020 年 8 月 18 日

采访地点：湛江市疾病预防控制中心

采用语言：白话

协助采访：李莉云

鹤地毕业

大概是 1958 年 7 月，我在中山医学院附属卫生学校读书，面临毕业。不知怎么回事我们就接到学校通知：凡是现在毕业的，全部集中去雷州青年运河实习一个月，就地毕业。我是广州人，20 年的生活、学习都在广州，只听老师讲过雷州青年运河在湛江，但湛江在哪里我不知道。除了我校外，当时还有广州市第一人民医院护校、广州医士学校等毕业班同学，大概有上千人从广州坐船直接到湛江港，然后坐火车到河唇，前往鹤地水库工地[①]。

采访口述人郑慕贞

① 郑慕贞老人原话如此。据《雷州青年运河志》记载："1958 年 7 月，省卫生厅组织省内 7 间卫生学校的 700 多名应届毕业生，成立卫生大队抵鹤地水库在工地医院、工区医疗室、民工团实习做医务工作，并参加劳动 40 天。"雷州青年运河管理局：《雷州青年运河志》（内部稿），2015 年，第 208 页。

在工地，我们除了做医疗卫生工作外，还承包了一些土方，在毕业前突击搞完土方。我记得，最后几天我们日夜开工连续30个小时不睡觉。有人挑土，有人推车，你拉我推，遇到塞车停下来，拉车的就有人睡着，待后边拉车的呼喊，才醒过来赶快跑起来。连续几天突击，劳动强度相当大，幸亏当时年轻，自己又是运动员，体质好，能熬过去。但突击结束第二天，我躺在地面就睡着了。

劳动一个月后，我记得是1958年8月10日，学校在鹤地工地举行毕业典礼，宣读我们的毕业去向，我们有20人左右留在湛江①。我被分配到湛江地区的医院，但不回医院上班，继续在鹤地工地工作。1962年，运河工程差不多完成，我才回医院上班。

巡回治疗

我毕业后留在运河工地，被分配到大坝工区，先后在下录、界炮、黄略等民工团担任卫生员；运河工程后期，我到西埇工区医防站，管理药房。民工团卫生员主要职责有：

第一，帮助民工解决轻伤病情。民工团的医防小组由医生和卫生员2人组成，我担任卫生员，医生负责指导我工作。我们的工作场所设在工棚里，是一间卫生室，啥设备都没有，仅有一张桌子、几种常用药品，只能处理小伤病。小伤病一般是指伤风感冒、腹泻、肠胃病、蚊叮虫咬等，如感冒发点感冒药，发烧发点退烧药，不见好转就上报，送去工区医防站检查、化验。

第二，工地巡回，处理突发伤病。一个民工团的民工数以千计，施工时分多个工种分布在多段工地。如果我只在卫生室等待民工上门求医，他

---

① 鹤地工地设有医防大队，共有卫生人员65人，包括省卫校应届毕业生31人。医防大队设有医防站（指挥部，10名卫生人员）、医防分站（工区，13~20名卫生人员）、医防小组（民工大队，2~3名卫生人员）。由于卫生人员紧缺，便在民工中队中抽调民工经过简单培训担任保健员（平均100名民工配1名保健员）。郑慕贞老人是31名毕业生之一，被分配到医防小组担任卫生员。《医防大队迎接大动工的医防工作计划》（1958年8月2日），雷州青年运河管理局档案室藏。

们大多数只能在收工后一拥而上，我们人手少应付不过来，民工需要等待又耽误施工。当时讲究与群众打成一片，要深入到群众中去。因此，我背着药箱到工地巡回，遇到民工头晕、肚痛、受伤等紧急情况，马上处理。

与民三同

如果工种简单，工段相对集中，我就习惯性地把药箱放在民工能找到的一个地方，与附近民工一起劳动。当时上级要求我们必须与民工三同，即同住、同吃、同劳动。卫生员与民工同住在搭在山头的工棚里，距离工地蛮远的。我一个月有 20 元左右，粮油有多少忘记了，我把钱和粮票交给民工食堂，与民工一起用餐，我基本上没挨过饿。在工地跟民工一起劳动，推车、挑土，民工干啥我也干啥，我和民工干活分量一样。我当时体格不错，也能承受高强度的劳动。像民工夜晚突击施工，我一样参加。劳动期间，数以千计的民工总有一些突发事件发生，有时候我一天得来回跑好几趟。如烈日下民工干劲大，有人中暑，我立刻给他喝一种叫十滴水的药水，嘱咐他到阴凉地方凉快一下。处理好中暑民工后，我又参加劳动。可那边又传来有民工摔伤撞伤、磕破手脚的呼喊声，我马上跑去取药箱来紧急处理。记得当时打泥牛也砸伤一些人，骨折严重的，因没有设备，我无法处理，就指导民工把伤者送到工区医防站。之后怎么处理我就不知道了，因为我没有跟随去。

四害防治

我作为民工团卫生员，要指导、督促保健员做好民工生活卫生工作。保健员是从民工中队挑选出来负责本中队卫生保健工作的民工，主要负责管理如工棚、厨房、厕所、生活废水以及民工病伤简单处理等方面的卫生工作。

工棚是用草料搭成，棚顶、棚内都是草。我在棚内草面上铺一张席子，挂上蚊帐，就是床位了，连床板都没有，绝大多数的民工连蚊帐都没有。当时工棚搭在山头上，周围的杂草已经铲掉，所以我不觉得有很多蚊子①。

倒是苍蝇多得可怕，厕所的粪便处理不好，成为苍蝇主要繁殖地。因为厨房地面湿漉漉的，废水横流，排水渠厨余垃圾多，民工用餐的地面菜渍饭粒，吸引不少苍蝇。苍蝇多到什么程度呢？开饭时，我们在食堂出入，总能听到“嗡嗡嗡”的声音。我接触到很多腹泻屙肚民工，不少人是因吃了苍蝇爬触过的饭菜。

因此，卫生员要经常检查卫生，督促保健员落实上级关于民工卫生的工作，如经常一起检查工棚卫生。工棚卫生搞不好，传染病就多，影响工效。有传染病发生时，上头发漂白粉、六六粉，我们和保健员一起在工棚周围撒。此外，还要检查厨房卫生，几千人吃饭，厨房卫生很重要。我们要求公社解决防蝇设备，饭菜煮熟后盖上防蝇设备。不过，我一个刚出社会的小女孩，没处罚权，对团部或民工不去落实有关措施，也无能为力。

药房管理

水库工程完成后，我跟随民工转到其他运河工地。到西埇工区时，我抽调到工区医防站，负责管理药房。那时候，上级很重视整个运河工程，药房的药品很充足，免费发给患病民工。运河工地民工比水库时要多得多，各种伤病都有。我当时不用下工地，只管发药给患者，没刻意统计民工患哪种伤病多。记得发放药品有阶段性的，像雨后天晴、忽热忽冷发放感冒药多，像夏季发放肠胃药多。

那时候正值困难时期，我们自己开饭，吃得很少，下班后感觉很饿。民工虽然比我们吃得多，但有不少人患上水肿。医防站收治了很多水肿病人，有些民工在家里就生病了，一直到过来工作都没好，上面就拨些番

---

① 据档案记载，蚊子是当时严重的四害之一，如1960年上半年工地进行为期四天除四害运动，一共灭蚊子645两，说明工地蚊子密集。郑慕贞老人认为蚊子不多，可能是因为她有蚊帐，蚊子没有影响其睡眠。另外，也可能是老人所在工地工棚卫生工作搞得好。

薯、黄豆、大米，煮给他们吃[1]。

我在西埇工作一年多，待工程结束后，1962 年回到医院上班，结束我的运河生涯。

善与人交

初时，我作为刚出社会的女孩子，运河工地好多民工都瞧不起我。为了预防病菌侵袭，防止发生疾病，我要求他们搞好卫生工作，但他们有时候无动于衷，把我的话当耳边风。我通过干部去做他们的工作，他们又觉得我的所作所为给他们带来额外工作，有点烦我，当时觉得民工工作很不好做。随着与民工频繁接触，逐渐明白要和民工搞好关系，民工才肯听你的话。

怎么和民工搞好关系呢？大家一齐出入，互相倾诉，以诚相待。实际上，大家劳动都没有太多闲聊时间，有机会就去和他们聊一下。他问你答，不要摆架子，民工最怕你摆架子。你一不摆架子，民工对你就有好印象了。有段时间我调到黄略民工团，与先前分配来的同班郑姓同学一齐当卫生员，有个营的保健员也姓郑。三个郑姓女孩子在一起感到特别亲切，工作非常顺心。我们回来后，这个保健员还到湛江找过我们两个玩耍，我们一直保持联系。

工棚里，我给民工看病敷药，他们看在眼里；在工地巡回看病之余，我又参加劳动，融入集体。民工觉得我这么能干，又没架子，也关心我。有两件事让我印象深刻：

---

① 当时出现相对严重的粮食短缺现象，如西埇工区普遍推行高产饭就是例子。民工因饥饿水肿已是常见现象，笔者走访的雷州青年运河建库开河亲历者也提到这个问题。为了防止饥饿水肿继续蔓延，雷北县水利部或雷州青年运河工程指挥部于 1960 年 2 月至 8 月连续发出《剥黄豆治水肿病人的函》（雷北县水利部，1960 年 2 月 26 日，59 - 14 - 32）、《关于请示拨给黄豆米糖治疗水肿病人的报告》（工程指挥部，1960 年 4 月 4 日，70 - 4 - 8）、《关于运河工地民工食油供应及治水肿病号黄豆供应的通知》（雷北县水利部，1960 年 4 月 29 日，59 - 16 - 36）、《关于节约使用黄豆的通知》（雷北县水利部，1960 年 8 月 25 日，59 - 47109）等 4 份文件要求做好黄豆核拨、使用工作。

第一，煨鱼给我当菜吃。我在工地要处理突发的病伤情况，经常是收工回来后，食堂有饭没菜。我所在的下录团民工来自海边，他们最喜欢吃咸鱼，食堂备有不少咸鱼。炊事员见我没菜吃，便偷偷拿条咸鱼放入灶坑里煨给我吃。我作为广州人，哪里见过这种吃法，总觉得煨鱼沾上不少木灰，很不卫生。但无论煨鱼有多“邋遢”，我都得吃，要不他们会觉得你嫌弃他们。在运河工地，我没饿过，除食量少外，得到炊事员的照顾也是一个原因。

第二，关心我的日常生活。我家在广州无法回去，吃住都在运河工地。经常有民工回家，他们会告诉我并问需不需要带些东西给我？他们没有工钱，我哪能要他们的东西呢！有一次我去木具社巡回，打铁匠听说我没有菜刀，生活不方便，硬是给我打了一把锋利无比的菜刀。几十年来，菜刀的刀柄换了几回，我都舍不得丢掉，继续使用，总觉得这是民工的一份情谊。

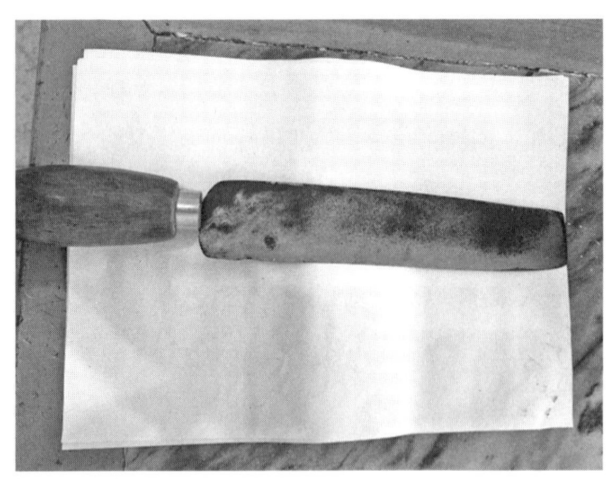

郑慕贞珍藏60多年的工地菜刀

兄妹相见

我离开广州到雷州青年运河工地实习，没想到毕业留在湛江工作，在工地3年多，一直没回过家。好在自己习惯了四海为家，没有太重的家庭观念，用现在的话来说，就是思想单纯，完全服从组织安排，一心只想把工作做好。

我不矫情，也没有多少烦心事，离家千里，难免对家人有一闪而过的牵挂，但不能有太多牵挂，否则就会产生逃跑的念头。当时很难请假，也不好意思请假。刚刚参加工作，面对工地上成千上万民工冲锋陷阵的情景，没有特殊情况回去做什么呢？我是医院的护士，人不在医院工作，医院也没给我预留宿舍。3 年多来，我以工地为家，通过写信给远在广州的家人报平安。我给大哥写信较多，把个人的想法、工程的情况告诉他。如果他看出我有什么焦虑或者牵挂，就来批评我，说："你又不是大户小姐出身，在大城市和湛江一样工作。"他是搞工程的，没来过湛江，倒是看了我的信，对雷州青年运河工程很憧憬。后来，我大哥到工地探望我。他看到工地施工情景，不由自主地感叹：这个工程好大啊！

挑断扁担

工地施工情景如何呢？大坝工区民工主要修筑拦河堤坝。那么大的堤坝几乎全靠人力，除了坝面的一台压土机，我没见过有其他机器。最初的时候，还不是压土机来压土的，而是两个人拉着石碾压土，也有两个人各拉一条绳子，把石硪拉高砸下，把土砸实，这非常辛苦。

运土上坝，有拉车的，有挑担的。初期用鸡公车运土，又运不了很多；后用双轮四方板车，平路一个人拉，如果斜路（坡）就两个人拉，否则拉不上去。鸡公车我不会使用，只能像其他人那样用畚箕挑泥土上坝。因泥土是湿的，估计一担泥土有 60～70 斤。我一般是一次挑一担，我看很多人把几担叠起来一起挑，扁担都被挑断了，100～200 斤重啊！整个运土上坝的场面就像蚂蚁搬家，人排成长龙，上上下下没停过。对于这条大坝来说，一担泥土，就像一串葡萄上的一小颗而已！

老当益壮

大坝能筑起来，得益于民工的努力，几十万人一条心，一心想做好运河工程。当时的劳动气氛好，民工以年轻人居多，听工地上的宣传员说也有60～70岁的老民工。这些老民工不甘人后，与年轻人一样组建突击队参加突击[①]。当时的突击可不是开玩笑的，基本每晚都搞，根据任务的多少决定突击时间的长短。我实习期间，曾连续突击30个小时，直到任务完成。有时候，任务紧就要连续突击以尽快完成任务，方便转到下一个工程。如果你不快点帮人家做好，就会影响下一道工序或下一个工程的进展。比如搞土方你就要突击松好土给运土组，好让人家运土上坝，避免出现窝工、怠工的情况。这么高强度的突击，老人家都认真努力去做，我们这些年轻人了解他们的事迹后，很受鼓舞。另外，他们的事迹还鞭策少部分人。作为民工团卫生员，我也发现个别没病没伤的民工找我看病开药，这些懒汉和个别年老体弱的民工不是很想做工，甚至想逃跑回家。

欲罢不能

相比之下，宣传的威力就突显出来了。工地上又唱又吹，又敲又擂，气氛热烈，干劲十足，喊个不停。民工团组织宣传队、宣传员通过有线广播宣传先进典型，我就是听广播才知道老民工的事迹；有的拿着广播筒居高临下助阵冲锋；有的在斜坡上敲锣打鼓吹喇叭，鼓劲加油。说真的，宣传员一出动，民工什么力气都使出来了，想不出力都不行，喊停也停不下来，宣传鼓动的作用太强大了。

如果不是共产党，不可能号召一下就有这么多人到工地，且他们这么努力，劲头这么足。经过革命斗争，人们知道共产党做事是为群众，土改分田分地给农民，走集体化道路为农民着想。虽然现在没看到利益，但水库建好之后，他们就会受益。

---

① 1959年9—12月运河北段工程施工期间，曾有一个突击队由17个老人组成，因为他们的年龄合起来刚好1000岁，所以被命名为“千岁突击队”，他们在工地上曾创下30方高工效。中共雷北县委水利指挥部：《雷北县去冬今春水利情况与做法》（1960年1月17日），雷州青年运河管理局档案室藏。

往事现说

作为平凡的一员，我力求做好自己的本职工作。我在医院工作 35 年，从未出过事故。这多少得益于我在工地的经历，它锻炼了我踏踏实实、安分守己的工作态度。前几年，我儿子开车带我去鹤地水库重游一次，走上大坝，环视四周，岭高坝长水深库面阔，觉得这工程真是伟大，只有共产党才能带领人民修出这么大的水利工程。

人生转折

凌空飞渡架渡槽

何　业　口述

采 访 人：林兴

受 访 人：何业（80 岁，廉江市安铺镇牛皮塘村人，退休工人。22 岁参加雷州青年运河修建工作，直至东海河大渡槽工程结束，是运河工地著名突击队——飞虎队队员，东海河大渡槽工地机械设备管理员）

采访时间：2016 年 11 月 26 日

采访地点：廉江市安铺镇牛皮塘村

采用语言：白话

协助采访：何辉娜

采访口述人何业

主动请缨

1958 年雷州青年运河开始修建，当时我已经初中毕业，是共青团员，曾报名参军，考入海军部队。父母不肯让我去，尤其是母亲。部队同志到我家给我父母做思想工作，都无法做通。我父母是手工业生产者，会编织竹帽、竹篓、畚箕等各种竹制品，希望我能传承他们的手艺。此时，恰好上面要求生产队抽调民工去鹤地修建水库，我不愿意学编织手艺，便主动报名去鹤地修建水库。当时乡干部陈海善于做思想工作，教育我们要认清雷州青年运河建成后的好处，号召人们去鹤地修水库。他说：雷州青年运河建成后，不用人力、物力、畜力，运河水通过自流，就可灌溉农田、坡地。我们不用挑水、戽水就能种田搞生产，这对我们农民来说非常有吸引力。

刚开始，我们去坡脊修水库。坡脊相对处于平原地带的安铺来说，是山区，山岭连绵，地没三尺平，那里有一条水深 0.7 ~ 0.8 米的河道，两边是种水稻的良田。河道里有很多带竹筒的风车，风吹车转，竹筒从河道里舀起水。水顺着风车翻转，流到田里灌溉秧苗。水库建成后，风车被淹没在库底了。

“啃掉”山岭

鹤地水库堤坝特别多，有主坝、防护堤等 30 多条土质堤坝。主坝由大坝工区负责填筑，防护堤由坡脊工区负责填筑，防护堤为保护刚建好的黎湛铁路而修。我所在的坡脊工区工程量大，需要筑 28 条堤坝。

筑坝所需的泥土来自周围的山岭。早期，取土是通过锄头、十字镐来挖掘，工效低下，赶不上工程进度；后采取爆破、打泥牛方式取土，才使工效得以大幅度提高。爆破取土由爆破队负责，他们通过钻孔、挖洞、埋炸药、装雷管，把山岭炸开。由于炸药有限，我们更多是通过打泥牛取土。打泥牛就是有人在一座山岭下面挖一定深度的岩带，有人在上面打击削尖的尤加利木桩，直至泥土坍塌的一种取土方法。待民工把坍塌的泥土运走后，继续按照前面的操作方法，把山岭一层一层削平，把一座座山岭“啃掉”。

打泥牛有一定的危险[①]，危险在哪呢？前面讲到，打泥牛时，民工下挖上打。有的泥牛几米高，若民工挖岩太深，泥土突然坍塌，挖岩民工来不及跑就会被坍塌泥土淹没；再如，民工在上面迫土，土面出现裂痕，再连续打击下木桩，泥面裂痕加宽加深，此时泥土就会直接坍塌，或者逐渐自行坍塌。一个泥牛有时候好几十个土方[②]，遇到逐渐自行坍塌的情况，如果上面的人来不及躲开，就会跌落没入坍塌的泥土里。建库开河期间，打泥牛曾经导致个别民工伤亡。

尽管打泥牛有危险，但是为了提高工效，我们突击队依然勇于面对。当时各民工团都在组建以年轻人为主的突击队。突击队员一天到晚喊口号，诸如“移山造海、不怕苦不怕累”“争取早日带水还乡”等。民工通

---

① 兴建雷州青年运河期间，工地指挥部对打泥牛的态度：①严禁期（1958 年 6 — 9 月）。在鹤地水库施工初期，指挥部工务处在《工程技术讲话》中明确指出：“取土料的不得偷岩取土。”1959 年 9 月 15 日，中共湛江地委在鹤地水库工地召开全区水利会议，与会代表指出“偷岩取土也是提高松土工效的一种办法，但必须组织专业队伍和规定偷岩高程，认真注意安全”。因工务处受到“严禁偷岩取土”戒律（即所谓的右倾保守思想）影响，迟迟不实施打泥牛的松土方法，技术人员仍认为工效 1.6 方/天是正常的。②试验推广期（1958 年 10—11 月）。青年运河总司令部于 1958 年 10 月 1 日召开会议研究提高工效问题。4 日，大坝师城月团石塘营和坡脊师河堤团北联、欧联两营以改变操作技术为名采取“偷岩取土”（又称放泥牛、打泥牛）办法，把工效提高 4 ~ 6 倍，他们的经验被刊登于《青年运河》（1958 年 10 月 7 日）加以推广。工地党委、司令部于 10 月下旬颁布《取长补短　提高工效：司令部作出学习黄沙水库的八项决定》，限期 3 天实现偷岩取土。③规范期（1958 年 12 月以后）。推广打泥牛取土，提高了工效，但也带来不少危险。据统计，1958 年 10 月至 12 月 31 日，有 12 人因打泥牛受重伤。1959 年 2 月中旬，大坝师城月、洋青 2 团再次发生偷岩取土事故后，工地党委召开安全工作紧急会议，提出打泥牛七条补充规定，对打泥牛的高度、深度、工具、附近人员、事故追责等做了明确规定。《工程技术讲话》，《青年运河》，1958 年 6 月 15 日第 1 版；《听取别人意见　认真改进自己工作》，《青年运河》，1958 年 9 月 22 日第 1 版；《通宵达旦奋战“五方”捷报频传》，《青年运河》，1958 年 10 月 7 日第 1 版；《北联、欧联比翼飞越五方关》，《青年运河》，1958 年 10 月 7 日第 1 版；《取长补短　提高工效：司令部作出学习黄沙水库的八项决定》，《青年运河》，1958 年 10 月 20 日第 1 版；《关于在工地全体干部中开展学习莫湖的领导方法的决定》，《青年运河》，1958 年 10 月 23 日第 1 版；《大闹工具改革　加快建设速度——总司令王勇在工具改革会议上的讲话》，《青年运河》，1958 年 12 月 12 日第 1 版；《为保证 4 月放水而战》，《青年运河》，1959 年 2 月 16 日第 2 版；《确保工程施工安全进行　工地党委召开紧急会议作了研究》，《青年运河》，1959 年 2 月 21 日第 1 版；《雷州半岛青年运河工程指挥部命令 2》，《青年运河》，1959 年 5 月 23 日第 2 版；《工伤事故查报表》（1958 年 10 月至 12 月 31 日），雷州青年运河管理局档案室藏，37 – 35 – 149。

② 打椿迫土，一人就可以供 20 人或更多人运输。《政治挂帅　技术是关键——记鹤地水库的工具改革》，《青年运河》，1959 年 1 月 1 日第 3 版。

过组织突击队来鼓起干劲，相互之间进行各种竞赛，掀起施工热潮。工地上人山人海，来来往往。当时我们经常搞突击，比如说要完成一定数量的土方，几个突击队就集中攻破这个岭头，通过爆破、打泥牛方式把这座山岭“啃掉”。建库开河期间，鹤地水库周围大大小小的山岭不知道被“啃掉”多少座，那些处于库区内没有被“啃掉”的山岭，矮一点的被淹没于水库底，高一点的成为水库的小岛。

哥嫂比武

安铺团有扫雷队、李毓莲队、飞虎队、穆桂英队[①]等突击队。苏培英担任穆桂英队队长，我大嫂莫爱珍是穆桂英队队员；符蒙[②]是飞虎队队长，这两支突击队均属于勤丰营。飞虎队由符蒙、何良施工小组发展而成，何良是我大哥，我也是飞虎队队员。

在安铺民工团的突击队中，飞虎队和穆桂英队名气最大。这两支突击队有点沾亲带故，同属一个营，部分队员同属一个家庭。我们相互之间经常竞赛，领导也鼓励我们竞赛，带动民工提高工效。其实，这是两支性别不同的突击队，一起竞赛本身就不公平。我们飞虎队队员个个身材高大，有一个叫高德的队员，身高近 2 米，拉起车子一跨步就有半辆车子的长度。穆桂英队队员身材矮小，不论力气、拉车奔跑速度，她们都比不上我们。我们之间的竞赛是一场没有悬念的竞赛，她们输给我们很正常。

为什么我们愿意参加竞赛呢？其实，竞赛是形式，竞赛的目的是提高工效，激发民工的劳动积极性。我们竞赛时，有人拿着广播筒给我们助威、鼓劲，有人看到穆桂英队队员拉车跑在飞虎队队员前面，就喊：“巾帼不让须眉，妇女能顶半边天，加油！”看到飞虎队队员拉车跑在穆桂英

① 穆桂英队组建于鹤地水库全面动工初期，由河堤团勤丰营 7 人组成穆桂英卫星小组，曾经创下半个小时在 30 米运距人均完成 5 个土方的纪录。1958 年 10 月 30 日勤丰营青年突击队更名为穆桂英队。《喜报频传　卫星上天》，《卫星报》，1958 年 9 月 24 日第 1 版；《第四次受奖名单》，《卫星报》，1958 年 10 月 30 日第 1 版。

② 符蒙，全军首届一等功臣。《全军第一次评比受奖名单》，《青年运河》，1958 年 11 月 5 日第 1 版。

队队员前面，又喊："压倒穆桂英，男子汉顶天立地，好样的！"这些话语给我们很大的鼓舞，犹如一股暖流涌上心头，让我们忘记疲惫。我们喊着："不怕累，不怕困！"遇到雨天，就喊："小雨当流汗，大雨当冲凉！"你不愿意输给我，我不愿意输给你，大家劳动更加起劲。

不过，我们飞虎队有时候也会输给穆桂英队，是怎么输的呢？

我们均是出自勤丰营，劳动地点、工具相同，竞赛一般以日人均车次多者为胜。一般每天劳动时间这样安排：早上天一亮就去工地，12 点回来吃饭，休息一会又去劳动，傍晚回来吃过晚饭后又去开夜工。如果是哨子一响，大家一起劳动的话我们怎么会输给她们？关键是她们早出晚归，早上三四点就起床去工地，晚上十一二点才收工回来，一天比我们多 3 ~ 4 个小时的劳动时间。像我们一起打泥牛，她们在下面挖岩，我们在上面迫土，有时我们放完泥牛后就收工，但她们会在土场继续劳动，把泥土搬到自动装土码头附近堆放，为明天运土做准备。就是因为这样，我们被她们赢了几次。我们与穆桂英队竞赛既感辛苦又有收获，她们不服输的劲头令我们佩服。如果我们不加把劲，经常输给她们，自己也感到脸上无光。她们整个队的思想好，干劲高，积极肯干，有为运河建设豁出去的气势，为党、为民、为运河工程所表现出来的革命精神值得我们学习。

突击队员经常被上级授予一些如标兵之类的荣誉称号，给予衣服之类的物质奖励，一般都是人人有份，只是一、二、三等奖的差别。

说真的，没有这些突击队的冲天干劲，雷州青年运河工程不可能这么快完成。[①]

① 突击队员完成的土方占总土方量的 70% ~80%，突击队工效比一般民工高几倍甚至数十倍，标兵突击队经常保持每天 10 ~20 方以上。陈华荣：《认清形势　大鼓干劲　为实现更高速度建成运河而奋斗——中共雷北县委书记陈华荣四月九日在工地标兵代表会议上的报告》，《青年运河》，1960 年 4 月 12 日第 2 版。

忍耐饥饿

建造雷州青年运河期间，除非下大雨无法出工，无论天寒地冻，我们都要夜以继日地劳动，一天 14 个小时。长时间的艰苦劳作，一般人熬不住。很多时候，先进分子是靠一种信念支撑，越到后期，“带水还乡”这种信念的作用越大。

我在完成运河南段工程后被抽调到机械队，不再参加运河堤坝填筑劳动。如果工地需要发电施工，我就跟着机械队回到运河工地。洪培桑[①]带领民工建造西海河干渠期间，有一次他对我说：“何业，快回来发电给民工施工。”我说：“一天到晚都在干活，那些人也厌烦，不想干活啊!”洪书记说：“不干，工程完不成，何来带水还乡?”他带领民工不断发起各种运动，争取早日完成运河工程。

有段时间，民工在工地辛苦劳作，因粮食短缺吃不饱，饥饿难忍。如何看待饥饿呢?第一，对于是否挨饿，每个民工的感受不同。男性民工劳动强度大，普遍叫饿。如打泥牛，在下面挖岩的民工与在上面打桩迫土的民工劳动消耗不一样。当时不分男女老少，所有民工的粮食供给都是一样的。食堂按照每天出勤人数煮饭，如高德身高近 2 米，拉起车子如风呼一声掠过，你让他吃与女民工同样的量，怎能吃得饱?第二，突击队员勉强能吃饱。每天，突击队员的粮食供给比普通民工多一点米[②]。记得我们在堵九洲江的时候，每天仅有 1 斤米和几块番薯，勉强能吃饱。第三，自备杂粮防饥饿。运河南段工程施工时，我们的工地在新民公社，离安铺不远。我当时劳动强度大，感到饥饿，想请假回家，被我大哥大嫂劝阻。他们俩是运河标兵，双双受到指挥部表扬。我父母得知后，让人捎来一些番薯、玉米等杂粮，我才熬过这段最艰难的时期。家庭条件允许的民工，自

---

① 洪培燊，雷州青年运河修建期间历任民工团（大队、纵队）政委、书记，西海运河施工队书记。

② 运河南段建设期间，各公社把粮食指标放到大队掌握，一般每人每天有 12 两大米、4 斤番薯，突击队员每人可增至 1 斤（16 两制）大米。县委检查团河头、客路工区检查组：《河头、客路工区工作检查报告》（1960 年 1 月 19 日），雷州青年运河管理局档案室藏，61 –2 –4。

己会带一些粮食备用，防止挨饿；家庭条件差的民工，饥饿难忍，晚上睡不着，就跑到菜园偷摘通心菜，煮好吃完才回工棚睡觉。

凌空飞渡

雷州青年运河南段工程全线开工不久，工程指挥部从各个公社抽调40多人组建机械队，参加修建东海运河大渡槽，安铺公社抽调我去。机械队在雷北县城学习集训，老师是来自海军部队的大学毕业生，课上除了讲机械理论外，还说机械队是为国家培养建设人才的，要我们好好学习，国家需要我们到哪里，我们就要到哪里。机械队在大渡槽施工 3 年多，工程结束后又参加四联渡槽、遂溪四九渡槽、七联渡槽的建设，还参加过湛江堵海、电白水利等工程建设。

在机械队里，我负责机械设备的管理及雷北县机械调配工作。当时有抽水机、拌和机、发电机、拖拉机、碎石机、卷扬机、钢筋处理机等，工地所需要的电力主要靠发电机提供。施工时，我主要负责发电、开机，遂溪、廉江等某个水利工程需要多少机械、什么类型的机械等均由我负责调配。

工程师在设计大渡槽时，考虑到槽墩建在遂溪河的河床及两边洼地，槽墩及渡槽的重力可能导致大渡槽建筑物产生沉降现象，便预算几十公分沉降幅度。面对有人对沉降度的疑问，工程师坚持自己的意见，并说出事由他负责。大渡槽完成后，其质量过硬，没有产生大幅度的沉降。这个问题如果不处理好——大渡槽入水口高于遂溪方向运河的出水口，来水受阻塞，输送到湛江方向水的流量减少，就会影响到整个东海运河的工程效益。

领导视察

在部队的支援下[①]，经过2年多的施工，流经新桥的遂溪河低洼处几十条槽墩拔地而起，几十节钢筋混凝土结构的巨槽凌空架设在数十米高的槽墩上，1000多米长的大渡槽一跨接一跨，犹如一条巨龙盘踞在遂溪河上空，气势磅礴，宏伟壮观。当时有很多中央领导人到此视察、参观，此时大渡槽建筑物基本建好，还没通水，大量民工在施工。为保密起见，工地领导把中央领导人要来视察的事仅告诉部分人，很多民工并不知道此事。我是团支书、积极分子、机械部门负责人，获悉此事后非常激动。能够近距离见到大人物怎能不高兴？我们被通知到大渡槽两边等候，不能随便走动。中央领导人来到时，我看到他们从那边的桥头走到另一边，后来登上大渡槽参观。

往事现说

雷州青年运河各个渡槽工程结束后，我回到遂溪的机械厂工作。有人想调我到广州工作，我没去。因为双亲年岁已高，家庭生活困难。在修建雷州青年运河工程时，我一直跟着洪培燊在坡脊、莲塘口、书房仔、西海运河各个工地流转，得到他的关照。我以照顾父母为由，跟洪培燊说想调回廉江工作。在他的支持下，我顺利调回廉江工作，直到退休。

---

① 雷州青年运河建设期间，得到驻湛部队的大力支持。具体如下：①派官兵参加雷州青年运河工程各部门的领导工作。某军政治部主任李福尧担任雷州青年运河建设委员会委员，某团政委龚春富担任坡脊师政委，王振刚担任副师长，李芳担任渠首师副师长。②为运河工地训练民工爆破手。部队派出工程兵协助坡脊工区训练民工爆破技术，为大坝工区培养了一批爆破手。③参加工程抢险。部队派员参加鹤地水库堤坝抢险。1959年3月12日、16日，1400名官兵冒雨到达坡脊、大坝等工区，并抢建溢洪道，为4月3日堵导流渠奠定基础。某部队二支队1959年5月9日早上五点钟到坡脊参加抢险。王振乾少将、空军司令、海军副司令等带领几百名战士参加1960年6月30日鹤地水库的抢险，派出100多辆汽车抢运防风器材，战士从湛江坐火车到水库。④参加运河南段工程建设。1960年1—2月，部队相继派官兵到客路工区支援海康纵队、西埇工区支援界炮纵队，此外新兵连在西埇工区某工段参加两天劳动。⑤参加东海河大渡槽建设。1960年9—11月，部队相继派官兵到东海河大渡槽修建墩基，建军民友谊墩。何业老人所说的是部队官兵在大渡槽参加建设的情形。综合《雷州青年运河志》（内部稿）、《青年运河》、《东海河战歌报》相关内容。

从1958年开始修建雷州青年运河至1963年东海河大渡槽建成通水，历时5年，我全程参与。我由来自农村的运河民工转变为单位职工，相比绝大多数民工，我是幸运的。

鹤地集结号

郑贻东　口述

采 访 人：林兴

受 访 人：郑贻东（83 岁，遂溪县洋青镇上田头村人，农民。25 岁参加雷州青年运河修建工作，直至工程结束。其间在鹤地担任吹号手，还从事办公室工作）

采访时间：2016 年 4 月 10 日

采访地点：遂溪县洋青镇上田头村

采用语言：白话

协助采访：郑景珍

采访口述人郑贻东

转上鹤地

我自幼喜欢吹号，曾用木瓜枝学吹号，吹得嘴角皲裂。后来，通过自己编织草帽，攒钱买回一支唢呐。

1958 年端午节前后，我在离家一公里多的洋青圩附近修建雷州半岛青年运河渠道，后因农忙停工。再开工时，乡政府要求社里派民工到廉江县河唇修建鹤地水库。当时已经并社，私人没有土地，集体开展生产劳动。对我们来说，在家搞生产与去鹤地修水库一样都是干活，我们服从队长的调派。当时社里派出 30 多人前往鹤地，那些善于犁田耙地的社员留社搞农业生产。

在鹤地，民工吃的比家里社员好，但要突击开夜工，作息不规律；在家自由一点，日出而作、日落而息，生活、作息有规律。初期大多数人都愿意到鹤地修水库，后来办公共食堂，抽派民工更简单，若抽到不去的社员或逃跑回家的民工，就不准他们在公共食堂就餐。

鹤地号手

鹤地水库刚一修建，我就被抽派到鹤地工地了。因会吹号，我从马群连抽调到洋青团部，专司吹号。当时，民工生活集体化、行动军事化是通过吹号来实现的。吹号要求与部队一样，但号种没那么多，主要有传音号、起床号、吃饭号、（夜间）休息号、集合号、开工号、冲锋号、收工号，不同号调代表不同的意思，吹号节奏不一样。如：

起床号。慢节奏地吹：唆哆咪哆，咪唆唆哆。民工听号起床，洗漱完毕，有的民工没吃早餐就开工，炊事员送早餐到工地给民工吃，也有的民工回食堂吃早餐。

集合号。不紧不慢地吹：唆唆唆哆咪，唆唆唆咪唆，咪咪哆咪唆，唆唆咪唆哆。集合号响起，民工赶紧集合，干部点名检查人数。

开工号。开工号响起，已集结的成千上万名民工浩浩荡荡开赴工地。队伍中红旗飘扬，歌声响彻天空，场面非常壮观。民工们唱着《青年突击队之歌》等工地歌曲[①]。

冲锋号。急促用力地吹：唆咪哆唆唆唆，唆咪哆唆唆唆，哆咪唆唆哆。在鹤地工地，我每天吹很多轮的冲锋号，这是为了激起民工劳动积极性，提高工效。民工听到冲锋号，发起阵阵冲锋，飞快地冲向坝顶。

收工号。收工号响起，结束一天施工。工程紧张时，深夜十二点才收工。

吹号要起早贪黑，不轻松，吹完号后有时忙里偷闲，哪里方便哪里睡，山岭树荫底下、工地路旁都睡过。众多号音中，吹冲锋号最辛苦：一是它节奏激昂急促，音调浑厚，音节长，要鼓足气才能吹响，我现在吹不响了。二是经常搞突击打冲锋。一次突击，周期 2 ~ 3 天，每天打几次冲锋，一般是隔 2 ~ 3 个小时打一次冲锋，掀起 20 ~ 30 分钟施工高潮后，再恢复正常施工，像海浪那样有起有落。打冲锋时，我不间断地吹冲锋号，宣传员敲锣打鼓、摇旗呐喊，高呼“冲啊！冲啊！”民工听号，热情迸发，节奏加快。尤其是拉车的民工铆足劲奔跑往前冲，整个工地像汹涌的红色海洋。在此期间，我依次到各个突击队的工地，吹号鼓劲。每天这样打打停停、停停打打，长短结合，工效提高得快[②]。

在我们大坝师的工地，有 2 个人吹号，我是其一。洋青民工团政委杨彩光专门配发一块手表给我，按照规定时间去吹号，冬天起床号比夏天迟半个小时，民工闻号而动。

水库大施工初期，大家热情高涨，鼓足干劲，希望在年底完成水利任务。指挥部要求民工一天劳动 14 个小时，民工自己提出劳动 17 个小时。因此，有很多民工不待开工号响就去土塘开工；夜晚休息号吹响后，还有

---

① 工地歌曲还包括《社会主义好》《抢险歌》《运河福水流不断》等。

② 短期突击有大小之分。大的短期突击如 10 月的 4 次战役，各为期 3 天或 2 天不等（3 天突击，2 个晚上休整），战役结束，立即进行休整。运动此起彼伏，波浪式前进，收效很大。小的短期突击，即是每人战斗时，每隔 1 ~ 2 个小时，以团营或连为单位组织几次为时 20 ~ 30 分钟的小型冲锋。冲锋后，又转为正常的劳动。这种做法对鼓舞斗志、提高劳动效率起了很大的推动作用。从第三战役的 5. 77 方跃至 27. 3 方，工效提高了 4 倍以上。雷州半岛青年运河工程指挥部：《青年运河鹤地水库十月组织四个战役的经验》，遂溪县档案馆藏，3 - 长期 - A12. 9 - 048 - 005。

民工在月下或挑灯继续施工。

同甘共苦

洋青民工团分设 7 个营，民工有 2000～3000 人，干部有杨彩光、欧书记、何维业、瘸佬真、世方等①。包括从民工中抽调到团部工作的人在内，整个团部共有 10 多人。团部人员集中住在一座工棚里，工棚兼有办公、居住功能，这与普通民工工棚不一样。

因我吹号要早出晚归，为安全起见，欧书记给我配备一支手枪。早晚吹号时，我把手枪别在腰间。瘸佬真是来自广州的下放干部，有一次看到我睡觉时把枪放在枕头下。他想测试一下我的警惕性，走过来想把枪摸走。他刚将手伸进枕头底下，就被我一掌推倒在地，他连忙夸我反应迅速。

生活上，干部与普通民工一样，都在公共食堂就餐，6 人或 10 人一桌，同样的饭菜。不同的是干部一发工资，就会凑钱加菜，我们几个没有工资的民工跟着他们一起吃。刚开始食堂伙食比较好，可以吃米饭。有一段时间粮食欠缺，从米饭到白粥再到番薯干饭，最后连番薯粥都吃不饱了。团部领导也着急，想方设法改善民工的生活。有一次，世方骑自行车回队里，从社里带回 100 多只鸭子给全团民工加菜，改善伙食。在平时，民工很少吃肉，在物资非常紧缺的时期，这雪中送炭的举动，赢得了民工的支持。

---

① 杨彩光，时任洋青民工团团政委，工地报纸曾经以“带病坚持工作的政委——杨彩光”报道他的工作事迹；洋青民工团民工帮助当地民众秋收，当地民众将河边凡属于他们的竹木全部赠送给洋青民工团，并交来产权证明，洋青民工团政委杨彩光以“礼薄情长”为题写了一封回信表示感谢。《雷州青年运河志》（内部稿）记载杨彩光为副团长；欧书记即欧永观时任洋青民工团副政委（大坝工区）、副书记（那良工区）、纵队长（西埇工区）；其余不详。《大坝捷报》，1958 年 10 月 10 日第 1 版；《战讯——青年运河增刊》，1958 年 12 月 4 日第 1 版；雷州青年运河管理局：《雷州青年运河志》（内部稿），2015 年，第 409、418、421 页。

精疲力竭

工作上，团部领导虽然不像普通民工那样干苦力活，但这些干部也不轻松。晚上经常开会到深夜[①]，处理各种事务；白天既要到工地巡查，又要下到工地与民工突击队搞土方，想方设法提高工效。他们经常通宵达旦，休息时间比民工还少。我曾经跟何维业到挂钩竞赛的突击队工地做鼓劲工作，我吹号，他喊口号。如他先到甲突击队工地，问："你们能不能突破10个土方啊?"队员大声回答："能!"他又到乙突击队工地，问："你们有没有信心超过甲突击队啊?"队员回答："有!"他不断来回鼓劲。竞赛结束后，他又给失利一方做现场分析，寻找失利原因，有好几次在泥塘讲着讲着就睡着了。

染上伤寒

在鹤地工程后期，粮食开始紧张，民工吃不饱。民工收工回食堂稍微迟一点，就有可能少吃一碗粥。收工号响后，大多数民工坚持干完手中的活；但也有少数民工听到号声，把工具放在工地，就赶回食堂。我吹号回来，经常看到装载泥土的车子停放在路边。那些参加竞赛的民工，要为荣誉而战，别说收工号响起，连领导多次催促，也不肯停工。堵导流渠不久后连续下雨，水库水位猛涨，威胁到堤坝安全，指挥部紧急召集大批民工来抢险。无论白天黑夜、晴天雨天，民工都在抢筑堤坝，突击打冲锋，24

---

① 工地各级领导为鹤地工程通宵达旦工作的情况，工地报纸多有报道：①通宵开会提工效。1958年10月18日夜12点半，工地党委、总司令部召开了电话会议，各师各部门也连夜召开会议，具体研究和迅速贯彻"黄沙水库八项经验"的会议精神。大坝师各团政委、团长聚集在师部参加收听司令部工地党委的电话指示会议，深夜3点开始讨论，讨论会一直到天亮才结束，会后各团领导又跟民工到工地劳动。②子夜开会安民心。1958年10月28日晚8点，大坝师召开营以上领导干部和重点连干部会议，共有120多人参加，历时5个小时。③零时动员保安全。1959年5月21日晚10点，工地党委接到地委关于北方寒流到达雷北会降特大暴雨的电话通知后，即时召开紧急会议，于12点发出紧急动员令，为确保水库不出险，限于22日上午一定要将坝面全线抢高达38.5米高程。《战讯——青年运河增刊》，1958年10月19日第1版；《千条心　万条心　为了拿下十万关》，《战讯——青年运河增刊》，1958年10月20日第1版；《光荣·集体·胜利回乡》，《战讯——青年运河增刊》，1958年10月29日第1版；《为保卫雷北40万人民的生命财产而战》，《战讯——青年运河增刊》，1959年5月22日第1版。

小时有人施工，一个床铺由民工轮流换班休息。睡眠时间少，饮食不定时，饭菜时冷时热。有时民工吃了来不及收拾就赶去开工，食堂里锅碗瓢盆杂七杂八堆放着，地面到处是粥渍菜汁，蚊子、苍蝇到处乱飞[①]，饮食、卫生、管理跟不上，不少民工因此患上肠胃疾病。

我吹号给民工加油鼓劲，尤其吹冲锋号，每天吹得人要虚脱了，积劳成疾。在转战那良工地不久，我就感觉不舒服，浑身无力，时冷时热，胃口不好，饥饿时也会恶心、呕吐，在工地医院留医没好转。有一天，我对薛医生说："我现在很难受，如果还不把我送去湛江治疗，我可能顶不住了。"后经领导批准，第二天早上，我被送去湛江医院。到医院时，我已经不能讲话了。经检查是伤寒病，肠子差不多穿了。后来，医生跟我说如果再迟点送来，可能真的没命了。

在治疗期间，我的头发都掉光了。病情逐渐好转后，我食欲大增，但医生只准我吃一小碗粥，不敢让我吃饱，怕胀坏肚子。这样，我每天增加一点点米粥，直至能够吃饱。病愈后我又回到那良工地，得到队部领导的关心，他们特许我一餐吃两份饭，那是粮食最短缺的时候。领导的关怀让我无以报答，唯有更加努力工作。

雷州青年运河这么大的工程，施工主要靠人力与简陋工具，加上粮食短缺，成千上万民工高强度劳动，免不了出现伤残病故的现象。有像我这样积劳成疾的，也有施工安全出问题导致的，甚至有逃跑造成的。我在团部工作，对各种事故，有现场目睹，也有听领导通报。还有一些是民工传言，像夜间逃跑溺水、拉车撞伤等多为传言；因拾柴被雷击、打泥牛被砸等多为团部通报；民工黄毅被炸伤等则为亲身经历。

---

① 灭蝇是工地卫生工作之一，每天灭蝇以斤论，约55斤/天。除害方面，1958年9月至1959年12月16个月里，一共灭蚊642两，灭蝇26338斤。染上伤寒病与灭蝇工作差有关，如1960年2月初西埇工区黄略纵队有4个大队21个民工突染伤寒病，经调查，首要原因是"没有消灭蝇的滋生地，晒粪场在工棚、厨房周围，造成了蝇的滋生，成为伤寒的传染媒介，有3个大队蝇多，病例多"。工地医院：《1958年至1960年4月运河卫生工作总结》（1960年5月），雷州青年运河管理局档案室藏，70-21-67；《赶快做好伤寒病预防工作》，《青年运河》，1960年6月12日第2版。

采集奖品

转到那良工区劈山挖河之后，我不用吹号了，专门负责办公室的杂活，如订制奖品。有一次，队部[①]为表彰民工积极分子，派我到廉江县城订制一批衣服，衣服上印有“青年运河”等字样。那天晚上，我带着枪，叫2～3个人跟我一起从那良骑车去廉江县城，领回几百件背心。按照一、二、三等奖发给民工，一样的背心，但印制字样不一样。

在洋青大塘施工时，我当仓库管理员。开表彰会发放的奖品都是经我手，奖品有厚笠、薄笠、背心、毛巾、口盅等。得到奖励的积极分子多数是突击队员，他们思想好，工作积极，身体壮实，经常参加各种各样的竞赛。另外，还有自行车等大件奖品，这是奖给大队集体的。

建库开河

在整个雷州青年运河修建期间，根据工程进展，我们洋青民工分别在三个地方施工：

第一，修建鹤地水库期间，直属大坝工区（师）。初期铺路搭桥，后来清基、挖排水沟、清淤泥、填筑大坝。大坝工区有好多个民工团在施工，大坝几百米长，每个民工团施工不分段，只负责将泥土运上堤坝并卸下。

第二，修建运河北段工程期间，洋青民工分在那良工区，负责挖通规定长度的河床。

第三，修建运河南段工程期间，洋青民工分在西埇工区，负责洋青大塘的填筑以及后湖河段的填筑和开挖。

从施工时间来看，三个地方的工程，最耗时的是鹤地水库，其次是洋青大塘，最短的是那良的运河北段。

从艰苦程度来看，运河北段最艰苦，鹤地水库次之，洋青大塘最为

---

① 1959年9月雷州青年运河工程转战运河北段，民工组织取消军事化管理，师、团、营改为工区、大队、中队。这里的队部是指洋青民工大队部。

轻松。

运河北段的艰苦，表现在三个方面：第一，劳动强度大。泥土坚硬，以花岗岩石为主，通过爆破才能开挖。第二，施工环境逼仄。路短坡陡，动辄 50°～60°的坡度，从河底到坝面，最多有 7 级平台，拉车艰难。第三，粮食短缺，吃不饱。

鹤地水库工程量大。围堰截流抢工期，冒雨抢险保安全，搞突击、打冲锋、开夜工是常态。初期，民工劲头足，大部分时间粮食供应充足；但随着工程建设的时间拉长，粮食欠缺，导致民工心理疲惫。

洋青大塘土方以砂质泥土为主，不用爆破来取土，离家近，基本不开夜工。

在修建后湖水库时，我经常踩自行车上鹤地拿雷管来炸泥。这里的工程是挖方，非填方，且地处螺岗岭火山爆发区，底下花岗岩石多，必须用炸药松土。其他的支渠、斗渠则为自己的田园修建，民工积极性高，利用农闲时期即可修建。

因此，相对于洋青民工而言，我们俗称的“筑运河”，主要是指远离家乡修建鹤地水库和在那良开挖运河北段的工程，那是一辈子最艰辛的经历。

往事现说

修建雷州青年运河无论对我个人还是整个社会都有好处。

先说对我个人，有两个好处：一是给予我一个改变身份的机会，可惜我没有把握住。雷州青年运河作为民办公助工程，民工付出了几年义务劳动，工程结束后他们又回到农村参加农业生产。而我则被抽调到洋青公社工作，当时公社出纳想到生产大队当支部书记，他希望我接任出纳工作。但我不识字，公社认为我无法胜任这份工作，就安排我当通讯员收送文件，每天骑车来回县委、地委。几年下来，某公社领导很认可我的工作，准备把我转为正式人员，后因其他事情我转正的事被耽搁了。我子女多，家庭劳力少，在公社工作每月十几二十块钱的工资对家庭于事无补，家庭严重超支，我便回到农村务农。

二是在鹤地专司吹号，吹号技术娴熟。我回来后参加农村剧团，改革开放后，参加红白喜事活动，主要是做斋，前几年，一次收入400~500元。凭借这项技艺获得的收入确保我老年生活无忧，有时候也收获不少乐趣。我经常到周围乡村参与红白喜事活动，村里老人久闻我在鹤地的大名，开玩笑说："当年恨死你了，天没亮就吹号催我们起床，觉都不能睡足。肚子饿了，想你早点吹号收工、吃饭，可你迟迟不吹号。"我笑着说："我现在也不想吹。"

对社会来说，修这条运河益处很大。农田、坡地都得到运河水的自流灌溉，我们村距离运河主渠2~3公里，通过几条干渠，村前村后高地势的园地都可以放水灌溉，种植水稻。像有条干渠，蜿蜒连绵几公里，一路灌溉鸭乸塘、东塘、陈屋、高岭、车路头、马群、上田头、古村东等村庄的一大片坡地，结束了他们以番薯为主食的历史。现在不行了，这些大小灌渠废弃的废弃，毁坏的毁坏，只能靠打井抽地下水来种植经济作物。

回想自己当年号令工地、腰别手枪、威风凛凛的鹤地经历，精神上得到慰藉。听说现在雷州青年运河管理局正收集当年民工的资料，想把他们的名字印刻在渠首。自工程结束后，我几十年都没去鹤地水库了，等孙子们春节放假回来，叫他们开车带我去鹤地水库走一走，看一看，遂了多年的心愿！

运河改变人生

杨　炎　口述

采 访 人：林兴

受 访 人：杨炎（72 岁，遂溪县洋青镇外村塘人，农民。15 岁参加雷州青年运河修建工作，直至工程结束。其间从事过打石、焗炭、拉车子等工种）

采访时间：2015 年 8 月 19 日

采访地点：遂溪县洋青镇外村塘

采用语言：雷州话

协助采访：宋子青

采访口述人杨炎

响应号召

修建雷州青年运河那年，我 15 岁左右，村里要召集一批人去鹤地修水库，有没有主动报名去的我不知道。生产队队长需要根据他所掌握的信息抽调人选。无论抽到谁，都要服从安排。在抽派的几十人当中，我最年轻。大家带着被褥行李，步行去遂溪搭火车前往鹤地。

永不服输

在工地，天一亮，军号吹，广播叫，催促大家起床、洗脸、吃饭、开工。连长布置当天任务，带领大家去工地。白天劳动八九个小时，中午有时回工棚休息，晚上通常加班到深夜。

在鹤地做土方工程时，我干过挖、装、运等工种，觉得拉车比较辛苦。这种辛苦不在于泥土轻重而在于心累。我年纪小，2 个人负责一辆车，一车泥土有三四担畚箕的量，约 200 斤重。一人在前面将绳子绑挂在肩头往前拉，一人在后面推。后期，堤坝差不多筑有 20 米高，我们沿着蜿蜒盘旋的坡路拉车上坝，不太费劲。从早到晚，我们都在拉车运土，路道上车子跟流水一样不断驶过。大家你追我赶，拼命拉车往前冲，稍微走慢一点就会被后面的车子追上撞到。路道上没有人监督、强迫你拉着跑，整个车队都在跑的形势逼着你也要跑起来，长时间不停歇地拉车让人心累。

累归累，大多数民工拼命干活。我们村有一个叫世权的民工，人小力气大，有活总是抢着做。他出勤早，可以挑选一辆顺手好拉的车子。拉车时，土装满，跑得快，车子没停过。这种平板车子，木质车轴，没有滚珠，容易磨损，好几辆车子被他拉坏了。他曾讲过一句话流传至今：天无散暗，我做更多[①]。每次评奖，他都获得厚笠、薄笠的奖励。

我尽管不如世权有力气，但我性格倔强，永不认输，说干就干，干起活来不可能有十分力气只出七分。当然，总会有一些人偷懒，但想通过装少一点、挑少一点、走慢一点来偷懒是行不通的。装土时，土塘里那些人会给你装得满满的；你走慢一点的话，会挡住后面人的路，容易相撞。有人通过喝水、抽烟、上厕所拖延时间以停歇一会。路道旁有抽烟处，如果多人停在那里轮候水烟筒，干部会督促、提醒他们赶紧干活。

① 雷州话，意思为如果没有黑夜，我可以拉更多车泥土。

冲锋抢险

在施工时，为了提高工效，干部经常组织我们突击打冲锋。红旗插遍整个山头，喇叭声、锣鼓声、呐喊声、冲锋号声、加油鼓劲声响遍山头。在这震耳欲聋的声音鼓舞下，民工犹如雨前蚂蚁归巢一样，浑身发热，无论年龄，忘记饥饿，不顾疲惫，巴不得让全身力量迸发出来，跟着节奏把手中的活干好。冲锋一次的时间为半个小时到一个小时，过后恢复正常施工，一天冲锋好几次。有个时期，为加快工程进度，几乎天天突击打冲锋①。那时候，经常有各种各样的施工现场检查，上面有人来参观、检查，队里提前告诉民工准备好。民工发起冲锋，跟电影中解放军冲向敌人的阵地差不多。突击队冲锋尤其猛烈，容不得半点儿戏，突击队员获得的奖励比我们普通民工多就是这个原因。

我记得我们是在清明前后堵塞鹤地水库的导流渠。那个时期，民工归家心切，想请假回去祭祖，但一般都不准请假。堵塞导流渠后，水库开始蓄水，然而天公不作美，连连下雨。堤坝还不够高，但库区水位猛涨。当时参伯是民工营长，天天用广播喊："水又涨了多少公分，如果水位再涨高，会把堤给冲毁，水库白建不说，安铺、横山下面几个公社几十万人就会被洪水冲走。"我们风雨无阻地紧急抢险，戴草帽、穿蓑衣，拉车挑担填筑堤坝。民工穿着蓑衣不方便干活，便脱下蓑衣，冒雨干活，全然不顾全身湿透。道路泥泞，车辙变深，拉车艰难，民工便赤脚挑担上坝，脚掌

---

① 1958年10月，鹤地水库工程连续打了4个战役，平均工效分别为3.73方、7.15方、13.8方、27.35方。11月又打了4个战役，这期间以上坝填土为主，前两次战役工效在3~5方之间。第三次战役平均工效22.13方，第四次战役平均工效11方。从10月初开始到11月20日，不到2个月共打了8个战役，每人平均工效由1~2方直线上升到26~27方，日总进度由1万~2万方直线上升到20万~30万方。每突击一次，为期3天或2天，之后休整2天或1天；小冲锋以团营连为单位，每隔1~2小时组织一次，为时20~30分钟，之后转入正常劳动。《乘胜追击　再打四个战役　夺取渠首　攻克大坝　拿下防护堤——提前五天完成秋前任务》，《青年运河》，1958年10月31日第1版；《分析形势　讲究战术　一定打好第三战役》，《青年运河》，1958年11月11日第1版；《狠狠放右倾　狠狠抓工具——把第四战役打得更出色》，《青年运河》，1958年11月19日第1版；《思想插红旗　工具大改革——第四战役又告大捷》，《青年运河》，1958年11月23日第1版；指挥部：《鹤地水库秋前施工工作总结报告》（1958年12月21日），雷州青年运河管理局档案室藏，19-3-21。

没入泥泞，有时踩到硬地面，脚底打滑摔跤。坝面积水，民工排水拦土，防止泥土流失。食堂为节约干柴草，无法足量供应开水，我们民工以雨水解渴。屋漏偏逢连夜雨，工棚漏雨，棚顶滴水，弄湿草席草垫，我们下夜工回来都没地方好好睡觉。抢险期间一连串的遭遇，搞得民工既疲惫又狼狈，感冒发烧打冷战的人增加[①]。各级干部也冒雨巡查、检查、评比、催促，谁都不敢掉以轻心。杨庆最积极，经常巡查鼓劲。如果有谁稍微慢些，他就直接帮着干。他带头拼命干活，民工也不好意思不努力了。说到杨庆，我想起在鹤地打石头、掘树头的事。他安排我去打石，让我学会了打石，这改变了我后来的生活。

抡锤打石

我有两次打石头的经历：

第一次在丹兜。干部调派我到靠近广西的丹兜石场[②]采石。采石不像打炮穴那么简单，有的块石用来砌堤坝防浪墙，不要求规格；有的块石用来砌礅，要打成一两百斤重的规则四方形。对不能用炸药炸裂的巨石，只能靠人工来打。石工要经过察纹、凿孔、砸裂、撬开、雕刻、堆放、装车等工序，都是重体力活。采石生产任务重，作息时间不规律，一般人是熬不住的。

第二次在实荣。运河规划线路经过遂溪城月的实荣村，那里的地下有一大块石头，用打石行话来说，就是一条大石梁横亘在地下，必须打掉它运河才能开通。打石时，必须两人组合，相互轮换，一人扶着铁钎，四周

---

① 由于气候经常变化，冷热不定，雨水较多，但民工干劲冲天。他们提出“小雨当出汗，大雨当冲凉”，下大雨也不愿收工，再加上工棚漏雨，引起住地潮湿，晚间因没有床板睡于地下，容易受冻着凉而感冒。1958 年 9—11 月因流感差不多有 2000 多民工不能出工，1959 年感冒人数 9538 人。卫生保卫处：《鹤地水库工地卫生工作报告》（1958 年 11 月 1 日），雷州青年运河管理局档案室藏，19 - 6 - 58；工程指挥部：《雷北县水利工地 1959 年卫生工作总结》（1959 年 12 月），雷州青年运河管理局档案室藏，59 - 12 - 22。

② 鹤地水库两个石料产区之一，1958 年 6 月 4 日成立，民工主要来自良垌、新民、石岭、横山、塘蓬、吴川、化县等地。《关于成立丹兜打石工区启事》，《青年运河》，1958 年 6 月 21 日第 2 版。

转动；另一人抡起16磅大锤，打击铁钎，打出有一定深度的圆形石穴来装炸药。初时，经常出现伤人现象：一是打飞出的石片、石碎划伤人；二是铁钎震动、铁锤反弹会把石匠的虎口震裂，也有人不慎被铁锤砸到手脚。掌握关键技术后，熟能生巧，打石就轻松多了。打好炮穴后，有人专门负责装药引爆。每爆破一次，我们得打好数十个炮穴。准备爆破时，我们躲到安全的地方，顺便休息。

星夜焗炭

有段时间，团部抽调我和西田新村永贤（音）、洋青圩恒境（音）及沙古的民工，负责掘柴头[①]来焗木炭，供应给团部铁木厂。其连的打铁祥等人在铁厂里打造十字钩、锄头、铁铲、铁钎等工具。有时晚上焗炭要守窑，团部领导要求我们专心焗炭，不用参加其他工种的夜班。

我们每天的工作就是掘柴头和焗木炭。掘柴头时，我们一整天都在野外忙碌，挑着畚箕，扛着锄头、刀斧，到岭头寻找干枯的柴头。山岭到处都有柴头，我们要择优而掘。像苦楝树等不够结实的柴头，焗出来的炭质量差，我们弃之而去；像柏树等这些结实的柴头，焗出来的炭耐火，我们专找这类柴头来掘。焗木炭时，我们把柴头放进砌好的炭窑里，燃烧到一定程度，根据炭窑吐出的火苗判断火候，凭经验判断火候成熟时，封闭炭窑。柴头的水分被炭窑余热去掉，碳化成木炭。

我们没有固定任务，但必须满足铁厂每天的生产需要，还得余留部分木炭以防止雨天无法外出掘柴头焗炭。我们工作也不轻松，要寻找树头但不能滥伐树木，挖掘根深结实的柴头非常消耗体力，不过可以停歇，比拉车上坝自由得多。

在这期间，有两点给我留下深刻印象：一是吃不饱。我外出掘柴头总是早出晚归，用餐时间与其他民工不一样，不能按时用餐，一个人要么早吃要么晚吃。食堂分派给我的饭菜很少，根本吃不饱。二是开夜工。晚上

① 雷州话，即干枯树根。

焗炭守窑期间，只要安排妥当，我们4人可以轮流回工棚休息。有领导看到我在睡觉，要求我跟其他民工一起去开夜工。我说："团部要求我们专心焗炭，可以不参加其他工种的夜班。"该领导说："团部规定归团部规定。在工棚里，你归我管，我要你参加夜班你就去。"在他的教育下，我要么回去守窑，要么跟随大部队去开夜工。

食堂打赌

在鹤地，我们普通民工不用操心后勤的繁杂事，只管干活，但经常挨饿。全洋青团办一个食堂，饭菜定量供应，2钵6个人共吃，中钵盛饭小钵盛菜，能不能吃饱就看装饭技巧、吃饭快慢。当时自带口盅装饭，第一次（盛饭）盛一半，第二次就拼命盛，不好意思压成谷堆那样高出口盅，但压得结结实实。有的民工为了多盛点饭，压实米饭时因用力太猛而把口盅把柄弄断了。有些人伎俩多，端饭菜时，偷偷把饭菜藏起来，然后再去端一次，结果6人吃4钵饭菜。

2钵饭菜的量具体有多少我忘记了，但记得有一次，民工打赌：如果2人能把2钵饭菜吃完，就让给他们俩吃；如吃不完，就请另外4人2次夜宵。结果这2人把2钵饭菜全吃完，并说还能再吃。这说明当时民工确实饿，6人吃2钵饭菜才刚有饱意，菜缺少油脂，难以支持几个小时的繁重劳动。后来，为改善民工伙食，食堂节省菜金，开荒种菜，利用淘米水、老黄菜叶、荒山野菜以及残余饭菜来饲猪养三禽，逢年过节喜庆日子给民工加菜，这样民工才有点荤菜吃。

往事现说

修建雷州青年运河，对我们村来说作用不大。一来我们村靠近文相河，水田较多，正常年份粮食比较充足；二来我们村位于外坡干渠末端，运河水量不足，很多坡地无法放水灌溉。大小河渠建成初期，曾经可以放运河水灌溉田地来种植水稻、番薯、甘蔗、花生等农作物。后来运河水越来越少，前面村庄有人把运河水拦截起来灌溉他们的田地，水流不到我们这里。但其他如外坡、洋青、其连、水流、鸭㟖塘等地方可以放水灌溉，运河水改变了洋青公社的生产环境。从这几十年的发展来看，我们当年修建运河值得。

我本人没文化，修水库期间掌握了打石技术。改革开放初期，生产队让我当领头成立打石队。我通过打石赚钱，用来贩牛、开饭店、开荒、种树等，算是村里第一批富起来的人，因此别人给我起了“石头炎”的绰号。

从溢洪道到运河桥

韩卫兴　口述

采 访 人：林兴

受 访 人：韩卫兴（92 岁，遂溪县北坡镇北坡圩人，农民。建库开河期间，主要从事水工，参与建造鹤地水库堤坝防浪墙、东海河大渡槽、西运河溢洪道、桥梁。多次荣获厚笠、薄笠等物质奖励）

采访时间：2023 年 9 月 9 日

采访地点：遂溪县北坡镇北坡圩

采用语言：白话

协助采访：卜英才、刘雷兴、陈家兴

采访口述人韩卫兴

请缨上阵

土改后，我参加乡里打井队，打沉箱井时，学会水工技术，懂得一些水利的工程设计。扫盲期间，我 20 岁读一年级，一年后跳级读六年级。

小学毕业后，到遂溪县机械厂当学徒。1959 年，厂里要下放一些工人到农村。当时国家大搞水利建设，很多人恨不得去雷州青年运河首脑工程——鹤地水库工作。我听说鹤地水库铁轮机队[①]招收学徒，我喜欢开铁轮机，便主动申请参加鹤地水库建设，想学开铁轮机。工地领导知道我会水工，便抽调我参加建设溢洪道水工小组。我心里不好受，领导安慰我说不用担心没有铁轮机开，先做完水库再说。

我来到鹤地工地当天，有两件事让我印象深刻：一是民工溢洪道发生爆破事故，我目睹事故善后工作的处理。二是堤坝已经做到水关，即堤坝已筑到水位警戒高度。水位再升高，就会被淹没。工地指挥部紧急追加民工来筑坝、砌防浪墙，挖通溢洪道排洪，确保水库安全。

建溢洪道

溢洪道建在一座小山丘上，通过爆破将山体炸开，搬走土石方，建滚水坝、消力池。为了深挖溢洪道，放大炸药爆破。说真的，当天看到那种情景很害怕，但想到这么大的工程造成一些损失也是难以避免的。我坚持干下去，为的是带水还乡搞好生产。我在建设溢洪道期间，做了几件事，有的事让我引以为傲：

第一，参加溢洪道基础设施建设。溢洪道的岭头要不断爆破，炸松并搬走土石方，建造滚水坝、消力池。泄洪时水是顺着道床直冲下来，前水慢后水快，形成滚浪，必须做一些凸拱滚水坝减缓水的流速，类似现在公路的减速带。溢洪道有三道滚水坝，从河底往上数，河底是第三道，滚水坝过后就是消力池。第一道滚水坝是北坡团民工做的，它比第二道、第三道滚水坝要大，否则无法抵挡水的冲击，一秒钟能冲下 900 立方米水。

我除了参与建造滚水坝外，还在溢洪道闸门柱墩砌石头，做五条柱墩

---

① 铁轮机即拖拉机。1958 年 9 月 13 日，一支由 24 部拖拉机组成的拖拉机队伍，从徐闻县赶往鹤地水库工地，支援青年运河建设，承担坝面压实的工作。一年多来，培养了三批机械人员，共 332 人。黄金：《战斗在工地的一支机械队伍》，《青年运河》，1960 年 5 月 30 日第 2 版。

的横头[1]，中间由其他人砌，当时很多人一起工作。水工有各种工序，像挑沙、运石、搅拌、浇筑我都参加过。如搅拌混凝土，我们一天一般要搅拌 100 多槽[2]。我这组工作细致，质量好，遇到风浪也没有什么损失。

当时溢洪道施工进度跟不上要求，因为我们是按照原来的设计方案施工，在溢洪道坝面的边缘砌干石，但这些干石总是被风浪冲毁。于是，我提出倒水泥的建议，被技术人员接受。

第二，提出建设溢洪道的技术建议。这是我感到自豪的地方，觉得自己为雷州青年运河工程做了一些贡献。溢洪道通过爆破搬走土石方后，先做滚水坝，后做消力池，把消力池做成渔网式，防止滑。我说："这样不行，将来泄洪时，嘀嗒一响，900 立方米水冲下来，冲过滚水坝，由于水在消力池周围回旋，会冲毁消力池的。"工程技术人员问我作为一个民工，怎么懂得这些知识？我说："我虽然是民工，但以前打过井，做过水工，搞过水利工程。"后来工程技术人员遇到问题经常来找我，说："丑鬼佬啊（我在工地的绰号），你来看看溢洪道这样做如何？"我说："不够坚硬，最好倒 20 公分厚的混凝土，从底部浇筑到坝面，保证滚水坝安全。"工程技术人员在很多方面都接受了我的建议。事实也证明我的建议是正确的。

回想起当年建造溢洪道，现在还打冷战[3]。鹤地水库断导流后，库水一天比一天高，堤坝填筑到 38 米高程时，广西下大雨，库水猛涨，一夜之间，库水冲上部分坝面，堤坝承受的水压太大，随时有被冲毁的可能。

---

① 白话，即柱墩四周边缘。

② 在水工方面，过去每个工作日搅拌混凝土只有八九十槽，这三天内一般都达到 120 槽，最多的是雷北建筑公司的第八组，达到 150 槽。梁琼添：《拿下滚水坝　挖通溢洪道》，《青年运河》，1959 年 5 月 29 日第 2 版。

③ 据纪实文学《银河纪事》描述：（溢洪道）钢板闸门未做好，道床、滚水坝正在施工，只好在闸口前筑条土坝拦住洪水，暂顶闸门用。而上游的洪水却如天河决口，源源不断地滚过来，以可怕的压力冲击着土坝。道床下边，几千人正在拼命赶工。……就在这紧要关头，传来了一个落地炸雷似的消息：溢洪道闸口的土坝渗水了！……潘工程师提起脚向土坝一踩……说："至多能顶得住三个钟头"……眼前土坝一崩，万丈水头几秒钟之内就会冲下道床，不但在那里施工的几千人逃不出一个，而且将要冲崩土层，挖空道床基础，使整个溢洪道建筑物轰然倒下；那时候，水库完了，下游几十万人马的生命财产也要遭受惨重的损失。朱崇山：《虎口拔牙》，《银河纪事》，广州：广东人民出版社，1962 年，第 71 – 72 页。

可溢洪道还没建好，又不能不排洪。结果，排洪时把滚水坝下面的消力池冲出两个十几二十米深的大窟窿[①]。因为原来的施工受不了水的冲击力，洪水太大，嘀嗒一响，900 立方米的水冲下来，什么都顶不住，就会冲毁水泥面及底下的地层。

没办法，只能重修溢洪道，火车运石头到工地，我们卸石头，然后运石头、抛石头、铺石头、搅拌砂浆、灌注砂浆，同时又抛石块到窟窿里，先往底层抛方块石，再抛入大石头，不然顶不住每秒900 立方米的水的冲击。浇筑水泥浆后做好第一道滚水坝，接着才能做第二道、第三道滚水坝。施工完成后，由于水位继续升高，不得不放水，当水冲下来时，又有某些地方被冲毁，但原来的两个窟窿完好无损。

随后，工程师出入与我握手、向我问好。带着我一起看溢洪道施工，填塞窟窿。我又做了消力池垫层平台，检查是否合格。在鹤地水库做土方的民工撤走后，我还继续修建溢洪道，直到溢洪道能够安全排水才离开鹤地。

挥刀挡水

在鹤地工地，我是北坡团民工，北坡负责填筑副坝，我在副坝施工。我没做过土方，只做水工，除了副坝，主坝、西一、西二、三八等坝我都做过。三八坝是妇女做土方，洋青民工也参与。说到建鹤地水库的民工，在大坝工区，比较辛苦的就是北坡、杨柑、洋青的民工，因为这几个公社承担的坝段是最主要的。

堤坝填筑好后，我在迎水坡砌石。有人说，砌近水面。我说，如果砌近水面，风浪一来，库水一冲一拉，就把石头拉进库内。砌石做防浪墙要

---

① 综合《青年运河》1959 年6 月9 日、14 日的报道：1959 年6 月2 日下午六时，完成第一道滚水坝和第一个消力池，4 日下午一时半开始溢洪。6 月12 日，陈华荣在团政委会上总结发言："前几天，我们冒险放水了，对我们工程有一定的损失。如我们不抓紧重修，洪水到来就会影响溢洪道安全，几十万人的生命财产就会遭受严重威胁。"《溢洪道第一个滚水坝完工　六月四号下午开始溢洪了》，《青年运河》，1959 年6 月9 日第1 版；陈华荣：《想尽一切办法争取七月底完成上游工程》，《青年运河》，1959 年6 月14 日第2 版。

距离水面一米，跟人一样高，即使水冲上来，也冲不走泥土。砌防浪墙时，原来的施工方案是干砌石头。我提出：这样用石头砌，由于库水太多，水浪也很大，单靠砌石头，顶不住水浪的冲击，不断荡漾，一个浪打过来石头就被冲走了。当时，工程师很紧张，问我怎么办？我说用水泥、4~6公分的石子，浇筑20公分厚，防住水浪，再在上面砌石头。我们负责的堤坝，按照我的方案，在迎水坡一面浇筑20公分水泥后，再砌防浪墙，风吹浪打，库水冲上退下，都不能冲走坝体泥土。这表明我们的施工质量很好，没出现什么危险。有的堤坝利用岭头的岩石做底层，水库的水不停荡漾，水浪把岭头的泥土冲蚀，堤坝沉降。最后，只能重新填补，排干水，削平山头，抛下石头，按照我提出的施工方案重新填筑堤坝。

我虽然是民工，但对鹤地水库做了自己的贡献。尤其在防浪墙的建造上，我提出了很多建议，工程师也接受了。我做水工时，在很多堤坝砌过防浪墙，18条坝，我都走过。

对比土方和石方，做土方要不停歇地拉，非常辛苦；做石方虽然可以停歇，但也非常艰难。所砌的石块，有的一块重达200多斤，又大又重，需要撬、移、搬、运，很费时间。一天砌几平方，一平方至多4块石，一般是一天20块石。有时候为完成任务，要通宵施工砌石。

桥墩师傅

我在鹤地做水库时一直没回过家，有两个春节是在工地度过的。有的人无故离开工地，我认为没必要，既损人格，迟早又要回来。我在溢洪道工程完成后，才离开鹤地水库[①]。

离开鹤地，我来到西埇做水闸，大渡槽工程开工后，我又被抽调到大渡槽做工，大家见到我很高兴，因为在水工方面，很多人称我为师傅。在大渡槽，我做了两件工作：

---

① 溢洪道工程于去年十二月十五日胜利竣工。《溢洪道工程全部竣工》，《青年运河》，1960年1月8日第1版。

第一，操刀砌石建槽墩。槽墩的石头是通过搭架搬运，即用土办法以简单的滑轮拉石头上去。我蹲在槽墩边缘搬卸石头。

第二，指导民工砌槽墩。我的技术过硬，他们很尊重我。有女民工倾慕我，我觉得自己都不知道将来如何，不能耽误人家，没回应对方。待桥墩砌到一半，我回到西运河做工。

说起在西运河砌桥梁，真是皮脱一层、骨头散架。青年运河主渠从鹤地水库引出，到城月实荣那里分东运河和西运河。东运河往海康的客路、雷城方向，西运河往遂溪的北坡、河头、杨柑、草潭以及海康的纪家、唐家、杨家、企水等地。

我回到西运河工地，指挥部抽调我加入水工小组，负责遂溪境内的实荣溢洪道、运河水闸和公路桥墩的建造。我在实荣的溢洪道做了大量的重要工作，因为说起水工技术，工友信服我。实荣地底埋有一块巨石，通过爆破，能供应整个西运河所需要的石方，像下担、茅塘、河头等地的公路桥所需的石方都来自这块巨石。

在建造运河桥期间，我主要负责河中桥墩砌石，这类桥墩既要砌得美观又要砌得笔直，不能弯弯曲曲。西运河遂溪县境内的公路桥墩砌石，我也参与了，具体砌了多少座桥我没统计。我只记得砌得最辛苦的是茅塘公路桥墩，现在该桥已重建，高度也降低了。该公路桥原来是拱形桥面，先在地面浇筑钢筋混凝土拱形模型，再用滑轮吊架把拱形模型吊放到桥墩安装。我带着三四个工友砌桥墩，每座桥墩都是我起头，砌好四周，中间由其他人砌，一个人砌一座桥墩。砌桥墩很辛苦，我要蹲在桥墩上，一边砌石一边不断移动石块，那石头有的几百斤，有的是三角形，不符合砌桥墩要求，这时要修整，打掉一角。当时经常搞评比，争先创模，为争取成绩，大家连续施工，几日几夜不睡觉。白天，开展修整、打磨、移动、升高石块等工作，砌桥墩；夜晚，我们挑石头、搬石头，不敢砌石，怕危险。

我们日夜砌石，是为了早日完成运河工程，放水灌溉。西运河修好后，工程就结束了。

茅塘运河桥（新建）

往事现说

建库开河期间，我得过许多奖励，包括奖状、厚笠、薄笠；也吃过不少苦，砌运河桥时，天天吃番薯干粥。这是我自愿的，因为我是厂里第一个主动申请参加运河建设的。但我不后悔当时的选择，那时年轻，身体好，大家一起完成运河工程，放水灌溉农田，搞好生产，改变生活。

运河工程结束后，我回到公社农机站，实现了开铁轮机的愿望。我开烂了三部铁轮机。这印证了领导那句话：做好水库，铁轮机任我开。

在开垦耕地时，看着运河水哗啦啦流到田间地头，心里说不出地高兴。想着以前没修运河时，这里经常大旱，农作物歉收。我们做好运河，保证了农业的丰收。谁知道几十年后，农业很少用运河水了，运河水只用来调节空气，这算是生活的新变化吧！

特殊工种

筹粮能手

杨恒友　口述

采 访 人：林兴

受 访 人：杨恒友（83 岁，遂溪县洋青镇文相村人，农民。26 岁参加雷州青年运河修建工作，直至工程结束。其间从事过清基、拖泥、拖树、事务长等工种，劳动中一只眼睛受伤，后失明）

采访时间：2015 年 7 月 21 日

采访地点：遂溪县洋青镇文相村

采用语言：雷州话

协助采访：杨春利

采访口述人杨恒友

初上鹤地

我是1958年六七月去鹤地修水库的。我当时参加公社里的基干民兵组织，上级要求选派一批基干民兵前往鹤地。我上到鹤地时别人已经搭好工棚，工棚搭建在山岭四周。白天参加除草皮、清基等工作，夜间放哨、站岗，负责工棚、工地安全，防火、防盗、防民工逃跑。

为了给水库大坝提供合格泥土，必须及时把取土岭头的草皮、草根等杂物清除。草皮清出来后，用车子拉到低洼处，平整路面，让路面板结，避免车轮下陷，使拉车省力一些。做这类工，饭任吃饱，准备好开水给你喝，但不得停歇。我是一个自由自在的人，无法忍受在岭头周而复始地干这种单调的工作。我对干部说：不行，不行，我不想吃这碗饭了。我亲人在新中国成立前参加革命[①]，新中国成立后，有的担任洋青乡领导，他们与洋青民工团领导熟络。团部领导照顾我，派我去拖树木。当时每个团都设有一个木具社，负责制造、修理工具。工具包括车子、锄头、铁铲等。我拖树回来给锯木厂制作车板，再把车板送到木具社制作车子。

顺流而下

到哪里拖树我已忘记，总之是非常远，几乎是水库尽头的地方。据我所见，有200～300人专门拖树。指挥部专门安排一部分人到处砍树，树是免费砍还是花钱买我不清楚，估计是免费砍伐，因为当时已经公社化。那些樟木、杉木、松木、杂木，都是参天大树，树径要好几个人手拉手才缠绕得过来[②]。

---

① 口述者哥哥受其舅舅韩盈烈士事迹影响参加革命工作。韩盈、钟竹筠夫妇于1923、1925年加入中国共产党，分别是广东南路遂溪县党组织和广西防城港党组织的创建人、第一任党支部书记，两人先后于1927、1929年被国民党反动派杀害，留下不满3岁的儿子由口述者母亲抚养。

② 鹤地工地所需要的木材来自水浸区及以外的产木区，主要通过购买方式获得木材。孟宪德在1958年5月5日指出：木材主要靠本地（包括北海、湛江、茂名、阳江4市）解决，开建水库时已准备1000立方，共需要38000立方，必须从阳春、阳江、信宜运出。1959年3月推行工具改革，要求各个公社自行生产杂木600立方并运至各个工地，木材需要派员到产木区并自带工人去砍伐运回，水浸区也是如此。因此老人所说的水库尽头属于水浸区。当时坡脊工区有民工用15公分厚、20公分宽的方木制作木轨，说明树径巨大。中共雷北县委：《关于各公社木材生产与民工任务分配表、器材工作总结》，遂溪县档案馆藏。

砍下来的树用绳子一根一根绑着，推到九洲江里。我在江边拉着绳子控制方向，利用流水把树拖回去。如果处理不好，拖树也有危险，我就遇到过两次：

一次是回到风车坛（音，风车坛是用来打风车碾米的）。树木受阻于风车坛，树枝与风车坛交错，我们用尽力气也无法把树拖过江，后来树沉下去了。

另一次是大雨过后，我们拖树回到工地，天还下着蒙蒙细雨，江水上涨，淹没铁路桥，受困江水，我们无法拖树过铁路桥，还差点被水冲走。

拖一次树，耗时两昼一夜，为安全起见，一般是 2 个人结伴而行，带着粮食、被褥，还背着一捆绳子。晚上路过村庄，就借村民泥罐、木柴生火煮饭，一般夜宿在晒谷场，但也会遇到好心人。

有一次，我们拖树路过一个村，在村里转来转去，想借个地方好好睡一觉，因为我们拖树的基本都是风餐露宿。有一位老人见到我们，用涯话问我们来干什么，我们已经在上面做工一段时间，听得懂一些涯话，我们用半涯话半雷州话比画交流。老人得知我们是鹤地水库民工，拖树路过此地，便说："依啊，外面蚊子多，要不，你到我厨房煮饭，到蚊帐床睡觉。"我们客气一番后，领下老人好意，在他家里煮饭、过夜。自从到鹤地以来，我们就没睡过有蚊帐、木板的床，这是一次难得的享受。

鸡同鸭讲

洋青团民工大多数讲雷州话，有些人甚至连白话都不会讲。鹤地水库地处廉江河唇、石角、太平，他们是讲涯话的。因为语言难以互通，闹出好多笑话，引发争执，差点打架[1]。当时社会风气好，人人相互帮助，不

---

① 老人这番话，让笔者想起自身经历的事：1980 年下半年，遂溪县教育界掀起并校风，洋青公社把洋青初中与水流初中（当时笔者在该校读初一）合并为水流初中。原洋青初中用雷州话教学，师生几乎不会讲白话；原水流初中用白话教学，有部分师生对雷州话半懂不懂。两校合并，学生混班编一起。来自洋青初中的老师用雷州话教学，原水流初中部分学生听不懂；来自原水流初中的老师用白话教学，洋青初中学生听不懂，一两个月后两校合并取消。这两所学校校址相隔约 1 公里，双方学生住址相距 5 公里左右。这么一点距离却存在两种方言，彼此难以交流。1958 年时，人员极少流动，洋青与鹤地相距 70 ~ 80 公里，讲雷州话与讲涯话的人交流困难导致误解极其正常。

论是否相识。但我们的方言与鹤地的相差太大，有时候不容易交流，出现鸡同鸭讲现象。

有一天傍晚，我们拖树在另一个村庄晒谷场停歇，垒灶煮饭。因没有菜，同伴想去周围买一些豆腐乳回来拌饭吃，他不会讲白话，学会几句不咸不淡的涯话，用涯话问村民。他问："有腐乳卖么?"被村民听成："有妇女卖么?"村民认为他心怀不轨，想侮辱村中妇女，要打他。同伴见状，一急起来就讲雷州话，大声解释。村民听不懂，见同伴讲话又大声，更加恼怒。我久不见同伴回来，外出找他，看到他与别人争吵。我了解事情来龙去脉后，用半涯话半雷州话比画交流，跟村民解释，才消除误会。

尘土飞扬

我不去拖树就在工地拉车子运土。我不习惯被束缚，喜欢拉车子是因为相对自由，一是没有规定一人每天要拉多少车土，无论快慢，到时间就收工。天亮就吃粥出工，中午 12 点收工吃午餐。二是两个人拉一车土，有说有笑。因为路面松散不结实，且有一定坡度，加之是木制车轮，需要一个人在前用绳子绑住拉，一个人在后面推。

说实话，工地施工环境很糟糕：雨天，风吹雨淋，路面泥泞，深一脚浅一脚地拉着车；晴天，大家拉车飞跑，沙尘滚滚。民工有时候乐意加夜班，但白天劳动时间没缩短，造成睡眠时间少。像我，白天拉土，晚上加夜班后，作为民兵还要轮岗放哨，早上起床非常困。

有一天，天蒙蒙亮，郑贻东吹号催促起床。我吃过早餐去拉土，一阵风迎面吹过，沙尘扬起，吹进眼睛。我不断揉着眼睛，但无法把沙尘揉出来，继续拉土上坝。第二天，我的右眼红肿，无法睁开。我告诉队长，他们要求我去鹤地工地医防站检查、治疗。工地治疗条件简陋，用药水点滴、红汞水消炎，连续几天不见好转，眼睛越治疗越疼，我便自主回家治疗。刚开始治疗时是自己掏钱，后来有了合作医疗，治病不用钱。洋青民工团部证明我属于工伤，在湛江人民医院可免费治疗，最终眼睛没有失明，但视力严重下降。据医生说：我回家时眼睛已经发炎起膜，错过最佳治疗时间。随着年纪增大，这只眼睛现在彻底失明。

工地夜宵

在鹤地初期一个社办一个食堂，三餐干饭。后来公社化，整个洋青团办一个食堂，不久后，民工就开始吃番薯干（丝）了，吃得慢的民工有可能挨饿。食堂搭建在几座工棚周围，民工蹲、站、坐在工棚四周围吃，有时候，午餐由炊事员送到工地分派给民工吃。下午6点吃晚饭，晚上又得开夜工，做到深夜十一二点，食堂不提供夜宵给民工。我当时还没结婚，与父母一起生活，大哥在外工作，偶尔寄钱回来，家庭生活还过得去，来鹤地时父母给我一些粮票、钱备用。

工地附近有一集市，有很多商业供应点，专门做民工生意，像饭店、百货店、粮油店、菜市肉行等等，饭店销售面包点心、猪肉粥、糖水、杂菜饭粥等。开夜班时，我拉车运土，中途肚子饿了，便去饭店吃夜宵。我差不多两晚吃一次，村里民工给我起绰号“不漏夜”。

家里困难的民工，没钱吃夜宵，实在太饿了，就想方设法离开工地。像我们村，一个叫展（化名）的，是民兵干部，他跑回来，社里知道他没有请假回家，便让食堂分番薯干（丝）饭给他吃。他看到其他人吃米饭，自己觉得没意思又回去鹤地修水库。我们营无理由离开工地的人不多，我知道的有1~2个人。对于离开工地后又回到鹤地的民工，营长除了罚他吃番薯干（丝）饭外，没有其他处罚。营长叫参伯，寮客村人，性情温和，关心体贴民工，善于做思想工作，大家都很信服他。

粮食供应

鹤地水库工程基本完成后，溢洪道也完工，水库水位已经好高。我眼伤痊愈后，大队又派我去鹤地工地当事务长，负责文寮营民工粮油、肉菜等物资采购工作。

修建鹤地水库初期，民工需要的口粮统一由大队负责。公社化后，一个公社在鹤地工地设一个食堂，负责全公社民工的伙食，粮食公社统一调配。有些大队欠缺粮食，就到余粮大队平调。在鹤地修建水库的洋青团包括文寮、洋青和百桔仔等营，文寮大队有余粮，百桔仔大队欠粮，公社就开证明让百桔仔大队到我们大队粮仓运粮送到鹤地供应民工。

工地民工粮食供应有两种途径：一是转送粮食。大队将粮食运送到县粮食局设在遂溪火车站的集中点，取得粮食提单。粮食由遂溪火车站调运到河唇车站，再运送到鹤地工地粮站，民工凭提单领取同等数量的粮食。这种途径存在粮食供应延迟以及搭配问题。所谓搭配问题，就是根据国家粮食政策，大队交100斤大米给粮食局，在鹤地粮站只能领回80斤大米，另外搭配20斤番薯①。二是自送粮食。民工所在大队直接将粮食用牛车从家里运输到鹤地工地，这样可以避免粮食搭配。每个大队都有一支牛车运输队，专门运送物资到鹤地工地。运输人员工作不轻松，从家里赶车到鹤地，七八十公里远，来回要两昼一夜。拖车者得自己准备粮食、泥罐、柴草、被褥，风餐露宿。有一次，大队派人运大米到鹤地，路过一河沟，拖车佬技术差，撇牛不当，导致翻车，袋装大米全部泡在水里。他们把大米捞起来，继续运到鹤地。泡过水的大米隔夜发臭，难以入口，最后用来喂鸡、喂猪。

① 关于雷州青年运河民工粮食供应问题，湛江地委及各县委相继颁发《青年运河遂溪县指挥部关于做好粮油供应问题的通知》（1958年5月28日）、《雷州半岛青年运河工程指挥部关于民工粮食补助和赊销以及自带口粮和食油的通知》（1958年6月28日）、《廉江县关于粮食供应搭配薯类比例的通知》（1958年7月13日）、《遂溪县委关于民工粮食、工程需要东西的通知》（1958年8月2日）、《广东省湛江专员公署关于粮食供应配搭薯类的几项意见》（1958年8月7日）、《我县（遂溪）住鹤地水库民工粮食供应问题的紧急通知》（1958年8月9日）、《工程指挥部关于修建青年运河民工粮油供应处理意见的通知》等通知。“关于番薯搭配问题，各地执行很不一致，特别是对流动粮票的搭配，有的地区执行搭配，有的未搭配，有的搭配20%，有的搭配30%，有的在发票时按搭配规定扣除大米，又在供应机关供应时执行扣除，造成双重扣除的现象。”如原供应27斤大米，一扣再扣只得15斤，引起民工强烈不满，经过遂溪、廉江、工地指挥部三方粮食部门协商，决定如下：民工粮食补助按照4个土方补给米票14两，在14两米票内搭配番薯20%；凡余粮社、自足社或缺粮社带往的粮食（指实物，不包括粮票）按我县遂粮经字087号联合通知处理，由农业社将粮食交给各粮管所（指主粮），由各粮管所发给证明带往工地供应站领回同等同量大米，不配搭番薯。工地供应站规定凡是流动粮票必须搭配20%番薯，因此，各粮管所在兑换流动粮票时，必须同时附带证明，可准予免配番薯。以上档案为遂溪县档案馆藏，3－长期－A12.9－047－010、3－长期－A12.9－047－007、3－长期－A12.9－047－013；雷州青年运河管理局档案室藏，7－12－39、7－27－64、7－16－46、7－30－73。

宰鸭过节

民工吃饭的配菜简单，只有咸鱼、咸菜、萝卜、青菜，花生油、肉类很少。厨师用少量猪油炒菜至半熟，然后加水煮熟，这样既有菜又有汤。民工要加菜改善生活，有三种办法：一是宰杀食堂饲养的生猪、鸡鸭，工地还开荒种植蔬菜。二是工地偶尔有收获。水库水位升高，溢洪道需要泄洪，下游装渔网，泄洪一次，可以捕捉几千斤鱼。这些鱼由指挥部统一分配给食堂，我经常去领取这些鱼回来给民工加菜。三是事务长筹集。有能力的事务长会要求大队提供自养的鸡、鸭、鹅。我第二次到鹤地工地时，恰遇农历七月十四鸭子节即将到，有民工提出要讨鸭子来加菜过节。我没有办法，从河唇坐火车到遂溪，再步行十几公里回到村里，向大队反映："鹤地民工没有菜了，派我回来，想从大队鸭场讨几只鸭子带给他们加菜过节。"大队领导同意后，我骑自行车载着几十只鸭子，上气不接下气载到鹤地工地，下车时差点讲不出话来。

填筑大塘

洋青大塘属于高填方堤坝。洋青大塘河床是前几年修建的罗马坛水库的配套蓄水塘，用来引罗马坛水库的水灌溉周围农田。修建雷州青年运河时，运河线路把原来的水塘淹没，运河河床最宽处有五六百米，堤坝高大。东堤由洋青、文相、竹山、西埇、水流、其连等大队按照上级分配的任务派民工修建，西堤由沙古、百桔仔、古村等大队民工负责。

对大队民工而言，修水库、凿运河与筑大塘不同：首先，民工粮食供应跟鹤地不同。筑大塘是由上级按人头分配粮食，每人每餐 4 两米，供应午、晚 2 餐，不配菜。4 两米如果煮饭，不够 3 碗，民工吃不饱；煮粥，有五六碗，民工感觉能吃饱，但饿得快。其次，食宿不同。筑大塘时，民工回家住。民工在家吃过早餐，步行 2 ~ 3 公里到工地劳动。民工在工地食堂吃午餐、晚餐，晚上不用加夜班。再次，松土、运土方式也与鹤地、那良不同。松土方式主要用锄头、铁锹挖掘，洋青属于丘陵地带，泥土不含石砾，用不上爆破、打泥牛。刚开始筑坝时，用牛车把泥土从土塘运到堤坝。随着堤坝填高，民工只能用畚箕装土挑上坝，人均每天劳动 10 个小时，日挑 100 多担泥土，一担泥土有 40～50 斤，靠每餐吃 4 两米的饭粥根本无法维持高强度的劳动。

鼓励民工

我任大队统计员，每天负责统计参加洋青大塘劳动的人数、土方填筑数，报给公社水利指挥所，然后领回粮食分配给民工食堂。我知道民工挨饿的原因是粮食供应不足，想不挨饿只能另想办法，比如鼓励民工参加突击队。突击队员吃饭不限量，有配菜。身体强壮的年轻民工一般都加入突击队。各个大队都有突击队，一般每隔三天就举行一次竞赛，以工效论胜负。具体做法：①确定竞赛时间，一般以日为单位。②结合松土难易度、运距划好土塘。③选拔参赛人员，分主战人员和辅助人员。④丈量土方算胜负，多数以松方计。如果运距太远，难以监控挑土环节，可能出现途中卸土的情况，就计实方。

我参与土方丈量，多次目睹劳动竞赛全过程：突击队员作为主战人员，负责松土、挑土、卸土（不包含压土）环节工作，竞赛中队员将几畚箕泥土叠放在一起担，有 100 多斤重，一口气挑上十米八米高的坝面，又飞快冲下堤坝直奔土塘装土。民工劳动热情高涨，有赖于作为辅助人员的宣传员和大队干部提士气、鼓干劲，尤其是宣传员在路边坝面不停歇地敲锣打鼓、摇旗呐喊，掀起阵阵的施工高潮。其实，竞赛结束后，队员没有物质奖励，只有精神鼓励：表扬胜者，勉励负者。

往事现说

当时的社会环境需要我们这批人去修水库、开运河，再辛苦也要去修建。政府把所有的物资都调往鹤地，包括粮食，去鹤地修水库有饭吃，留在家的不一定吃得饱，无理由离开工地的民工，公共食堂对其一日三餐有所控制。你说谁会不去呢？水利指挥部一下令，县、公社、大队马上行动，把任务分配到家庭、个人，大家都响应去鹤地。

初时，我们对运河能不能修到家乡、能不能放水灌田有所怀疑，但运河建成后，我们高兴极了。雷州青年运河对我们洋青来说，作用非常大。生活上，解决了我们的生活用水问题；农业生产上，运河水自流上坡，坡地变成水田，水稻种植由一造变为两造。像牛栏、外坡等村庄，坡地较多，如果不修建运河，农业生产无法发展。运河改善了我们的生活，改变了我们的命运，这个要感谢共产党。

工地安全守护者

张　贤　口述

采 访 人：林兴

受 访 人：张贤（85 岁，遂溪县洋青镇下塘村人，农民。30 岁参加雷州青年运河修建工作，直至工程结束。其间从事过民兵保卫、打泥牛、拉车子等工作）

采访时间：2015 年 7 月 21 日

采访地点：遂溪县洋青镇洋青圩

采用语言：雷州话

协助采访：沈玉英

奉命应召

1958 年开始修建鹤地水库，修水库需要民工，生产队也需要有人在家搞农业生产。我当时 30 岁左右，可熟练操作各种农具，种植技术好，被认为是农业生产能手，还在大队民兵营当民兵。因此，生产队每次抽调人去鹤地修水库，队长总是抽派年纪更小的人。1959 年，大队民兵营点名一定要派我上鹤地，在工地兼做保卫工作。在鹤地劳动很长一段时间后，生产队又以生产需要熟练人员为由，调我回家。鹤地水库大坝的土方基本完成后，生产队又派我去鹤地工作一个多月。我专职砌堤坝防浪墙，用石头、石片拌好浆铺砌，工作相对轻松一些，工程结束后回家。

巡逻放哨

第一次到鹤地，我是以民兵身份被抽调去的。大队民兵营有几十个民兵，只有 1 ~ 2 个人以民兵身份被抽调到鹤地。我与其他大队的民兵一起组建巡逻保卫组，从事以下保卫工作：

第一，保卫民工路途安全。第一次上鹤地，我跟随大队民工一起，从洋青步行到遂溪火车站乘车到河唇。火车深夜到达河唇，车站离鹤地工地还有十几里路。我们民工队伍带有行李、被褥、工具、粮食、钱财等物资，为安全起见，我们在车站留宿，随地睡觉，第二天再步行去工地。民工们睡觉，我巡逻放哨，负责安全保卫工作。在这批民工队伍中，我是唯一的民兵，通宵放哨，没有人轮换，那夜确实辛苦。

第二，保卫工棚安全，防火防盗防破坏。工棚用竹木搭建，棚顶铺稻草，棚内中间是过道，两边是稻草和草席铺成的睡铺，供民工睡觉。我们大队有一座工棚，100 多名民工住在里面。邻近几个大队的工棚紧挨着，由团部负责保卫工作。团部每晚安排 2 个民兵负责几座工棚的安全，大家轮流巡逻、放哨，防止有人盗窃、纵火、搞破坏。其中，防火是重点，晚间，工棚内使用煤油灯或汽灯照明，灯具脱落或被民工取下作为抽水烟筒的火种，都可能引起火灾。我们在工棚内巡看熟睡的民工有没有盖好被子，没盖好被子的，给他盖好防止着凉①。

第三，维护施工秩序，保护民工安全。民工在大坝劳动，工棚搭建在对面岭头，靠近铁路，距离工地有 1～2 公里。有的民工贪图方便，抄小路，沿着铁路走。这样很危险，我们在巡逻放哨时要制止民工，不让他们在铁路上走。另外，在交通要道也要巡逻把守，防止民工无理由离开工地。对无理由离开工地的民工，会批评他们：“别人辛辛苦苦做工，你们跑回家偷懒，不能这样做啊！”我要求他们回工地，没有采取强制措施。有个别人确实顽皮，不服从管理，我们在开会时就会批评他。听说同我一

---

① 这是当时关心民工生活的一种措施。因为民工太过劳累，容易沉睡，另外民工存在缺衣少被，经常是两人孖铺抱团取暖，合用一张被子，因此民工干部出于关心民工生活，在晚上安排干部或民兵巡查工棚。在工地，曾流传“鬼冚被”的故事。一天晚上，横山团联福营战士陈永年、陈家荣两人，把自己的被子叠好拿来做枕头。当天深夜天气转凉，该营教导员莫兴谈和营长戚培贤深夜 12 点多巡视兵营时帮他们拿来盖上，睡熟了的战士哪里会知道呢？因此第二天早上两人异口同声地对自己的战友说：“昨晚有鬼冚被。”很快这件事就在全营传开了，一直传到营部，这个“鬼”的底才被翻出来，事实弄明白了，民工们感动地说：“我们的领导真是太好了，连晚上睡觉都去帮我们冚被。”这是因为该团各营普遍都实行班以上干部每晚轮流巡视兵营，给掀开被子熟睡的战士冚被的制度。横山区大队：《横山团全面工作总结报告》（1958 年 11 月 4 日），雷州青年运河管理局档案室藏，8－9－132。

起去的民工，有人因辛苦、伙食差等离开工地，只是当时生产队已调我回家搞生产，我未能阻止他们离开工地。

组织培养

我白天轮值做保卫工作，轮空就运土筑坝；夜间值班时，背着枪巡逻放哨，每个班次 2～3 个小时。我无论是巡逻放哨还是拉车运土，都表现得很出色，得到大队干部认可。我被组织培养为入党积极分子，已经去上了几次党课，但是因为没有文化，内心也没刻意追求入党，加上培养我的干部在这期间离开鹤地，回家搞农业生产，我入党的事就不了了之。

在鹤地，我因工作表现好被营部列为先进分子，名单报送团部等待批复期间，生产队通知我回家搞生产，后来我听说先进获准，有奖品发放。邻近村的成昌是一个责任心强、为人正直的民工营长，见我提前回家，没把奖品给我。几十年来，我每次见到他，都笑着说："你欠我一件文化衫，什么时候还给我呢?"他笑着说："等我们再去鹤地修水库时，再发给你。"他并没有私吞我的奖品，只是把奖品奖给其他民工了。

学赶超帮

1960 年，我参加建设雷州青年运河洋青大塘工程，工地距离村里只有几百米远。如果说去离家乡有七八十公里远的鹤地、那良建库开河大家还有疑虑的话，如今在自己家门口修建运河，建成的信心就十足了。我们都想尽快修好运河放水灌溉搞生产，劳动积极性非常高。

洋青大塘是高填坝工程。大家普遍将几畚箕土积叠在一起担，多挑快挑。我与列珠①、列南、列荣等人，经常积叠四五畚箕的泥土一起挑。不过，装土民工知道我们每次积叠这么多，就不敢装满，只装大半畚箕。即使没装满，我们每挑一次都有 200 斤左右，挑这么重的泥土到 10 米多高

① 列珠的英雄事迹在运河工地被广泛传颂：洋青大队列珠等 3 人每日 4 点半起床，拖 200 车土，完成 50 个土方。《大家作　大家唱——三个英雄》，《青年运河》，1960 年 2 月 26 日第 2 版。

的坝面，也不容易。大队干部拿着广播筒，给我们鼓劲加油，现场点名表扬我们这些多挑快跑的民工。这对我们来说，是一种荣誉，挑土劲头更足。干部还号召其他民工向我们学习，说学先进、赶先进、超先进，争当积极分子。有些落后分子看到我们多挑快跑，也深受鼓舞，根据自己的身体素质，也积叠2畚箕一起挑。因我们的行为促进工效的提高，每到评奖时，我们这些积极分子都获得厚笠、背心、文化衫等奖励。

有一次，大队推选我作为唯一代表去西埇工区指挥部参加先进分子会议①，交流修河经验，学习先进分子事迹，大会奖励我一件文化衫。上级看到我们这些积极分子平时劳动辛苦，把我们召集起来开会，也想给我们这些人改善一下伙食，补充能量，荣誉可能还是次要的。我记得很清楚，在西埇开会那天，米饭任吃，菜肴丰盛，有鱼，有肉，还有汤。当时村里粮食短缺，食堂供应给民工的饭菜不足以支撑高强度劳动。民工普遍是饿

① 西埇于1959年11月底作为雷州青年运河工程指挥部驻地，截至1960年6月1日，在西埇召开过两次先进分子代表大会：①1960年4月9日召开工地标兵代表大会，参加会议的有突击队长、标兵、状元等先进人物300余人，陈华荣分析当前存在“运河同生产有矛盾、远水不能解近渴、怕本单位完成了任务要支援别人吃亏”等3种错误思想认识，通过标兵带动，开展“考状元”的高工效运动，提出1960年6月15日完成全部工程任务，实现全线放水。②1960年6月1日西埇工区召开标兵代表会议，与会代表230人，主要来自木工、保健员、民兵、炊事员、突击队长、大队书记、小队长、突击队员等各种模范。主要是交流修河经验，洋青赵一曼突击队队长说“大鼓干劲，学先进、赶先进、超先进、帮落后”，要求每个队员要带动15~20个民工赶先进。《打好最后一个战役完成运河放水到东洋》，《青年运河》，1960年4月12日第1版；《一鼓作气　坚决在六月底完成运河任务》，《青年运河》，1960年6月5日第2版。

着肚子参加劳动①，凭着“修好运河，放水到田”的信念来挑重担。

社队挑战

在修建洋青大塘初期，堤坝刚开始填筑，用车子运土填筑坝基。我加入大队突击队，有一次与公社突击队挑战比赛，大家各挑选20～30人参加挑战。哨子一响，挑战开始，土塘挖土装土、路上拉车运土、坡坎推车、坝面卸土夯实，各干各的活。我拉车运土，整个过程没停歇加速快跑，豆大汗珠把背心与后背粘在一起，背心出现一轮一轮的盐渍。渴了，路边有人晾好开水，拉车经过接瓢喝下，接着拉起车继续跑。那次挑战，除吃早午餐外，我一整天都在拉车。我的肩头被绑挂的麻绳磨得红肿，整个人腰酸背痛。晚上，我步行回家时，大腿不听使唤，要迈出脚步都很艰难，只能踱步回家，体力严重透支。

① 张贤老人对粮食短缺的感受来自南段工程修建期间。据笔者统计190期《青年运河》（1958年6月1日—1961年1月25日），题目含“食堂”字样的新闻报道15篇，其中73.3%即有11篇是1960年1月5日至1961年1月15日期间的报道，内容涉及食堂人员组合、饭菜质量、食堂卫生、粮食供应、高产饭经验推广等，如此密集报道食堂工作，间接表明民工饥饿成为影响运河建设的重要原因。为此，工地党委采取2种方式解决民工饥饿问题：①粮食供应由劳动定额制改为按月定量供应。按完成土方供应粮食，以张贤老人所在洋青纵队为例，民工一天完成3个实方的定额，可以吃大米1.5斤。具体通过包工定额、粮食包干、多劳多吃等办法，根据运距远近、劳动强度，分为二等三级：300米以上运距为一等，定额运土上坝300车，二等250车，三等200车；300米以下的一等250车，二等200车，三等150车。有的人达不到定额，就自动继续开工至超过定额才休息。民工平均工效1.5个实方，经过努力达到2.76个实方，也就是说大多数民工无法达到3个实方的要求，民工粮食补贴不够，普遍挨饿。于是，工地党委将粮食改为按月供应，每人35斤大米，另外要求公社送一些杂粮到工地，使民工吃得饱。②采取“双蒸法”，推广“高产饭”。正常情况下，一斤米可以煮出1.8～2.4斤米饭。所谓高产饭是一种用少量米煮多量饭的煮饭方式，据报道，食堂14两大米（相当于十两制的8两）能煮出4斤多米饭，实际效果是每人每天由一斤大米三餐稀粥吃不饱变为三餐两干一稀能吃饱。“高产饭”初期采取“炒米法”，即先把大米炒膨胀后再加水煮饭，但产量不高、味道不香，不受民工欢迎。后采取“双蒸法”，即用米加水蒸成饭后，又加水到饭里继续蒸，以提高米饭产量。《奋战五昼夜确保15号完工放水》，《青年运河》，1960年3月13日第1版；《洋青纵队民工进场快工效翻一番》，《青年运河》，1960年3月22日第1版；《洋青纵队是这样掀起施工高潮的》，《青年运河》，1960年3月25日第2版；《关于当前政治思想教育工作的几点意见》，《青年运河》，1960年6月25日第2版；《西埇工区召开“高产饭”现场观摩会议》，《青年运河》，1960年4月7日第2版；《把“五好食堂”红旗插遍全工地》，《青年运河》，1960年7月28日第2版。

这次挑战比赛是公社安排的。挑战结果，验收人员说我们赢了，也说对方赢了。究竟是怎么回事呢？以往算土方是按松方计，不计实方。所谓松方就是丈量土塘长、宽、深，算出所挖走的土方数；实方就是丈量坝面所夯实泥土的长、宽、高，算出土方数。在土塘丈量双方的土方数，我们略胜一筹；在坝面丈量夯实的土方数我们输给对方一点点。这类挑战没有什么奖励，只是晚餐加菜吃好一些，反正大家都有得吃，也就不再纠结胜负。

这类挑战竞赛，是上级用有限的粮食来调动民工劳动积极性的一种方式。当时有各种各样的突击队，突击队员年轻有干劲且不服输，争强好胜。上级通过挑战竞赛进行正面引导，突击队人均完成土方数比普通民工高出四五倍①，间接带动普通民工的劳动积极性，大大提高工效。

往事现说

修好运河后，洋青到处都有水，以前没有，做农很困难。共产党对农民好，没有共产党，哪来这条漂亮的运河呢？共产党抽调我们这些人修运河，我们不怕死、不怕流血、不怕流汗、不怕辛苦，才修成这条运河。当时修运河真辛苦，但后来看到运河又感到十分光荣。

---

① 突击队完成的土方占总土方量是70%～80%，突击队的工效比一般民工高几倍甚至数十倍，标兵突击队经常保持10～20个土方。在修建运河南段工程期间，有突击队2570个，队员64854人，标兵突击队326个，队员5534人，突击队员占民工总数50%。《认清形势　大鼓干劲　为实现更高速度建成运河而奋斗——中共雷北县委书记陈华荣4月9日在工地标兵代表会议上的报告》，《青年运河》，1960年4月12日第2版。

车轮滚滚

韩　硕　口述

采 访 人：林兴

受 访 人：韩硕（85 岁，遂溪县北坡镇黄村人，农民。30 岁参加鹤地水库修建工作。其间主要担任施工员、材料保管员等）

采访时间：2015 年 11 月 21 日

采访地点：遂溪县北坡镇黄村

采用语言：白话

协助采访：韩颖珠

采访口述人韩硕

开路先锋

雷州青年运河修建初期，我在椹四河段修建河床。后来上级要抽调一批人员先去鹤地工作，我是村里唯一被抽派的人。我用破旧草席把几件烂衣服、旧被单包扎起来，与其他村民工一起，从北坡步行到遂溪火车站乘火车去河唇。这大概是农历七月份，夏收后又去了一批，后才有大批民工到鹤地。

初到鹤地工地，桥已搭好，路还没修，睡觉的地方非常简陋：工棚地面铺垫一层河沙，并排摆放一段一段的松木、杉木当床垫。后来睡觉硌得难受，我们便把木头抽出，抹平沙子铺上草席睡觉。

在鹤地，我被分派到大坝工地做工。开始时，是到河里筛河卵石[①]，用来搅拌水泥建堤坝地基。筛河卵石蛮辛苦：一是在水里施工难度大。河水深浅不一，水流湍急。筛河卵石要到深处，受流水冲击，我要很费劲才站得稳。一天站在水里十几个小时，容易受寒，有不少人因此病倒。二是脊椎劳损。我们6～10人一组，用铁铲、竹筛，弯着腰才能把河卵石从腰深般的水中筛到船上。开始我们不熟悉筛河卵石技术，操作时直接用铲子来推，河卵石滚来滚去。无论我们怎样推都没办法将河卵石推到竹筛上，工效一直无法提高。经过当地民工指点，我们用铲子瞄准位置，从底部插起，一下子把河卵石推进竹筛里，大大提高了工效。我做了一段时间后被

---

① 筛集河卵石是鹤地工程全面动工前的准备工作之一。工程指挥部要求各工区1958年9月应堆集河卵石2万方。北坡民工承担筛集河卵石任务，历经低工效向高工效的转变。①经验不足，效率低。到江中筛集河卵石对北坡民工来说是新工种。北坡民工因经验不足，工作效率极低。第一天人均捡河卵石1.3方，比河堤乡民工工效低一半。②向先进学习提高工效。北坡民工向河堤、吉水等大队民工学习筛石方法，改变劳动工具，用双畚箕上石；优化劳动组合，工效提高到人均2方，突击队苦干15个小时，创下10.7方的最高纪录。③竞赛突破工效指标。北坡民工与吉水社筛石的民工队竞赛，早晨4点钟就出工，每天做14个小时，苦战两昼夜，突破3.5方的指标，劳动效率达到3.7方。《使运河建设工程高速度前进》，《青年运河》，1958年8月28日第1版；《评游前后·北坡大队通过评游　安定民工思想　鼓起冲天干劲》，《青年运河》，1958年9月3日第2版；《遂溪两万民工陆续上阵　先头部队胜利　捷报频传》，《青年运河》，1958年9月9日第4版；《北坡民工旗开得胜　苦战三昼夜夺得上游旗》，《青年运河》，1958年9月9日第4版；《北坡民工和当地群众团结好》，《青年运河》，1958年9月15日第2版；《我们怎样创造筛石高纪录》，《青年运河》，1958年10月15日第1版。

抽调去当施工员[①]。

勘探测量

我们10个民工在大坝工区集中上课，接受简单培训，学习测量知识，要求懂得使用仪器，学会判断泥土质量。当时，人手一本施工宣传手册，上面要求我们在施工中学习。我和北坡瓦窑村一个民工负责测量工作。该工作主要有两项任务：

一是野外钻探。勘探某个地方的底座够不够硬，能否筑坝。如果底座不够硬，填筑堤坝后就会出现沉降造成坝体裂缝，影响堤坝质量。这种勘探要有深度。另外，探测某个山头的泥土是否适合用来填坝。通过钻探获取深处泥土，装进玻璃瓶带回来，放在火炉里烧，之后再把泥土压烂或砸烂，借以判断泥土的黏性和抗压性。野外作业，早出晚归，在工地周围山岭兜转。站在岭顶，俯视灰蒙蒙，仰望白茫茫，最惨的是爬上山顶又没取到泥土，徒劳无功。不怕下雨淋湿衣服，最怕打雷出意外[②]。

二是确定土塘范围。鹤地水库用土坝拦蓄水，泥土质量关系到水库安全，若某地泥土经过试验合格，我们就确定该地为填坝土源地。靠近渠首周围有十几个山岭，皆因土质不合格而舍弃。民工取土只能舍近求远。在鹤地村后面有座大山岭，仰起头都看不到顶，离大坝有1～2公里远，因为土质好，我们给民工规划好土塘范围。他们通过爆破、打泥牛等方式，搬走这座大山，大坝工区搬走好几座大山岭来填坝[③]。

---

① 鹤地工地的技术人员由工地自己培养。王勇曾经提出："加强工程技术指导，大力培养施工员，在团营连也要挑选一批施工员。"韩硕老人从北坡团被抽调去当施工员。《王勇在第七次行政（扩大）会议上的总结发言（摘要）》，《青年运河》，1958年9月9日第2版。

② 鹤地地处山岭，易受雷击，曾发生重大雷击事故。1958年8月12日黎塘采石场食堂遭雷击，死亡4人，受伤37人。其中，青年运河民工死亡1人，受伤3人。《黎塘采石场天然事故（雷电）报告》（1958年8月14日），遂溪县档案馆藏，3－长期－A12.9－048－012。

③ 建鹤地水库（不包括运河河渠）一共搬土630万立方，建大小堤坝36条。《总路线　大跃进　人民公社的赫赫功勋——雷北出现一个人造海　运河建设者盛大集会》，《青年运河》，1959年9月19日第1版。

押运工料

我在鹤地几个月，没干过运土填坝的活。我高小毕业，有点文化，工程指挥部工务处抽调我去渠首工区管理建筑材料和器材的入库、发放。负责管理材料并不仅仅是在仓库登记数目，该工作可概括为“两职一险”：

一职是到各地接运材料。购买材料是采购员的事，采购员事先采购好，再把采购材料的货单交给工务处，我负责跟工务处派出的车把货物拉回来。任职期间，我到湛江、廉江、安铺、吉水、坡脊、石角、草塘、水库各工区等地方，接运河沙、河卵石、方块石、水泥等建筑材料，也有竹（编）、树木、木板、铁钉、铁线、锄头、铁铲、铁锤、畚箕、木板车、汽灯、煤油、草包等[①]劳动工具及其他物资，最常接运的是耗损快又多的畚箕、锄头、铁铲、铁钎、车子。我记得铁钉的需求量特别大，一箱箱到湛江市接运回；有些材料是一批一批接运。有一次我跟车回到遂溪县杨柑镇附近一个叫草塘的地方运草席，席子很漂亮，大小都有，小的就是睡席那种，大的是用来装盐的。大草席四边有耳，对折过来就是草包。把这些草席（包）运回工地有什么用呢？草席（包）原来是做坝基用的。把一张张草席（包）铺在大坝底，放石头，倒沙子，包扎实，层层堆叠，又铺一层散沙，做成坝基。很多民工看着一张张崭新的草席铺成坝基，心痛得肠子都要断了，觉得太浪费。因为我们带去的草席都是破烂残旧的，甚至有些草席烂得几乎都不能铺睡，要是这些新草席分给我们用来睡觉多好啊！

二职是运送材料到工地。我一个人负责材料管理，要保证工地材料及时得到供应。正常情况下，交代领材料的人怎样做就可以了。但民工经常开夜工搞突击，突击时长有 3 天、5 天，甚至 7 天，民工日夜在工地施工，他们人多可以按 12 个钟头轮班一次。这时候我最惨，一个人坚守岗位，没人轮换，熬到凌晨三四点钟最难受，眼皮都睁不开，整个人晕乎乎的，什么事都不知道。当时年轻，三五天的突击容易熬，七天大突击就很难熬。

---

① 据报道，仅 1959 年 5 月抢险期间，鹤地工地就从湛江、廉江等地运来了 2 万多担畚箕、3 万多个草包、几万条麻绳、若干张草席及大批汽灯等物资。《上下一致　各方支援　一定要战胜洪水》，《青年运河》，1959 年 5 月 12 日第 1 版。

一险是指接运材料比较危险。鹤地工地周围都是山岭，坡高路窄，且路面崎岖不平。当时汽车靠烧煤炭驱动，正常载重为2.5吨。如果载到4吨，汽车马力不够，爬坡艰难，控制不好，就容易翻车、滑车。跟车期间，看到一次翻车事故，造成随车提货民工受伤。我遇到两次险情：

一次是车头悬空。当时我们去运方块石，汽车爬坡无力，车厢里的石头滑向汽车尾部，石头下压，车头都翘上天，我和司机还坐在驾驶室里，悬在半空。

另一次是汽车后溜。我坐在满载的汽车里，差不多爬到岭顶的时候，无论怎样，汽车就是爬不过这个坡。不上即下，汽车开始往后滑溜。司机赶忙制动刹车，让车慢慢溜到岭底。司机见惯了这种场面，非常淡定。他见我紧张，不断地安慰我。他让我坐稳，开足马力，最后还是开过去了。

有时候因司机疲劳驾驶引起交通险情。水库工期紧张，汽车少，司机昼夜开车，休息不充分。我见过司机打着瞌睡，把车开上山岭。这种情况，司机一有闪失就容易发生交通事故。①

改建铁路

我在渠首做水闸有一大半后②，工务处又调我下廉江参加铁路桥③施工，这里要完成4项工程：修建临时铁路便道、垫高路基、建造桥墩和桥

---

① 1959年7月1日，为配合工程材料运输需要，地委决定由各农场抽调20辆汽车担负公路运输，但实际抽来16辆车，水电厅拨来3辆车，共19辆车。该部门于1959年3月与器材处合并工作。《交通运输工作部门总结》（1959年7月1日），雷州青年运河管理局档案室藏。

② 据《雷州青年运河第一期工程大事记》记载：渠首工程1958年9月10日开始清基，11月23日，发电站、船闸、灌溉施水孔、陈列馆等建筑物正式浇灌混凝土和镶砌石方，到1959年8月31日完成。

③ 铁路桥是指黎湛铁路，即广西黎塘火车站至广东省湛江南站区间铁路，经广西贵港、兴业、玉林、陆川、文地，广东河唇、遂溪。1954年9月开工，1955年7月1日通车。青年运河与黎湛铁路在廉江城东南6公里的平坡仔交叉，需再建造一座桥梁跨过运河。经对方工程师初步拟定，建造下承式钢梁二孔，每孔跨度15米，并将原路基提高约4米，因此有3公里多长的路基须改坡度，有6处涵洞须加长，并在桥梁施工期间建临时通车铁路便道3公里多，要求施工时派民工协助土方工作。因为时隔60年，老人忘记具体在哪里，口述时用“下廉江”代替。雷州半岛青年运河工程指挥部：《关于雷州半岛青年运河与黎湛铁路交叉工程协商筹建情况报告》，遂溪县档案馆藏，3-长期-A12.9-048-008。

面。我作为施工员负责便道、路基的土石方供应；规划土塘，民工做土方、石方时，我有时也帮忙。

临时铁路便道有两个作用：一是在修铁路桥期间要确保原来的铁路能正常通车；二是在铁路桥改建期间运输所需要的材料。便道全长 4 公里左右，以铁路桥为界双向铺设，要修路基、垫石子、铺枕木和铁轨。

垫高路基。因为要在铁路底下挖运河渠道，河床有 20 多米宽，必须架桥确保铁路跨过运河，但铁路桥必须与运河水面有一定距离，要保证运河的航道能够通船，因此必须抬高铁路桥路基，好像有 6 米高[①]，铁路桥两边的铁路路基也必须逐渐抬高，这一边升高，另一边降低，全长 4 公里左右。

路基取土于铁路附近的山头，具体在哪些山头、哪个位置挖土塘，我要做好记号，民工根据我标注的记号去打泥牛、挖土塘。如果山头高、土塘远，民工施工就辛苦，一般要开夜班到 12 点钟才收工。很多民工见到我都说："今日我们又死给你看咯，你哋笃一笃，我哋做到哭，你哋指一指，我哋做到流屎。"

劳逸结合

其实，不仅是他们辛苦，我也不例外，尤其是供应工程所需要的石料。那时候，我负责开数，开好数派人带去丹兜石场运送石料做桥墩和路基。火车一般都是晚上到达，这时候，我们就要搞突击，把石料从车床（指没有围栏的火车厢）推到工地附近的铁路两旁，有些石头落到铁路里，必须马上扛出，否则火车无法后退回坡脊车站；另外，如果有火车通过的话，石头没扛出来，就会发生危险。晚上黑乎乎的，那些不规则的乱石块，有棱有角，非常锋利，搬、扛时看不清石块的棱角，稍微不注意就割破手。我负责运送石料，不能只看不干当甩手掌柜。好在火车一个星期只

① 这里老人回忆有误，档案资料记载为 4 米。雷州半岛青年运河工程指挥部：《关于雷州半岛青年运河与黎湛铁路交叉工程协商筹建情况报告》，遂溪县档案馆藏，3 – 长期 – A12.9 – 048 – 008。

有几次运来石料，每一次都要突击清理干净铁路轨道。

在铁路桥施工期间，日子过得比日复一日的纯粹施工、昼夜加班有趣。

首先，我们跟随工区指挥部工作人员一起工作。大家来自四面八方，我们来自农村的民工没出过远门，日常活动范围局限于家乡周围，各自的生活习俗、交流语言基本相同。但在这里，我们不能用方言与别人交流，要抽时间学普通话，初用普通话交流，闹出不少笑话。我读过几年书，普通话学得快，工区里潘姓工程师表扬我普通话讲得好。庞姓采购员是廉江人，他到处跑，会说涯话、白话、海话、黎话、雷州话。他学普通话后，很多时候讲着讲着几种话混杂起来，分不清是什么话。这些花絮，给我们繁重的劳动添加了不少乐趣。

其次，伙食好，米饭任吃，菜好量足。每个星期分有几十斤淡水鱼，还不定期宰猪改善伙食。我在鹤地工地，这个时期吃得最好。

工地伙食

做铁路桥时，我和工程师、技术员、炊事员一起吃饭，相对于民工食堂来说，我算吃小灶了。我每餐都吃两大碗饭菜，有个技术员只吃一碗饭，经常嘲笑我吃得多，搞得我很不好意思。

北坡民工在大坝工区施工时，我被抽调到渠首工区搞测量、放线，当施工员。工地不固定，到处跑，每个月得到9元伙食费补助，粮食由北坡团供给[①]，哪里方便，就在哪里吃饭。在渠首工区的话，必须搭上粮票才有饭吃。我不像其他民工那样吃围餐，而是单独一人吃饭。在家时，每天吃14两[②]米饭，在鹤地只有3碗饭，怎么吃得饱呢？我经常两头跑，在渠

---

① 北坡团的伙食标准在0.28～0.34元之间。1958年9月，北坡民工生活标准是每人每天0.34元，同年12月，伙食费有所下降，公社统一规定，北坡团三合营伙食费人均一天0.28元，其中饭钱0.235元，菜钱0.045元。《评游前后·北坡大队通过评游　安定民工思想　鼓起冲天干劲》，《青年运河》，1958年9月3日第2版；《杨柑团食堂饭热菜香卫生好》，《青年运河》，1958年12月17日第3版。

② 当时度量是十六两制，一斤等于十六两。

首吃两餐，又翻过两个岭头回到大坝北坡食堂吃一餐。

虽说有 9 元伙食费补助，但也不够用。有时候，我出去外地运材料，也从里面开支，超过的话，自己倒贴。我每餐以番薯干饭为主，最多是吃一碟炒菜头皮[①]，五分钱。

我在鹤地时经工区批准回过一次家，我是开着证明回来的，生产队食堂当然分粥给我吃。但那时食堂基本解散了，家里什么都没得吃了，番薯干都没得吃，只能摘些树叶、薯藤头。这些东西被捣烂后变成青黑色，看起来很恶心，无奈也得咽下去。当时连这些都不多，我只能吃半饱。

大浪淘沙

吃不饱，加上施工任务繁重，就有个别民工偷懒、逃跑。施工时，他们白天通过屙屎屙尿来偷懒，晚间躲在凹处、坑里、丛林中藏着休息。尤其到了深夜，民工表面上在干活，实际上有人偷偷摸摸藏起来睡觉。我虽然不负责土塘，但这种现象我见过不少。有少数民工逃跑，但经常在半途被截住送回原工地。我在铁路桥施工时，就经常看到有人经过铁路桥往遂溪方向走。铁路桥工地刚好在铁路两旁，他们要逃跑，不认得其他路，但知道铁路通向遂溪火车站，因此肯定经过铁路桥这个地方。谢姓干部带人在那检查，逃跑的民工被拦，好好讲，哀求他一下，他会睁一只眼闭一只眼，民工就沿着铁路走回去。如果那些民工讲话态度强硬，他就阻拦，把那些要逃跑的人送回工地。

有几次我都问姓谢的干部：你这样做，是不是多管闲事？又不是我们工地的人逃跑。你截住他们不让回去，又要派人送他回工地，这不是浪费时间吗？他说，有的人离开工地是因为生产队确实需要他们回去搞生产，或者家里有事需要他们处理，或者挨饿身体虚弱需要回家调理一下，这类人可以通融一下。但有些人是因为工程艰苦跑回去，这怎么行呢？大家都这样跑回去，水库还修不修？我觉得这个干部讲得也有道理。

---

① 即腌制萝卜。改革开放前，该菜一直是遂溪、廉江等地老百姓的生活配餸。

逃跑回家的民工，在家里躲了一段时间后，又回到鹤地工地。我认识几个跑回去的民工，回家后又被送回鹤地。有个姓何的，跑回家一段时间，靠甘蔗、果子、番薯等来维持三餐，最后又回到鹤地劳动。

更多民工没有逃跑，他们不但没逃跑，而且干活非常积极，突击比赛看谁挑土方最多最快。我们村附近一个村庄——畚箕村，有个叫华超的民工，每次都是五六担一起挑，畚箕堆起来有他半个人那么高，他经常把扁担压断。这类先进民工也不少，他们得到不少奖励，像毛巾、口盅、背心、薄笠、厚笠等都有。

在鹤地工地，我没得过任何奖励，这与工作性质有关。我来自北坡团，本应在大坝工区参加劳动，却被抽调到渠首工区从事材料管理。无论我工作表现如何好，双方都不会考虑到我。对此，我从不计较，兢兢业业做好自己的本职工作，服从工作安排。

后来，经工区指挥部批准后，我回家搞生产。

往事现说

参加过鹤地水库施工后，感觉家里再也没有辛苦的活了。有的人说最辛苦的活是在瓦窑踩碎瓦泥打火砖，相比在鹤地干活，这简直是“蚊同牛比[①]”。

“辛苦一年，幸福万万年”，这是鹤地民工耳熟能详的话。没修运河前，除北坡河两旁低洼处可以种植水稻，其他地方缺水，水稻亩产50～60斤，在坡地上连番薯也不容易生长。老百姓一日三餐以番薯干丝为主，生活艰苦[②]。修建运河，给北坡带来巨大的收益，大部分田园得到运河水灌溉[③]，水稻一亩收成起码500～600斤，现在种子改良，亩产过1000斤。

① 白话，意思是小巫见大巫。

② 许裕巧：《人人为我　我为人人》，《青年运河》，1958年10月1日第2版。该文报道：9月19日，北坡团的粮食吃光了，家里的粮食接不上来，城月团借出378斤番薯干解决燃眉之急。

③ 《评游前后·北坡大队通过评游　安定民工思想　鼓起冲天干劲》，《青年运河》，1958年9月3日第2版。该文指出：按照当年算账：北坡乡14万亩土地，11万亩得到灌溉，3万亩荒地可以开垦。修运河远景激励农民踊跃报名参加。

我从鹤地回来后，不久就入了党，先后当生产队队长、大队会计、出纳、民兵营长。回想当时，初到鹤地，一片片山岭，那些水风车错落有致地矗立河边，每天都在慢慢翻转，把水抽到木斗里流到田里、沟里。现在回到鹤地水库一看，白茫茫一片，那些山岭、火砖屋被淹没水底，有几座山岭太高，在水库里还能露出岭头。如今，在旧指挥部里看到当时的施工照片，耳边依旧会响起阵阵的冲锋声。

在成千上万个民工的浪潮里，我仅算是沧海一粟。

出师未捷泪满襟

黄 毅 口述

采 访 人：林兴

受 访 人：黄毅（82 岁，遂溪县洋青镇车路头村人，农民，24 岁参加鹤地水库修建工作，其间因试验爆破受重伤，治愈后回家）

采访时间：2016 年 4 月 10 日

采访地点：遂溪县洋青镇车路头村

采用语言：白话

协助采访：李晓云

采访口述人黄毅

车站抔米

1958 年兴建雷州青年运河，需要抽调民工参加。我是抗美援朝志愿军，刚从朝鲜复员回乡不久，洋青乡领导调派我为马群社负责人，带领十几个民工作为先头部队前往鹤地。在遂溪铸犁火车站候车期间，火车何时来我不知道，只知道夜晚去到河唇后，还要走 4 公里路，横过一条河才到鹤地工地。到工地后，我们有没有饭吃还是个问题。我想给民工找点吃的，防止路途挨饿。但我们出来时被告知到鹤地工地后就有的吃了，没有准备好路途粮食。恰好，百桔乡陈屋社一批民工也在候车，其负责人是鸭乸塘村的黄世荣，与我相熟。我告诉他事情经过，得知他们带有粮食，便想向他借些面条熬过晚餐。他不肯给面条，倒是大方地指着大米，说："随便抔不用还！"看到对方也没有很多米，我们不好意思抔太多米。有米没有菜，怎么办呢？恰好我们民工中有人带着红糖，大家又凑了点钱到车站食品门市部买些糖来煮糖粥，煮好后人均一碗。有人发现我没有，大家又你一羹匙我一羹匙给我匀出一碗糖粥。火车什么时候到的我不知道，但我们到工地时，已是凌晨三四点钟。

履行职责

9 月，鹤地工程全面大施工。大批民工来到工地后，采取军事化管理[①]。马群民工组建为马群连，直属洋青团洋青营。我作为连长，有三项具体职责：

一要领取任务。鹤地水库施工任务以营为基本单位进行分配，即同一营民工某天从事的任务是一样的，但具体施工地点有所不同。作为连长需要在营部了解具体施工地点，使得施工有序开展。如今天是运土填坝，就要划分各连的取土区域，以免混乱。我作为连长负责从营部领回具体任务。

---

① 鹤地工地民工组织演变：前期准备期间（1958 年 8—9 月初），以乡为单位，成立民工大队，农业社成立中队，生产队成立小队；全面动工期间（1958 年 9 月至 1959 年 8 月），实行军事化管理，民工大队改为民工团，中队改为营，小队改为连、排、班。《组织动员民工赴鹤地水库方案》（1958 年 7 月），遂溪县档案馆藏，3 - 长期 - A12. 9 - 047 - 015；《秋前完成土方任务　年底结束全部工程》，《青年运河》，1958 年 9 月 9 日第 1 版。

二要落实任务。我要把从营部领取的施工任务落实到民工，如运土上坝，每个劳动组合都涉及松、装、运、卸四个环节，如土塘松装土多少人才不窝工、怠工，安排多少人松土、拉车、挑担等等，这是我必须考虑的问题。如8～10人负责一口土塘，3人负责拉车，还有几个人用畚箕挑土，剩余的人在土塘用锄头、铁铲挖土、装土。

三要掌握民工思想动态。大部分民工是初出远门，免不了挂念家里，这影响到民工的劳动情绪。如果得不到合理解决，可能萌发逃跑念头。这种情况下，我必须了解民工的实际情况，满足民工合理要求。连里有个与我同村的马姓民工，他老婆生毒疮，家务、农活都干不了，要治疗，无法照顾幼小孩子。该民工向上级请假未准。经常有民工以各种名义请假回家，上级无法一一核实，在施工紧张时期一般都不批准，以免影响工程进展。我得知该民工未获批准，便找上级领导，说如果是你家人处于这种情况，我也不批准你请假，你会怎么想？你能安心在工地劳动？我们是不是应该将心比心，换位思考？他是我们连民工，与我同村，我了解他家里的情况，我担保其请假理由属实。后来，该领导同意民工请假回家。我们要管理好民工，必须了解民工情况，掌握其思想动态，要满足民工的合理要求。我如果仅是给民工下达施工任务，那肯定得不到民工的认可，无法提高民工劳动积极性。

爆破试验

开始填筑堤坝时，为施工安全起见，上级禁止采取偷岩取土及打泥牛方法松土。在取土时，没人用爆破取土法，只是通过用锄头挖掘来取土。岭面干硬，底下含有大量的砂石，靠锄头铁锹松土，无法满足运土需要，产生严重的窝工、怠工现象，日人均工效只有1.5个土方，距离指挥部要求的3个土方还差一半。要提高工效，必须改变松土方式[①]。

我作为复员军人经历过不少爆炸场面，便向上面提出可以采取爆破取土的方法来提高工效，由有爆破经验的民工来操作以确保安全，经过试验后再推广。经领导同意后，我在马群连成立一个爆破试验组。我作为共青团员、复员军人、民工连长[②]，顺理成章地担任试验组组长，带着几个民工一起试验爆破。当时用来爆破的炸药有两种，即黄色炸药和黑色炸药。黄色炸药部队经常使用，比较安全，但受管制，必须部队支援才能拿到；黑色炸药，民间广泛使用，自己炼制，爆竹厂用来制造鞭炮。黑色炸药在太阳暴晒、火星溅射、硬棍搅拌等情形下有可能发生爆炸，危险性极高，属于烈性炸药。我们搞试验的时候，多是采用黑色炸药。尽管每次试验都小心翼翼，但我想这样下去，总有一天会出事的，因为任何一个环节稍有

---

① 雷州青年运河工程松土历程：①挖掘是传统的取土方式。挖泥方面，有的地方可以用犁松土，有的可用四齿耙或鹤嘴锄，明确规定土方工程严禁偷岩取土。②爆破化改革取土方式。1958年9月4日，雷州半岛青年运河工程指挥部召开第七次行政（扩大）会议，号召全体干部和民工要坚定不移地保证秋前完成土方任务，年底结束全部工程，凌俊卿做《鹤地水库工程情况介绍》，提出取土："用爆破法、桦犁法、放泥牛结合偷岩取土。"地委书记谢永宽在8日打电话到工程指挥部告诉挖方高产消息，嘱用大字报广泛宣传"河南遂平县用爆破方法挖土成功，每炮破土500~1000方以下"。并提出爆破办法：打眼在3米以上，越深效果越大，一般炮眼可装黄色炸药15~20斤，深眼可人药5斤，6人每天可打8炮，开土4800方，人均800方，提高工效260余倍。1958年9月14日，黄毅在试验过程中发生爆炸事故受重伤，但次日与会代表在鹤地水库参加湛江专区水利现场会议时在座谈会上认为爆破松土的方法是解决高工效的一种最好办法，要求加以推广，并要求器材处保证炸药的供应。但受制于爆破手少、炸药供应不足，1958年10—11月连续打8个战役，工效才得以提高，松土方面主要靠偷岩取土。③松土爆破化，爆破土方卫星频传。1958年10月初，器材处土硝试制成功，解决炸药原料问题，12月初，土雷管试制成功，提高炸药爆破工效，建立炸药厂一间。以团为单位成立爆破组（排、班），训练爆破手713人，12月中下旬，爆破松土相继放出一炮破土2200方、3370方、10296方，为南方十四省水利施工现场观摩会议献上一份厚礼。④爆破松土反客为主。运河北段工程松土以爆破为主，各工区成立爆破队，由能不能炸向省不省炸药转变，3个工区从1959年11月开始，半个月内总共节约炸药1.5万多公斤，为国家节省3.9万元。那良工区半个月使用1.8万公斤炸药，炸出35万多个土石方，创造出一炮炸出12300个土方。运河南段工程提出大搞爆破大抓高工效，凡是牛不能犁的地方都用爆破。同时，组织制炸药队伍，要求每个公社每天生产半吨炸药。《土石方工程施工安全应注意事项》，《青年运河》，1958年6月21日第2版。《技术革命讲话（提纲）》，《青年运河》，1958年7月24日第2版；《政治挂帅　依靠群众　全面规划　短期突击——鹤地水库领导施工的经验》，《青年运河》，1958年10月31日第2版。

② 《师政委陈华荣昨天在誓师大会暨授衔典礼上致开幕词》，《大坝捷报》，1958年9月10日第1版。该文指出："大坝工区封了3000将领。"黄毅在这次大会上被封为马群连连长。

闪失，就会酿成大事故。

无论哪种炸药，只有从地底引爆，才会得到高土方。因此，每次爆破都经过挖穴、装药、封穴、连接引信、起爆等环节，其中装药过程最为危险。

壮志未酬

那天，我与某个民工又去搞爆破试验。我们挖好了几个炮穴，先在炮穴里铺上一层木屑或火灰，待炮穴干燥后我再装炸药。他负责取火灰或木屑，我负责装药。在装药过程中，我看到有一个穴壁还湿润，水迹没被吸干，便吩咐他再取点火灰撒到炮穴里。谁知道他取回来的火灰还有点余温，可能是他认为火灰撒到炮穴，吸水后温度下降，不会有问题。待我倒炸药进炮穴，还没搅拌就发生爆炸。我两眼一黑，昏过去了，他也受轻伤。其他民工后来告知我当时的情景：我浑身沾满泥土，双眼严重受伤，伤口的鲜血往外渗。同村民工朱成章跑回工棚拿他的被子把我卷起来。工地医院经过简单处理后，送我到地区医院治疗。我受伤的消息传回家里，我是孤儿，没有兄弟姐妹，女儿才半岁，我妻子央求一个亲人到湛江医院了解情况，她得知我受伤详情后在家哭得死去活来。

待我醒过来时，什么都看不见，后来我又转去柳州、南宁等好几个医院治疗。在南宁的医院，姓刘的女医生几次给我动手术，我都忍痛没打麻药。有一次，她又准备给我做眼球手术，我说：“不打麻针，我忍受不了了。”经过局部麻醉，刘医生很快做完手术。

留医期间，除了工程指挥部曾派人来探望，没有其他亲人前来照料。好在医院方面精心照顾，加上其他病友亲人的帮忙，我度过那段艰难日子。当时一个来自柳州的病人，因眼睛病变留医。大家同病相怜，有些共同话题。他家亲人多，经常有亲人带海鱼来探望他。他营养充足，身体恢复快。有一天，他亲人又带海鱼来探望他，医院因床位紧张给他办理了出院手续。他连鱼带煲都留给我，还叮嘱我要多喝点鱼汤补补身体。经过一段时间的治疗，我的伤情基本好转，后因床位紧张，我便带药回家治疗。

伤愈后，我又回到鹤地工地，一来想继续参加水库建设，二来想了解一下如何处理我的伤残情况。领导认为我的身体状况不适宜继续参加水库建设，便让我回家，对照工伤情况给予经济补助。因为我是复员军人，加上工伤，有关部门准备给我安排工作，结果碰上政府精简机构，要压缩人员，无法安置我。

往事现说

因为受伤，我参加鹤地水库修建工作只有一两个月的时间。作为一名复员军人，响应党的号召，投身鹤地水库修建工作，曾获一件印有“雷州半岛青年运河”字样的背心，为运河建设尽了自己一份力量。

我对参加雷州青年运河建设无怨无悔，这段经历影响了我一辈子。但我不埋怨任何人、任何事。工程指挥部在我受伤后给予大力救助，联系大医院让我得到更好治疗，按政策给予经济补助①。受伤是意外事件，在那么大的工程建设中不可避免，就像抗美援朝战争我有很多战友牺牲在朝鲜战场一样。生在那个时代，是没有办法的事。这算是我们这辈人的一种付出。

希望年轻人能记住我们这一代人的付出，别认为雷州青年运河是自然形成的河流。它是我们国家建设的成果，是我们付出生命代价才建造出来的工程。

---

① 根据《关于经济建设工程民工伤亡抚恤问题的暂行规定》（中央人民政府政务院1954年5月22日（54）政政孙字第36号批准公布施行）第三条规定：民工因负伤，应在工程单位所属医疗机构或特约医院治疗，其诊疗费、医药费、住院费、就医路费均由工程单位负责，住院膳费原则上由本人自理。超过伙食标准时，由工程单位补助。医疗期间工资照发。第四条规定：民工因工负伤致成残废者，应有工程单位按下列情况分别给予一次抚恤：……部分丧失劳动能力，尚能参加生产者，视其残废程度一次抚恤50万~300万元（1955年后1万元=1元）。黄毅老人忘记了补助多少钱，因为他是复员军人，有一定的补助。对比河头团民工陈某，她在1958年12月13日被泥压成重伤，多处骨折，当时治病经费全由鹤地水库指挥部负责，并取得残危定补。指挥部取消后，不得补给。回乡后县水电局一次性补助本人500元。鹤地水库：《青年运河鹤地水库5—7月份疾病工伤死亡事故登记表》（1958年11月），雷州青年运河管理局档案室藏，37-35-147；江洪镇政府：《遂溪县水电局关于在青年运河施工引爆工程中致残者陈某病难救济的请示》，广东省档案馆藏，90-A125-30。

国家发展起来后，有关部门对散居在农村的那些曾经在各行各业做出过贡献的人员进行调查登记，通过某种方式承认他们过去的付出。我作为抗美援朝复员军人深有体会，国家给予的待遇越来越好，不断有各类人员慰问。几十年来，却鲜有人来调查雷州青年运河建库开河亲历者的情况。

填筑堤坝

为了改变苦旱命运

沈玉英　口述

采 访 人：林兴

受 访 人：沈玉英（80 岁，遂溪县洋青镇洋青圩人，农民，笔者母亲。主动要求参加鹤地水库修建工作，直至水库工程结束。其间在大坝拉车子，两次获得二等奖。）

采访时间：2015 年 7 月 19 日

采访地点：遂溪县洋青镇洋青圩

采用语言：雷州话

协助采访：林婧

采访口述人沈玉英

请缨建库

1958年开始修建鹤地水库，据我所知，去鹤地修水库的民工统一由社里安排，有时候也搞轮换制。大家都服从社里安排，去的人我认为可以分为两类：

第一类是主动要求参加者。这部分人主要是社里的干部以及党员、团员积极分子。我不算是积极分子，但我主动报名参加，主要是刚结婚，对家穷缺水的生活环境不满。农业生产因缺水，收益不好，导致家穷，家里经常有上顿没下顿的；家里用水困难给我留下深刻印象，当时我结婚回到洋青圩，这里1000多人靠三口井供应生活用水。夫家人多，四代同堂，作为新媳妇，我一天几次到几百米外的水井挑水。井水有时供应不上，必须等渗出再挑，这是我婚前没经历过的。听说修运河能带来水，改变生活，便报名参加。

第二类是被动服从安排者。这种情况又分三种：一是绝对服从安排，没有怨言的，这类人占大多数，是修建运河的主要人马。二是怕辛苦不想去，但人随粮走的分配政策使他们不能不去。当时公社化，所有东西都充公，粮食等物资都调到鹤地，民工的名单[①]送到鹤地，其口粮也带到鹤地。这意味着他的粮食由鹤地供应，去修水库有饭吃；名单上的人如果待在家，社里不供应粮食，没饭吃，只能去鹤地。三是成分不好的人。在当时的形势下他们不敢拒绝，点到即去。

我爱人是社里的生产能手，社里留他在家搞生产，有几次派他拖牛车运送物资到鹤地，在这之后，我才去鹤地。刚到鹤地，望着四周是山岭的偏僻之地，因刚结婚，与社里其他民工不熟悉，找不到几个人讲话，心里

① 县委规定："劳动力必须保证原来分配的民工任务完成，方法是公社领导要把整个劳动力安排下队。然后到下面营、连、排具体排列参加水利人员的名单，要领导干部亲自带到工地交数。"指挥部：《陈书记在县水利会议的总结报告》（1958年12月5日），雷州青年运河管理局档案室藏，12－15－91。

很焦虑[1]。

在鹤地工地，由公社[2]在工棚附近办食堂，洋青公社的民工聚集在一个食堂吃饭，主要是番薯粥、番薯饭。食堂把番薯切成块，掺杂大米一起煮番薯饭（粥），没有多少菜，逢年过节加菜才能吃到肉。我们收工回来后，蹲在地上围在一起吃饭，一大钵粥、一小钵菜放在地面。饭可添，但第二次添饭后就没有了。回想起来，在鹤地能吃饱，在家的话就挨饿了。

运土筑坝

当时有几千甚至几万人在筑坝，这个坝大得可怕。修筑堤坝分松土、装土、挑（运）土、拖土、压土等工种，松土主要是通过打泥牛使岭头的泥土坍塌，一次可以得到一大片泥土，比锄掘铲挖要快得多，但也更危险。下面挖断层的人有时候来不及躲闪，就会发生伤亡事故。民工将泥土运上坝面卸下，年纪大、身体羸弱的民工拉闸耙，把成堆的泥土铺散开；健壮的民工拉着石碾压实坝面，像洋青圩的文秀伯[3]就拉过石碾压坝面。一个石碾有几千斤重，需要几个力大如牛的民工一齐才能拉得动，而几百斤重的石硪[4]则用来将坝面的边缘地带砸实。大坝就是这样压实一层填筑

---

① 焦虑在民工初上鹤地时是一种普遍现象。焦虑的原因：①环境变化。遂溪民工生活在平原地区，到群山起伏、水潮流急、船只奔忙的鹤地，容易感到心烦，引发思家的念头。②工期无底。社里领导在家动员民工上鹤地时，向民工交底在鹤地水库干几个月即可，民工带着“水库不完成决不收兵”的豪迈心情出发，来到鹤地工地后，对几个月完成工程的信心不足，要求社里实行轮班制未得答复而焦虑。③伙食差异。民工伙食由社里供应，不同社的民工生活标准不同，如伙食费，黄略 0.48 元/天，北坡 0.34 元/天，但两地民工从事的工种一样，低伙食标准的民工要求社里给予补助未得答复而焦虑。这种焦虑对民工的思想和劳动情绪产生不良影响，需要对民工进行思想政治教育，安定思想。《评游前后 · 北坡大队通过评游　安定民工思想　鼓起冲天干劲》，《青年运河》，1958 年 9 月 3 日第 2 版。

② 当时鹤地工地实行军事化管理，公社、大队改编成团、营。年月已久，沈玉英老人忘记民工在鹤地的编制，只记得是按照公社、大队来管理民工。

③ 笔者有幸采访了他，时任民工连长。

④ 报道指出：250 斤重的石硪，8 人一班，一般打 50 次就要休息。阳江远征队改变了这种做法，4 人一班，150 次才休息一次，最多的打到 250 次。宋景惠：《高举共产主义红旗大踏步前进》，《青年运河》，1958 年 11 月 16 日第 1 版。

一层，逐层填筑起来的[1]。

当时突击队员做工更加勇猛，他们身体好，做工积极。如果身体不好，一般不敢参加突击队，因为工地经常搞突击，尤其是工程紧张时，更要昼夜突击。有次发大水，库水涨得快，领导担心大坝被冲毁，工地民工拼命突击，砌石筑坝拦水。我记得洋青圩一个姓杨的人，他是指挥部的，在旁边不断地给我们鼓劲，呼喊："冲啊！冲啊！"

树叶润滑

我在鹤地的工作主要是拉车运土上坝。当时人多车少，有人拉车运土，也有人用畚箕挑土。土塘离大坝有好几百米远，长时间挑土，扁担磨伤肩膀，工效低；用车子拉土，工效高，容易得到一些奖励，因此，我喜欢拉车运土。但车子有两点不足：一是大部分车子的车轮没有胶条，轴承也没有滚珠[2]，拉车费力。二是车子磨损严重。车子每天都在运转，没有机油润滑，车轮、滚轴磨损严重，车子拉起来一拐一拐的。我们经常将一些带叶的枝丫插进车子的轴承缝隙，达到润滑[3]车子的目的，但效果不是很好。实在拉不动就送到木工厂修理，木工厂里堆积着很多破损的车子，修车的木工每天忙个不停。

---

① 根据施工要求，填土应由最底部开始水平分层填筑。每层土需打夯或碾压密实，每层厚度一般不得大于20公分。用石硪夯实，一般泥土击数不得少于18～20次；用石碾压实，填方应不得少于自然土壤之压实程度70%。《雷州半岛青年运河施工要求》，遂溪县档案馆藏，3－长期－A12.9－047－005。

② 车辆滚珠化改革：①车辆缺乏滚珠。鹤地水库建设初期，车辆缺乏滚珠，影响工效。②滚珠改革。所用转动工具要装上滚珠轴承，现制的滚珠轴承内外径都是圆形，不容易转动，应改为内圆外方；滚珠轴承需要铁料多，供应有困难，改用硬木制滚珠轴承；大搞木珠，要求3天内将需要的木珠全部搞好，5天内把全部车子装上滚珠，实现滚珠轴承化。《十四化——全区各县水利领导参观水库工程后的宝贵意见》，《青年运河》，1958年9月22日第1版；《政治挂帅　依靠群众　全面规划　短期突击——鹤地水库领导施工的经验》，《青年运河》，1958年10月31日第2版。

③ 木轴承车子常常因没有润滑油容易发热磨损，民工在轮轴发热时便采摘树叶揉成团塞进木轴承上，因为树叶含有一定的水分可使摩擦而产生的温度降低。一般的木轴承用黄油、牛油及花生油做润滑剂，但黄油等物资缺乏，民工普遍用树叶润滑保护轴承，但效果一般。《斗车"无用论"者休矣》，《青年运河》，1958年10月12日第1版。

施工工具集中存放，任由民工挑选，先到先挑。我拉车多，很在意车子拉起来顺不顺。因此，我吃饭动作很快，饭后马上到工地，挑选有胶条、无破损的车子。拉车跟驶牛耕田一样，顺手车子拉起来跑得快。无论是挑土还是拉车，都没有额定任务分到个人。坝面有人专门统计拉车次数或挑土担数，民工卸下泥土，他就给一个牌子，几天公布一次牌数，评功奖励。后期堤坝筑高了，我拉车时，后面有人推。推车人劲头非常足，边推边喊："冲啊！冲啊！"

模范老人

我积极拉车，既没偷懒又没逃跑，有两次被评为先进分子，奖励两件背心，还有短衫。我记得我是二等功臣，我认识的来自打铁塘村的一名67岁的莫姓老人每次评奖都是特等功臣。一般来说，像他这个年龄的人不会被安排去鹤地筑水库，他是自己主动要求到鹤地修水库。有时候，我们两个人拉车子，自认拉车已经很积极了，但还是比不上莫姓老人。他总是一个人拉着车子，他拉车次数不一定很多，但从不偷懒。他是大家学习的榜样，每次评奖都有很多人提名他当功臣。

在鹤地，并不是每个人都能得到奖励，因为有的民工偷懒甚至逃跑。偷懒的人要么在工棚睡觉，要么干活磨磨蹭蹭。"小便"是偷懒的代名词，也有诈病偷懒的，诈病的人说身体不舒服而不出勤。好吃懒做的人会受到批评。不过，偷懒的人毕竟是极少数。如果大多数民工偷懒，水库怎么可能修建起来呢？有段时间，指挥部采取了出工、收工点名等措施，防止不自觉的人偷懒。其实，如果大家都积极干活，那些人也不好意思偷懒。

睡眠不足

民工偷懒、逃跑，主要是个人原因，也有其他原因。当时有人说：民工睡6个钟头足够了，就是说我们民工一天休息6小时，指挥部好像也有这个规定[1]。早上6点有人吹号起床、吃饭、出勤，午饭后休息一会儿便出工，继续做到下午，晚饭后经常开夜工。基本上我们日夜做工，从早上6点做到晚上10点。开夜工回来，冲凉洗衣服，一般要到凌晨才可以睡觉，第二天6点又要起床。如果碰到突击，连6小时的休息时间都保证不了。在鹤地修水库为什么感觉到辛苦？睡眠不足是其中一个原因。当然工作繁重也使人感到辛苦，但当时主要是年轻人在修水库，体力恢复得快，如果睡眠时间充足，什么活都能干。

每天休息时间不足，又不像现在这样有周末可以补充休息。像我这样的女民工，每月例假期间也没能休息[2]，最多自己在劳动时注意保护自己。我在鹤地一年多，记得只有两种情况可以休息：一是工地举行文艺活动时[3]。当时经常有雷剧团、粤剧团来演出，有时候指挥部也放电影。我居住的地方离指挥部很远，晚上黑黢黢的，我一般也不去看，留在工棚休息。二是春节期间放假[4]。民工可以自费回家，也可以留在工地。我留在工地过年，除了参加工地文娱活动外，还去了廉江县城、坡脊圩游逛，只是口袋里没钱，觉得没什么好玩。遂溪好多民工在鹤地工地过年，有人回

---

① 沈玉英老人提及睡眠不足6小时是指刚上鹤地劳动的情形。

② 为了提高出勤率，1958年10月11日雷州半岛青年运河工程司令部规定：妇女经期应参加适当的劳动，有困难者可照顾，但不得休假。工程司令部：《关于提高出勤率的几项规定》，雷州青年运河管理局档案室藏，7-53-181。

③ 关于民工休息情况，除了沈玉英老人所说的文艺活动休息外，还有几种：①战役后休息。打战役后，如果以七天为一个周期，战役后休息半天，每次战役中头两天晚间进行休整。②妇女特别休息。1959年3月规定，根据女性特点，三八妇女节放假半天，女性经期按规定可以休息一天。③每三个月可以请假一次。孟宪德1959年6月21日前往鹤地水库检查工作时所做的指示："民工换班问题，不要大换班。每三个月可请假一次，假期根据具体情况另行规定。"《青年运河》报道孟宪德的讲话时没有提及请假这点。《为保证四月放水而战》，《青年运河》，1959年2月16日第1版；《工地党委关于加强妇女工作的通知》，《青年运河》，1959年3月2日第1版；《乘风破浪　继续前进　誓把青年运河建设好》，《青年运河》，1959年6月24日第1版。湛江地委：《孟书记对当前施工工作指示》（1959年6月24日），雷州青年运河管理局档案室藏，39-13-44。

④ 雷州青年运河修建期间，正式放假有两种情况：①春节期间，放假3天；②雷州青年运河主河全面放水后，工地民工决定每个月放2天假，一天由纵队安排统一活动，一天自由活动。《中共雷州半岛青年运河工地委员会关于工地春节放假的通知》，《青年运河》，1959年1月22日第1版；《开展高工效运动掀起施工新高潮》，《青年运河》，1960年6月15日第1版。

家后，嫌工地太过辛苦不来鹤地修建水库了[①]。

带水还乡

等到鹤地工程差不多结束时，修水库就没那么辛苦了，后来大批民工离开鹤地去开挖运河，我就回家，再也没参加运河工程的劳动了。洋青大塘就在距离我家一二百米的地方修建，我有过鹤地修水库的经历，生产队就没派我去挑土筑坝。当时我母亲来修筑洋青大塘，其间生病住在我家治疗，忘记是什么病了。她让我用通红的煤油灯灯芯灼点伤口处，我下不了手，怕灼疼她。她骂我没用，便自己来。母亲病好后，继续修建洋青大塘，直至工程结束。

洋青大塘工程完成后，参加修建运河的民工队伍敲锣打鼓从洋青圩中心街游行经过我家门口，我看到他们身披彩带，唱着运河歌，高呼："带水还乡，放水到田!"

往事现说

共产党得民心，硬生生带领民工建造出如海一般宽广的鹤地水库，以及不知道有多长的运河渠道。运河水从鹤地水库流到洋青大塘可能有十几铺路，再流到杨柑、城月直至海康南渡河。当时只有饭吃没有工钱，我们也愿意去鹤地修水库，为的是解决我们生产生活的用水问题。开始去鹤地修水库时，我还怀疑能不能带水还乡？洋青没渠没沟也没溪，水库里的水怎样流到洋青呢？谁想到我们真的修建出一条运河来，解决了用水问题。运河建成后那几十年，洋青由干旱之地变成水乡，主河、大小灌渠、水塘到处都是。洋青的水田、旱田、坡地都能种水稻，一年两季，粮食丰收，

---

① 1959 年 2 月 8 日是春节，春节前鹤地工地有 38000 名民工（截至 1959 年 1 月 28 日），2 月 6 日至 12 日为春节假期（包括来回路上时间）。春节过后，有很多民工回去过春节就不再来了，以致很长一段时间工地仅 20000 名民工。《从三笔账看在工地过春节的好处》，《青年运河》，1959 年 1 月 28 日第 1 版；《鼓起更大干劲　提前完成任务》，《青年运河》，1959 年 4 月 24 日第 1 版。

我们不再以吃番薯为主，米饭、白粥也有的吃。地面水多，井水变深，挑水不用等待泉穴出水，随挑随有，队长所说的“修运河是大家的事，修好后大家都有水用”实现了。

修运河是一件有益的事。我们这代人没有谁去埋怨修运河时的艰苦，辛苦那几年，幸福千百年。谁都经历过从年轻到老年，但并不是人人都有机会修这条运河。虽说几十年来没人问过我关于修运河的事，当年所经历的事很多也已忘记，但我记住了鹤地。

水不到乡誓不回

卜　民　口述

采 访 人：林兴

受 访 人：卜民（74 岁，遂溪县洋青镇俩塘村人，农民。17 岁参加雷州青年运河建设，在鹤地修建水库主坝，在那良开凿运河，在洋青填筑洋青大塘大坝，直到工程结束。其间从事挑土、发牌子、拉车子、爆破等工种）

采访时间：2015 年 7 月 20、23 日

采访地点：遂溪县洋青镇俩塘村、鹤地水库

采用语言：雷州话

协助采访：卜英才

采访口述人卜民（中）

辍学应召

1958年，我在百桔埇小学读四年级，后因家里经济困难，辍学在家。此时恰逢雷州青年运河开始建造，农业社要派民工去鹤地修建水库。社长找到我，说："你不读书了，还不熟悉生产劳动，先派你去鹤地修水库，怎么样?"我说："去就去。"出发当天很激动，因为可以坐上火车[①]，17岁的我还没见过火车。我们10多个人步行20多公里到遂溪火车站集合，乘坐火车到河唇后，再步行几公里才到达鹤地工地[②]。

我作为第一批去鹤地的遂溪民工，在水库全面动工前做了四项工作：

第一，搭建工棚。工棚所需的竹筒、桁子、稻草、芒草等材料由各农业社提前派人拖上来，在距离堤坝约一公里远的小山丘上搭建。工棚非常简陋，有一个出入口，民工弯腰才能进出；内分左右两排，铺上稻草、茅草，没有床板。民工自带被褥，没有蚊帐，铺上破旧草席即为睡铺。

第二，跟随勘测队勘测山岭，钻取泥土给技术员化验，测评泥土性能是否适合筑坝。

第三，修路架桥。我们在灌丛林木遍满的山岭修整出便道，逢山开路遇水架桥，修整出多条大小交通便道，解决施工运输及民工出行问题。民工在工地仅有一条路出入，但也有跋山涉水离开工地的人。

第四，山岭清基，俗话叫清泥皮。到勘测合格的山岭清泥皮，把岭头的木叶、草根、树根、坟墓以及其他杂物清除干净，确保将来筑坝采用的泥土不含残余杂质。

---

① 火车在当时是新鲜事物，湛江境内第一条铁路是黎湛铁路，1956年1月1日开始运营。鹤地水库防护堤是为保护黎湛铁路鹤地段而修筑，很多鹤地民工对火车感到新奇，纷纷围观路过鹤地的火车，曾发生一些交通事故。雷州青年运河工程总指挥说："没看过火车的可以看看"，但要注意安全，并抽调民兵在通过铁路的各个交通路口巡逻看守。卜民对坐上火车感到激动是那代人的真实写照。《在安全委员会上总指挥王勇对当前运河治安保卫工作做了重要指示》，《青年运河》，1958年8月19日第1版。

② 遂溪县民工首批到鹤地的时间为1958年7月底。"根据工程计划，8月10日即进行大动工，现为了做好动工前准备工作，县委决定先抽调一批民工到鹤地工地修整道路、搭桥梁、制先进工具……统于本月24日集中县城，25日早上搭火车赴鹤地青年运河总指挥部安排工作。"《遂溪县委决定先抽调一批民工到鹤地工地修整道路等工作的通知》（1958年7月20日），遂溪县档案馆藏，3－长期－A12.9－047－014。

我们花了一个多月才完成这些工作，随后，大量民工上到鹤地，水库开始全面大动工。

修筑堤坝

水库全面动工时，我们大队派出200～300名民工，最主要的工作是填筑大坝。当时按照部队师、团、营、连、排的编制对民工进行军事化管理，我属于大坝师洋青团分界营。洋青团由郑贻东吹号，民工闻号统一起床、出工、收工、就餐、休息等。一天常规劳动时间10个小时，加夜班的话，则达14个小时以上。如要限时完成某项任务必须突击，则有可能通宵达旦甚至连续工作几天几夜。当时，加夜班、突击是常态[①]。我们每天五六点钟起床，经常做到夜间12点，除了就餐、整理个人内务，连续劳动十几个小时，非常疲倦。有些民工回到工棚和衣而卧，也不再讲究什么了。

---

① 加夜班是雷州青年运河建库开河亲历者的共同回忆。他们提及当年频繁加夜班的艰辛引发笔者思考。研究发现加夜班有如下原因：①工程急于求成导致加夜班。雷州青年运河是“大跃进”的产物，建设方针要遵循“鼓足干劲，力争上游，多快好省”的建设社会主义总路线，“快”就是力争秋前完成，明年春耕开始灌水，即1958年5月15日中共湛江地委做出《关于兴建雷州半岛青年运河的决定》，1959年3—4月运河放水灌溉。1958年9月6日，工程指挥部王勇提出：“切实保证秋前完成土方任务，12月全部完成结束水库工程，保证为明春4月放水而努力。”为完成任务，指挥部提出正常保证10个小时劳动，晚上加开夜班。②理想与现实矛盾导致加夜班。雷州青年运河作为“四边（边施工、边设计、边勘探、边测量）”工程，工程具体施工更多是出于估算、假设。“根据初步估计，运河渠道和水库的土坝……土石方不下7000万，如果每天有20万人出工，每个劳动日完成3个土方和1个石方，需要150天才能完成。”1959年4月放水的前提是20万民工每个劳动日完成3个土方和1个石方。实际施工民工并没有持续保持20万，1958年9月集中精力修建鹤地水库，民工保持在3万～5万人幅度。因此，预定放水时间不变，民工人数不足，只能延长劳动时间加夜班。③工程计划不周导致加夜班。如鹤地水库在技术人员进到工地后才发现必须开挖一条150万土方（后改为79万土方）的排水沟。工程量陡增，要依时完成放水任务，只能延长每天的劳动时间，加夜班不可避免。④天气因素导致加夜班。雷州青年运河修建期间，雨季、台风、寒潮影响任务完成时间，导致开夜工的时数和天数增加。以鹤地水库为例，1959年5月、1960年6月29日先后遭受洪水、台风袭击引发险情，民工分别花费近一个月、一个半月时间抢险，为了挖通运河，放水到田，必须延长劳动时间，加夜班的经历成为民工一辈子难以忘怀的记忆。《在兴建“雷州半岛青年运河”现场会上的讲话》（1958年5月8日）、《当前青年运河工程急切要解决的问题》（1958年7月），中共湛江市委党史研究室编：《孟宪德在湛江研究资料》，北京：中共党史出版社，2014年，第128、137页；《王勇在第七次行政（扩大）会议上的总结发言（摘要）》，《青年运河》，1958年9月9日第2版。

雷州青年运河修建期间，除了春节放假外，民工没有其他节假日，没有整天休息的时间。民工要休息或者离开工地，只能通过这些途径：一是请假[①]。因家事或生产队的事请假离开工地，必须经团部批准，否则以逃跑论处。二是工地举行文娱活动停工休息，只是不加夜班而已。三是因伤病休息。这必须由工区医生诊断后开具证明，在工区疗养院休息。四是无故离开工地，有少数民工趁这个机会休息 2 ~3 天再回工地。

在工地劳动经常遇到刮风下雨天气，工地上的口号铺天盖地，“小雨当流汗，大雨当冲凉”；“晴天拉车，雨天肩挑”；“晴天一天当两天，阴天雨天当晴天，小雨照样坚持干，大雨也不下火线”；“抓晴天，抢雨天，大雨才停工，小雨巧安排”。只有下大雨，我们才停止筑坝，但有时安排其他工作，如拾柴。有几次，我们洋青团 1000 多人到附近山岭拾柴，有人直接砍当地老百姓的树木，曾经引起冲突。

筑坝时我拉过一段时间车子，车子装载有 3 ~4 担土，车轮轴承没有滚珠，非常难拉，因车子少，一般是 3 ~4 个人负责一辆车子。拉土到坝面即卸，从中间往两边推进，另有民工推平。坝面泥土采取机械和人工方式压实：机械方式用大型拖拉机[②]拉着几千斤重的石牛碾压坝面。人工方式采用石碓砸实。民工用绳子系住石碓的 4 个方向，只听到“嘻！哈！砰！嘻！哈！砰！”的声音，4 个民工边喊边拉边松手，石碓从 1 ~2 米高处砸下，砸实坝面泥土[③]。

---

① 关于请假制度。为了加快完成任务，总的来说不放假，也不允许请假，有特殊情况要请假，干部要经指挥部批准，民工要经大队（后改为团、纵队）批准。民工没有团部证明不得离开工地。《王勇在第七次行政（扩大）会议上的总结发言（摘要）》，《青年运河》，1958 年 9 月 9 日第 2 版。

② 用拖拉机拉羊足碾。由于羊足碾不足，我们的斯大林 80 号拖拉机不拉羊足碾，因为它本身重 11 吨，采取每层碾压 10 遍，羊足碾我们用混凝土倒结，这样可以解决大坝每天 4 万方上坝的压实问题。凌俊卿：《鹤地水库工程情况介绍》（1958 年 9 月），雷州青年运河管理局档案室藏，1 –5 –39。

③ 夯压标准用验碓锤检验，一般泥土击数不得少于 18 次。《雷州半岛青年运河施工要求》，遂溪县档案馆藏，3 – 长期 – A12. 9 –047 –005。

发放牌子

因车少人多，工地一度出现窝工、怠工现象，我们曾经采用发牌子[①]方法提高工效。我读过几年书，年纪小，连长安排我发牌子统计车数。一天下来，过一百车次、七八十车次、四五十车次的都有，谁勤奋、谁懒惰，谁先进、谁落后，一目了然，这是将来评先进的依据。

民工因思想素质、身体条件等差异，在面对高强度劳动时有不同的表现。我在发牌子时，发现民工拉车的车次相差大，车次少是因为少数落后分子偷懒。偷懒方式白天与黑夜不同：白天很难偷懒，常见的是施工中等候抽烟、假装大小便等；夜里，趁开夜工不容易检查人数，躲闪到偏僻山岭的白墓子里睡觉，直到收工号响才回来。为解决民工抽烟问题，工地设有抽烟处，民工在等候烟筒时趁机停歇，营长、连长见三五个人聚在抽烟处会批评。偷懒最常用的招数是假装大小便，因不好监督，偷懒的人会躲到偏僻地方，故意延长时间，达到偷懒目的。还有诈病偷懒的[②]，但这种情况不多，工地有医生和保健员在把关。

---

① 发牌子，是一些民工团或某个工区为提高工效防止窝工或计账的一种民工施工管理办法，一般安排老年或少年民工负责。卜民作为少年民工负责发牌子。鹤地水库修建期间发牌子首先在百桔营采用，运河北段工程施工期间莲塘口工区曾经采用。百桔营为了防止窝工、浪费、偷懒、怠工现象，采取“六定四包”办法进行施工：六定是定地区、定工具、定人数、定量定质、定专业、定挂钩竞赛；四包是指，4 人包一辆车，1 人松土，3 人推车。700 米的运距一天至少拉 46 车次，比以前工作量提高两倍。洋青团推广后，把任务包到人，采取“五定三包”办法，通过发牌子及时计算各组完成任务的情况，连、排每 10 天出榜公布一次，团部除了每天公布各营、连进度外，还 10 天评比一次，推动了红旗竞赛。1959 年 10 月运河北段工程施工期间“开展定额超奖运动”，莲塘口工区采取发牌子计账。《认清形势　反掉右倾　苦干巧干　保证 4 月放水》，《青年运河》，1959 年 1 月 1 日第 1 版；大坝师部编辑组：《一把钥匙开一把锁：百桔营采用发牌的方法解开了闷葫芦》，《大坝捷报》，1958 年 10 月 7 日第 2 版；《六定——提高工效的好办法》，《青年运河》，1958 年 10 月 7 日第 2 版；《洋青团把任务包到人》，《青年运河》，1959 年 1 月 28 日第 2 版；《开展定额超奖运动的做法与体会》，《青年运河》，1959 年 11 月 3 日第 2 版。

② 诈病偷懒在当时偶有发生。以一篇关于大坝师某团报道为例，全团 1758 人，出勤率只占 40%，408 个病号中有不少是假病的，复查病号只有 89 个。1958 年 10 月 12 日，渠首师李副政委带队到各工棚慰问伤病员，曾对伤病号进行普查，发生不少是装病偷懒的，如某团 69 个所谓病人中，有 41 人不是病号，而身体确有病需要休息的只有 28 人。其他各团营也存在类似情况。经过检查后，领导对真正有病的则给予证明，进行慰问，对托病偷懒的则教育他们出勤。《政治挂帅出土方》，《青年运河》，1958 年 10 月 12 日第 2 版；《渠首师领导慰问伤病员》，《青年运河》，1958 年 10 月 15 日第 1 版。

截流围堰

堤坝做到某个高程时，指挥部通知某时某日要截流。为截流，工地准备好材料，如桁子。这些桁子如果给我们村几百户村民建房的话，用都用不完。每根桁子有一头镶上铁板，便于民工打桩。打桩时，2 艘帆船在水面并排着，民工爬到上面，把一根根桁子交错打入河床。

截流那天，现场气氛非常紧张。民工就像电影中的解放军，当战场上冲锋号响起，便向国民党阵地发起冲锋。他们急促奔跑，有的挑担，有的拉车，有的扛沙包。100 多斤重的沙包被突击队员抛到参差桁桩间，挡住流水；有人跟着卸土填筑，一步一步向江中推进，把九洲江滔滔流水截断。

截流后，我们有段时间劳动得非常艰苦。因为要清除围堰里的淤泥，在原河床上填筑 100 ~ 200 米的主坝。工期紧迫，水位渐高，不及时筑好堤坝，万一水库水满溢出，淹没堤坝，就会前功尽弃。因此，民工必须不分昼夜加班突击。

意外事故

说到修建雷州青年运河，除了辛苦、挨饿外，伤亡事故也时有发生。像拉车子撞到人、打泥牛压伤人，更严重的是爆破造成人员伤亡。我们洋青团民工黄毅因爆炸伤及眼睛，但造成最严重伤亡事件的是溢洪道爆破取土。溢洪道属大坝工区工程，洋青、黄略和北坡 3 个团工地相邻，黄略团在北向工段，我们在中间，北坡团在东南向工段（靠近溢洪道）。

鹤地水库建有 2 条水道：放水道和溢洪道。放水道在渠首，是青年运河供水口；溢洪道是排洪渠道，建在一个岭头上。每次路过这个山岭时，我们都在纳闷：从岭顶往库区看，有几十米高，岭底的江水怎么可能从山顶排出？待九洲江截流、水库蓄水后，看到水位升高至岭腰，水面一望无际，才知道水库大得可怕。水位抬高，堤坝承受太大压力，必须通过溢洪道排放多余的水，以保证水库堤坝安全。因为这个山岭全是石块，只能通过爆破把山体炸开，挖出溢洪道。

按往常，每到爆破时，指挥部会通知附近民工停工躲避。爆破持续时间十几分钟，待爆破结束后民工继续施工。爆破时，我们洋青团民工一般躲藏在铁路桥底及附近山坡凹处。而靠近溢洪道的其他团民工，每次都躲在距离起爆点一二百米远的某个低洼处。该处前面有堤坝遮挡，一直很安全。谁知道这次爆破威力大，大批泥土、石片飞向空中砸向他们躲藏的地方。很多人担心炸到自己的工友，冒着滚滚浓尘过去看个究竟。后来听说有 40 多人受伤，这是我在水库工地见到最严重的事故①。

下放干部

在鹤地工地的施工人员中，有一批是来自湛江地区各单位的干部②，他们与民工同吃同住同劳动。有一位干部来自民政部门，50 岁左右，有半年时间睡在我邻近床铺。他经常和我一起去工地，对我非常好。

他问我这么小的年纪为何不继续读书而来鹤地工地？还问我是否愿意跟他回湛江读书？家中有多少兄弟姐妹？我说我有好几个兄弟，读书成绩好，想继续读书，但家里没钱，便辍学在家。鹤地工地招人修水库，社长就派我来了。该干部曾经对我说过想带我去湛江读书，但由于各种原因，

---

① 这次重大伤亡事故发生在鹤地水库溢洪道，是雷州青年运河工程修建期间发生的最为严重的伤亡事故。关于这次工伤事故，《青年运河》于 1959 年 5 月 15 日刊登《提高警惕　注意施工安全》一文间接提及，该文指出：“在民工、干部中都还存有不少麻痹思想，违反安全操作规程的情况时有发生，以致出现工伤事故。在政治上、工程上、民工情绪上造成不良影响。”这次爆破事故造成民工死亡 2 人，重伤 8 人，轻伤 35 人。雷州青年运河管理局：《雷州青年运河志》（内部稿），2015 年，第 21 页；广东省遂溪县水利志编写组编：《遂溪县水利志》，广州：广东高等教育出版社，1990 年，第 9 页。《遂溪县水利志》记载：1959 年 4 月在鹤地水库大坝工地施工的遂溪民工用炸药爆破取土，炸死 2 人，炸伤 43 人。

② 关于下放干部，孟宪德在 1958 年 3 月召开的地专直属机关下放干部座谈会上说：“最近地委又决定开辟青年运河，从廉江到海康，需要大批干部，将来还要分批下去锻炼。”1958 年 5 月 5 日《关于兴建雷州半岛青年运河的决定》颁布后，“湛江地委从各部门抽调 2000 多名干部参加雷州青年运河工程建设”。为此，雷州半岛青年运河工程指挥部于 1958 年 8 月 16 日给下放干部轮换发出一封慰问信，要求他们继续留下来多干一个短时期。这些下放干部到团、营、连、排突击队，大部分担任副职以加强领导，少部分参加劳动。中共湛江市委党史研究室编：《孟宪德在湛江研究资料》，北京：中共党史出版社，2014 年，第 7、99 页；《给支援运河建设的各机关干部的一封慰问信》，《青年运河》，1958 年 8 月 19 日第 1 版；《下放干部加强基层领导》，《青年运河》，1959 年 2 月 16 日第 1 版。

最后我没有跟他去湛江读书。他在生活上很照顾我。我跟他是邻铺，当时天寒地冻，他见我被褥单薄，让我与他孖铺，熬过寒冬。他完成任务回湛江之前，带我在河唇的饭店大吃一餐：有鸡有鱼有米饭。这是我在鹤地工地吃得最好的一餐，至今还记得。

离开鹤地后，他留下联系电话、家庭住址，让我做完运河后到湛江找他。我离开鹤地后，继续到那良修运河，没去找过他。几十年过去了，我已不记得他的名字。

那良爆破

鹤地水库主要工程完成后，我们 10 多个人留下继续开展扫尾工作，平整、夯实坝面坑坑洼洼的部位，在堤坝迎水面砌石护坡，在背水面的外坡铺草皮防止泥土流失。我们完成扫尾工作后，转到那良[①]与民工大队会合。

修建那良段运河要劈山开河，通过爆破把山岭的石砾清除再挖沟开河。石头比泥土多，硬度与磨刀石差不多。河底到坝面低处有五级平台，高处有七级平台。民工沿着从山顶开出的斜路，把石砾拉到两边坝面。必须各有两个人在前后拉、推车子，车子才能上到坝面。

各个工段由不同民工大队负责施工，包括爆破。指挥部要扩大爆破队，便从每个中队抽调一个民工，当时我被抽调到爆破队。爆破队专门负责爆破，几天爆破一次，不用开夜班。我平时跟车外出装运糠头、豆壳、木屑，将其晒干、储存，做好爆破准备工作；有时参与炮窟挖掘工作。爆破一次，要经过这些工序：

一是挖掘炮窟，又叫挖炮井。炮井规格：口径 1 米多宽、4 米多深。民工穿着背心、短裤蜷缩在仅容 2 人转身的井里挖掘，泉水四溅，全身湿透。当时正值冬季寒冷的天气，寒风吹不到井下，挖掘时不觉得冷，但从井里爬出来时，寒风刺骨，全身颤抖。每次爆破需要挖掘数以十计的炮窟，非常艰苦。

---

① 那良，运河北段经过此地。1959 年 9—12 月，运河北段工程分莲塘口、新屋仔和那良 3 个工区施工。民工组织由军事化的团、营改为大队、中队。洋青民工大队被安排在那良工区施工。

二是捣药装缸。爆破所需炸药用火车拉来，用四方形的木箱装着，呈白色，明火点不着，必须砸碎，依靠雷管导引才能爆炸。我是这样操作的：首先搅拌炸药。捣烂箱子，倒出炸药，将炸药与糠头、豆壳、木屑搅拌均匀。其次，安装镗缸入炮窟。镗缸用来防止炸药受潮，每口镗缸可以装 100 斤左右的炸药。最后，往镗缸装炸药。将炸药倒进镗缸，层层压实，接上雷管，在缸盖钻一个洞，套上拇指头大的炮引，与其他炮窟连接。

三是起爆。一般在 12 点钟民工收工后，我们就点火进行爆破。当时技术水平低，不懂用电起爆，全是用明火点燃炮引。一次爆破就是 10 多分钟的事，爆炸中心方圆约一亩大小[①]，民工需要一个星期时间才能拉完这些泥土。如果有哪里炸得不好，就用三四斤重的小炸药，外卷几层厚厚的纸筒，用尾指头大的雷管引着再爆破。

陟罚臧否

一个民工团有数以千计的民工，劳动表现各异，师部要求 8～10 天开一次总结会议[②]，晚间不用开夜工时，民工以营为单位集中在工棚前开会。评功表模，奖励先进、批评落后。

我们营的领导是文盲，没文化，讲话水平差，说来说去就是民工工作表现，诸如先进落后、表扬批评等话题。民工听得烦，无法鼓起干劲。湛江地区民政局的下放干部，他讲政治、谈路线，包括社会发展、运河作用、家乡穷根、施工艰难、民工表现等等，把国家、集体、个人结合起来，讲得头头是道，有说服力、感染力。

奖励先进分子的部门有司令部、师、团与营等，分特等至三等 4 个级别，这些获奖者为模范功臣。无论哪种奖励都以“服从领导、思想好、安心工地不逃跑、劳动积极工效高”为标准，奖品以厚笠、薄笠、背心、毛

---

① 每公斤炸药能炸石方或土方 25 立方米左右。《爆破工作进行评比，那良爆破中队获得第一》，《青年运河》，1959 年 10 月 10 日第 1 版。

② 评比时间暂定为：大队一个月评比一次，中队半个月一次，小队 7 天一次。《雷州半岛青年运河工程指挥部关于雷州半岛青年运河鹤地水库建设民工开展劳动竞赛办法（草案）》（1958 年 6 月 18 日），《青年运河》，1958 年 6 月 28 日第 1 版。

巾、口盅为主。获奖者以突击队员为主，像贤兄[①]就得到很多上级奖励。得不到上级奖励的积极分子，营部给予奖励。我几次获得营部奖励背心，正面印有“雷州半岛青年运河”字样。经常在大会上领奖的民工受到鼓励，感到光荣，劳动更加积极，都想争取得到师团部的奖励。

开会有奖励表扬，也有批评惩罚。批评的话，主要是批评好吃懒做的落后分子。

三类食堂

我辗转三个地方修建雷州青年运河：在鹤地筑坝修水库，在那良开挖河渠修运河，在洋青筑坝修洋青大塘。修雷州青年运河那几年恰是我们生活最艰难的时期，民工粮食供应都不能保证。

以工地为界划分粮食供应，在鹤地从充足到欠缺，修建水库前期粮食供应充足，后期短缺；在那良粮食继续短缺；在洋青，粮食基本充足。我作为普通民工，只知道工地的食堂有没饭吃而不问粮食从哪儿来。

工地食堂历经几次变化：社办食堂—团办食堂—中队办食堂。

社办食堂阶段，即一个生产合作社办一个食堂，负责自己民工的饮食。当时在鹤地从事搭工棚、修道路、铺桥梁、清草皮等劳动，强度不大。每天的伙食供应是“两干一稀”，即两餐干饭，一餐白粥，人均一碗菜，有干煎黄鱼、萝卜、蒜仔、青菜等，饭菜供应充足。

团办食堂阶段，即一个民工团办一个食堂。初期，公社化运动兴起，家里吃饭不要钱。洋青团食堂有一两千民工在一起就餐，规定每餐 4 两米，一菜一汤，很少有油脂[②]、肉类。所谓一菜一汤就是用极少油脂把菜

---

① 即卜贤，与卜民一起接受采访，故卜民称他为贤兄。但 85 岁高龄的他已经不能有条理地回忆参加雷州青年运河建设的经过。他在 1958 年 10 月、11 月开展的 8 次大战役中表现突出，1958 年 11 月，在全军第一次评比中获得二等功臣荣誉称号，1958 年 11 月 20 日被大坝师评为一等功臣。《全军第一次评比受奖名单》，《青年运河》，1958 年 11 月 5 日第 1 版；《光荣榜》，《战讯——青年运河增刊》，1958 年 12 月 2 日第 1 版。

② 油脂主要有 2 个来源：①食堂饲养生猪，宰杀后自制猪油；②工地供应食油。食油每人每月供应 4 两，按照工地人数核定供应。青年运河遂溪县指挥部：《关于做好粮油供应问题的通知》，遂溪县档案馆藏，3 - 长期 - A12. 9 - 047 - 010。

炒到七成熟，然后加水煮熟，这样既有菜又有汤。

中队办食堂阶段。转战运河河渠工程后，食堂改由中队承办。在那良开挖运河，工程艰巨，工效低，工粮补助少，民工挨饿。

民工回到洋青，修建洋青大塘和后湖水库，这个时候粮食比那良时要充足，能吃饱。施工轻松，每天太阳下山就放工吃饭，中午可以休息，晚上不用加班，我们有时间到河里抓鱼虾来改善生活。傍晚收工后，我经常砍一条尤加利树枝扔进河里，第二天能收获一两斤虾。

克服饥饿

早期粮食供应还算充足，到后期就出现短缺。民工劳动以繁重的筑坝为主，强度大，劳动时间长达 14 ~ 16 个小时，粮食不足使民工开始挨饿[①]。为避免挨饿，民工吃饭时各显神通，印象较深的有两种情况：

---

① 关于粮食供应，经历充足、紧张到短缺的变化。①充足期。雷州青年运河建设初期，按照“力争秋前完成，明年春耕开始灌水”设想，粮食供应充足，孟宪德在一次讲话中指出：“我们的粮食是足够的，保证每个民工吃饱。”②紧张期。随着工期延长，工地粮食开始紧张。雷州半岛青年运河海康师负责的运河南段于 1958 年 12 月粮食开始紧张甚至出现断炊，海康指挥部在一次总结中指出：“粮食问题已发展成为一个比较普遍的问题，雷城公社各团尤其严重，东洋团邦塘、合兴 2 营因为工地无粮断炊”；鹤地水库工地于 1959 年 4 月，粮食由原来人均每月 35 斤更改为每月 28 斤，剩余 7 斤根据各人劳动情况进行评定，多劳多食，少劳少食。有 2 个迹象反映出鹤地水库工地粮食紧张：第一，从 1959 年 4 月开始，施工员补助一律取消，伙食由各公社负责，工作照前所负责进行。第二，工地开展增产节约运动，有些人叫喊粮食少、吃不饱。③短缺期。1959 年 6 月 21 日，孟宪德宣布民工的粮食由政府供应，每人每月 35 斤。运河北段工程开挖后粮食由按人头补助改为按土方补助，但粮食短缺是运河北段工程面临的三大困难之一；运河南段工程全线动工后继续短缺，1960 年 4 月 28 日推行“高产饭”，通过“炒米法”或“双蒸法”获得更多米饭，如 16 两制的 10 两大米可以煮出 4 斤多饭（10 两制 1 斤米一般煮出 2 斤饭）。《在兴建“雷州半岛青年运河”第二次会议上的讲话》，中共湛江市委党史研究室编：《孟宪德在湛江研究资料》，北京：中共党史出版社，2014 年，第 134 页；海康指挥部：《关于第一、二次战役工作的总结》，雷州青年运河管理局档案室藏，29 - 3 - 8；《鼓起更大干劲　提前完成任务》，《青年运河》，1959 年 4 月 24 日第 1 版；《全军加速向 35 高程进军》，《青年运河》，1959 年 3 月 23 日第 1 版；《鼓干劲　反松气　力争六月完工放水》，《青年运河》，1959 年 4 月 8 日第 1 版；《先进落后榜上见　回忆对比是非明——洋青团加强政治工作　民工思想安定》，《青年运河》，1959 年 4 月 14 日第 1 版；湛江地委：《孟书记对当前施工工作指示》（1959 年 6 月 24 日），雷州青年运河管理局档案室藏，39 - 13 - 44；《雷州半岛青年运河指挥部青年运河第一期工程施工计划及意见》，雷州青年运河管理局档案室藏；《把“五好食堂”红旗插遍全工地》，《青年运河》，1960 年 7 月 28 日第 2 版。

一是注重装饭技巧。当时是围席吃饭，比如6～10人吃一钵菜、一盆饭，人均约3碗饭的量。民工自备碗筷，一般都用口盅盛饭。开始吃饭时，精明的民工第一次不装满，以便快点吃完；第二次装满压实，米饭高出盅口成锥体；第三次只有吃得快的民工才有机会装饭，民工第二次盛饭后米饭通常就所剩无几。

二是蹭吃双份①。洋青团有近2000名民工在食堂就餐，炊事员不可能认识所有的人，只能不断叮嘱人数未足不能开饭。收工号响起时，因运距约有1000米，有些民工还在运土上坝途中，大多数民工在完成这趟任务后才收工。因此，民工回到食堂有迟有早。早回者吃完，又与迟回者凑足人数，再吃一轮。这种现象民工称之为蹭吃，有民工甚至出现连续吃三次的现象。有一次准备吃饭时，我见到芝兰村有个熟人来到，对他说："你来凑数吃饭吧！"他一蹲下，三下五除二吃了两碗。又听到邻近有人说："这里才五个人，给个人来吧！"他转身过去凑数，又吃起来。他经常多吃，民工也没说什么，因他干起活来很多民工都比不上。

工地娱乐

修建雷州青年运河期间，在繁重的劳动之余，民工娱乐活动很少。娱乐活动分为师部组织、团营部组织以及自发组织。

师部组织的文娱活动有放电影、剧团演出、跳水表演等。截流、水位稳定后，我在师部看过一次运动员跳水表演。跳台用船、桁木搭在河面上，有十几米高。来自湛江的游泳队运动员进行表演赛，非常精彩。

团营部组织的文娱活动主要是各公社、生产大队派来各类剧团进行慰问演出，有粤剧、雷剧、木偶戏、白戏仔等剧种；营部在开会时也教民工唱歌、识字等。刚到鹤地的前几个月，这类活动经常举办，工程紧张后，这类活动的时间被用来劳动，活动逐渐减少。

---

① 一人吃双份这种情况在当时常见，"有少数民工开饭时间得不到饭吃，但也有个别一人吃双份的"。《安铺团领导干部下营当炊事员》，《青年运河》，1959年1月22日第2版。

自发组织的娱乐活动是我们民工在紧张劳动之余，一些放松自我的打赌、嬉戏等。修洋青大塘时，有一次突击，小憩期间，琪安（化名）与发（化名）跟我打赌：他们坐在畚箕上，如果我能从河底把他俩挑上坝面，他们2人给我10元，否则我要给他们2人5元。运河堤坝高差不多有10多米，斜坡有70多度。我20岁上下，血气方刚，其他民工在起哄。我让他们坐上畚箕，不得故意动弹，一口气把他们挑上去。刘盛（化名）与秋娣（化名）是来自同一生产大队不同村的民工，他们劳动时不时有“哥有情妹有意”的举止。刘盛生性腼腆，夜晚在工棚对其他民工叹发其相思之苦。其他民工为撮合他们，鼓励刘盛说：“刘盛啊！秋娣说如果你能背着她从河底冲上坝面，且保证她不掉下来，就同意嫁给你。”有一天，刘盛趁秋娣不留意，背起她就冲，秋娣拼命挣扎，刘盛牢牢地背着她冲上坝面。大家见此场面，笑不拢嘴。

往事现说

雷州青年运河的建成，促进了农业生产的发展。它能保证农田得到灌溉，不误农时，粮食获得丰收[①]，生产队踊跃向国家缴纳公购粮。农村搞联产承包责任制后，公购粮缴纳任务落实到农户，公购粮任务重、农田有偿灌溉、农民进城务工，导致农田丢荒。现在免除农业税，农田灌溉按需交费，农田灌溉网络的支斗毛渠等大量被毁弃，甚为可惜。

我个人因在修运河期间表现好，得到生产大队干部的认可。1965年，他们推荐我到洋青粮所当合同工。合同工的待遇是每餐配4两米，每月饭菜消费不超过9元。因合同工收入低，经济拮据，所得无法维持家庭基本生活，我便于1972年辞职，回家务农至今。

---

① 1949—1959年，雷州青年运河供水前，全灌区粮食（稻谷）年均亩产71公斤；1960—1965年，雷州青年运河供水初步发挥效益，水稻普遍为一年两熟，年均亩产265公斤，比1949年增长3.7倍。雷州青年运河管理局：《雷州青年运河志》（内部稿），2015年，第303页。

你方唱罢我登台

卜华庭　口述

采 访 人：林兴

受 访 人：卜华庭（77 岁，遂溪县洋青镇俩塘村人，农民。20 岁参加雷州青年运河修建工作，直至工程结束，是洋青民工团赵一曼突击队队员。其间主要负责拉车子）

采访时间：2015 年 7 月 20 日

采访地点：遂溪县洋青镇俩塘村

采用语言：雷州话

协助采访：卜英才

采访口述人卜华庭

修河经过

我不大记得什么年份去筑运河了，好像是20岁左右由生产队分派任务去鹤地修水库的。开始是去那里搭工棚给先到的民工居住，后来又去岭头开井、清草皮（即清基）。开井就是勘测岭头土质，看泥土是否适合筑坝，以及泥土的深度是否可以放泥炮（即爆破）、挖泥岩（即打泥牛）。在鹤地修建水库期间，我拉过车子送土上坝，也铲过土装车。完成鹤地水库工程后继续去那良开河，后回到洋青填筑大塘堤坝。在雷州青年运河建设期间，我主要是做土方工作。

突击冲锋

在鹤地，我负责修筑大坝。那条坝不知道有多长，望不到头，成千上万的民工用畚箕或车子运土上坝，不停地来来往往。堤坝底座有100多米宽，一车泥土卸下来，就像大丘稻田里一株秧苗，无济于事。虽然积少成多，但这条堤坝要筑多高，何时能完成，我们不知道。“长期工长命做”，每天出工收工，差不多可以完成一个土方的工效。干部想方设法提高工效，如需完成某个重要任务或者有重要人物来参观，便组织我们民工打冲锋、搞突击。

抢险①时，全村有劳动能力的人基本上都被紧急调去。有人把水尺插在水里量水位，眼看水位一天比一天高。工地广播不断播报险情，搞得我们非常紧张。库水要是漫过堤坝，造成溃坝，九洲江下游的人无处可逃。我们天天打冲锋、搞突击，确保堤坝安全。

冲锋，是指施工时每隔一两个小时就有人敲锣打鼓、吹喇叭、摇红旗喊加油。我们民工加快速度，不停歇地挖、铲、装、运、卸。这个时候，拖车运土的尤其危险，民工都是铆足劲猛推快拉，稍不注意，躲闪不及，车子就会撞上人，当时有不少民工被撞伤。记得在那良挖河渠打冲锋，爆破过后，我们在渠底装土上车拉上坝面。4 个人负责一辆车，拉车人将绳子挂在肩膀把控车头，3 个人在后面推，才勉强把车拉上坡。卸土后又冲下渠底，从不停歇。拉车、推车的人，嘴巴啥时候都是张开的，跟牛拉重

---

① 1959 年 5 月，鹤地水库遭遇严重险情，差点溃坝。具体情况如下：①水库蓄水。1959 年 4 月 3 日，导流渠堵塞，水库蓄水。经过一个月的施工，众多堤坝高程在 34.3 ~ 35 米之间，水库可储水 4 亿立方米。②暴雨突袭。1959 年 5 月 4 日至 8 日，鹤地降下 346.3 毫米雨量，九洲江上游陆川段 192.7 毫米，水库水位高程猛涨 4 米，接近 31 米。已有水文资料记录：广西陆川在 5 月份曾下过 695 毫米雨量，未来还有可能下 500 毫米雨量。假设近期下 500 毫米雨量，水库水位会上涨到 36 米，超出已有堤坝高程 1 ~ 2 米，库内储水达 5.1 亿立方米，超过可容纳量 1.1 亿立方米。这 1.1 亿立方米的洪水将会漫过鹤地水库堤坝，致其溃坝，九洲江下游人民群众面临数亿立方米洪水的袭击。③抢险方案。5 月 10 日工地党委发出抢险指示，何多基提出采用临时断面办法抢高土坝，同时挖通溢洪道。a. 15 日前把水库各大小堤坝迎水坡单边抢高到 38 米高程，然后全面填筑，将 35 米高程以下土方全部完成。b. 计划到 21 日抢修坝面达 40 米高程，单边填高到 40 米高程。c. 挖通溢洪道放水，确保水库安全。④抢险施工。工地党委采取：a. 集中人力。在原工地 3.2 万人的基础上，3 天内从后方紧急召集 3.8 万人到鹤地，共 7 万人参加抢险战斗。b. 统一指挥。物资组织、民工生活、安全卫生由专人负责领导，高度集中物力，把抢险作为一次特别行动。c. 日夜抢险。各级领导干部分工分段包干，保证工程不出险；工地机关干部下各团营和民工并肩奋战，日夜抢修车子，实行车子、担挑并用，雨天车子走不动，则用肩挑。5 月 14 日基本完成单边高程 38 米任务；5 月 24 日子夜，城月公社民工抢先攻下 40 米高程，27 日全部堤坝抢到 40 米高程；6 月 4 日，挖通溢洪道基础（只是挖通，并非建成。1959 年 12 月 15 日，溢洪道工程全部竣工），第一次成功溢洪，确保水库安全。这次抢险共有 19994 人立功。《关于迅速动员起来投入抢险战斗的指示》，《青年运河》，1959 年 5 月 12 日第 1 版；《集中全力　突击抢险　日夜奋战　确保安全》，《青年运河》，1959 年 5 月 12 日第 1 版；《突击抢险　战胜洪水》，《青年运河》，1959 年 5 月 12 日第 2 版；《以淮海战役姿态战胜洪水的袭击》，《青年运河》，1959 年 6 月 14 日第 1 版；《奋战一年　战果丰硕》，《青年运河》，1959 年 5 月 15 日第 1 版；《混凝土第一排日创 181 槽的高纪录——溢洪道第一个滚水坝完工，六月四号下午开始溢洪了》，《青年运河》，1959 年 6 月 9 日第 1 版；《溢洪道工程全部竣工》，《青年运河》，1960 年 1 月 8 日第 1 版。

车时一样不停地喘气。每次打冲锋的时间不长，半个小时左右，每天发起好几次冲锋。打冲锋能使人心头发热，为完成任务拼命往前冲，这样做工效能大大提高。

突击两三天，我们休整一次。休整不是停工休息，而是白天正常施工，晚间不加夜班，但经常是开会总结，为下次突击做准备。有一次在那良工地，我连续突击 24 个小时，从夜里 12 点开工做到第二天夜里 12 点，刚好做了 24 个小时。除每餐半个小时时间吃饭外，其他时间我不停歇地拖车奔跑。收工那晚，食堂供应夜宵，但我不想吃，太累也吃不下。令人高兴的是，我在这次突击中获得一条厚笠的奖励。

后来，我们回到洋青大塘施工。我拉车子快，装得又满，积极肯干，被纳入属洋青纵队组织的赵一曼突击队。这支突击队专门与其他突击队比赛挑战打擂台，在这期间，我得到许多奖品，诸如厚笠、薄笠、背心、毛巾、口盅等。

挑战黄略

在鹤地时，我们民工之间经常竞赛，看谁在规定时间完成的土方多。这不是单个民工之间的竞赛，而是集体之间的竞赛。像突击队之间、营与营之间等[①]。初时，有的比赛私下约定争输赢，输方要给赢方一定数量的土方或粮食。上级知道后，认为这是赌博，禁止这样做。上级鼓励、推动正常竞赛，输赢以发奖状的精神鼓励为主。修建水库是以青年人为主，青年人血气方刚、争强好胜，乐意搞竞赛，以争个好名声。

我们洋青团与北坡团、黄略团的工段邻接，左边是北坡公社，右边是黄略公社。洋青、黄略两个团讲雷州话的民工多，北坡团民工以讲白话为主。洋青、黄略两团民工交流多，有说有笑，经常竞赛。有一次我们与黄略竞赛，有很多人参与。竞赛前约定：可说不可打，即使讲些过分的话大家也不得打架。

竞赛时，双方都有宣传员站在那些紧要路口，除帮忙推车外，主要是给各自民工敲锣打鼓吹喇叭，摇红旗鼓劲喊口号。各个工种的民工就像打冲锋那样，不停歇地挖、铲、运、卸。路上，大家你来我往，各不相让。开始，大家平安无事，埋头苦干，不久工地上有人喊口号自我打气鼓劲。一方宣传员喊一句，自己的民工跟着呼喊；对方不甘示弱，也高呼起来。你唱一句我回一句：

---

① 卜华庭老人作为普通民工，只对参与其中的突击队以及营连之间的竞赛有印象。其实，雷州青年运河建设期间，劳动竞赛是作为一种常见的群众运动来开展的，形式多种多样。具体有：①群英会战，为了突击完成某一项最艰苦、最困难的任务，由各大队选出精兵良将，集中于一片地方开展竞赛。②挂钩竞赛，有集体对手挂钩竞赛（即任选一个突击队，定出竞赛条件）、多方面竞赛（即一个突击队与几个突击队挂钩）、个人对手挂钩竞赛（即个人与个人议定条件竞赛）。③左邻右舍循环竞赛，即相邻 2 个队组织竞赛。④出师远征竞赛，突击队一方向另一方提出竞赛条件，到对方土塘竞赛，如对方输了将当天土方作为礼物送给主方，不计报酬；如主方败，第二次就到对方土塘竞赛。如当天胜，土方也不计报酬，可以退出土塘，如胜不过对方，就不得撤走队伍，直到得胜才能撤走。⑤小型短期竞赛，即 2 个民工队利用中午或晚饭后在同一条件下进行。⑥突击队深入民工小队，开展个人竞赛，这是为了全面带动民工，将突击队分成小组或个人到各民工小队（多数是最落后的小队）去和民工一起劳动或向其他民工传授技术，或开展竞赛。⑦荣誉坝活动，即组织突击队建设某段堤坝，被命名为诸如“共青坝”“炊事坝”“三八坝”等。⑧标兵选拔赛，在突击队中挑选最优秀的标兵突击队，层层筛选，人人争当。⑨夺红旗赛，即工程指挥部、工区、纵队、大队设立流动红旗，几天一次或一天数次评比，哪里干得好红旗就插在哪里。⑩擂台赛，破擂台，先由一个突击队摆出擂台的指标和措施，用大字报公之于众或巡游工地，向各民工队伍挑战。破擂台者再摆擂台让别人破。此 10 种竞赛形式由中共湛江地委水利指挥部作为水利经验加以介绍。《雷州青年运河开展多种多样的劳动竞赛》（1960 年 4 月 18 日），雷州青年运河管理局档案室藏。

（黄略）拖车猛冲跃进门，（沙古）挑担直插胜利旗；
（黄略）抔沙讲古赢沙古，（沙古）搅黄生略胜黄略。

工地口号声此起彼伏，相互之间逐渐出现火药味。黄略民工身材比我们高大，车子装土多；我们做工比他们勤快，拉车子跑起来快。拉车时，我们擦肩而过，他们嘲笑我们，我们也毫不客气地回应他们：

（黄略）车压沙古矮矮仔，（沙古）棍打黄略慢慢牛；
（黄略）手拔沙古菜头仔，（沙古）脚踢黄略番薯头。

黄略坡地多种植番薯，民工以番薯为主食。番薯不耐饿，民工普遍讨厌吃番薯粥。沙古多出产萝卜，腌制萝卜及其菜叶。在工地，民工一日三餐基本都以腌制萝卜或菜叶为主菜，对这些也厌恶。大家这一喊就不得了了，你一言我一语，双方以萝卜、番薯为主题作歌谣攻击对方，充满挑衅的味道：

（黄略）生啃沙古菜头补，（沙古）熟煮黄略番薯头；
（黄略）盐腌沙古菜叶尾，（沙古）刀砍黄略薯藤头；
（黄略）萝卜酸涩狗无望，（沙古）番薯生虫猪都嫌；
（黄略）萝卜白身窿心娘，（沙古）番薯红心烂身公。

上级部门看见我们唱歌越来越离谱，担心我们发生争执，便要求我们友好竞赛，不准挑衅对方，激化矛盾。各自宣传员又作歌谣赞美对方：

（黄略）埕腌菜头卜卜脆，（沙古）瓮打番薯阵阵香；
（黄略）身白心红填肚饱，（沙古）车快担慢筑坝高。

当时我负责拉车子，一人推车，拉着车子不停歇地跑起来。我看到营连长、宣传员也不停歇，一面指挥维持秩序，一边来回穿梭土塘、路旁、坝面。他们拿着广播筒大声呼喊，给落后的民工鼓劲加油，每隔一段时间就喊一句口号，让我们跟着高呼。这类口号很考究宣传员的文化水平，你不能只是喊“加油，冲啊！他们输了！……”之类的空话。喊口号既要鼓励自己，又要贬低对方，适当有点火药味才能激起民工的竞赛斗志。竞赛时，各自的宣传员都讲到大家的特点，很有趣。鹤地施工，已过去几十年了，但对与黄略的竞赛印象深刻，还能记得一些歌谣。

这次竞赛谁赢谁输我不记得了，反正上级给双方都奖励了红旗。在竞赛时，大家累得精疲力尽，但斗志昂扬，心情舒畅。竞赛提高了工效，土方做多了，粮食跟着增加，因为粮食与土方挂钩。因此，竞赛日饭菜供应充足，民工不会挨饿。这类竞赛，我们年轻人喜欢参加。

攻苦食淡

竞赛、突击频繁，体质差的民工吃不消。民工在这种日晒雨淋环境下竞赛，个个汗流浃背，衣服湿了又干，干了又湿。在这种情况下，人容易着凉。有很多民工因此而生病，其中感冒发烧居多，伎俩多的人就装病装疼来休息。当时工地有医生、保健员负责医疗保健工作，民工是否生病由医生诊断确定。民工确实生病，医生发给他一个病号证，注明休息时间，一般以 3 天为限[①]。因伤病需休息的民工，集中在团部疗养院[②]。3 天后，民工是否仍需要休息，再经医生检查确定。有的民工诈病休息，被发现后，会被批评，并要检讨认错。

我记得有个人说病了，国英喊医生来检查，证实是发高烧，便给他一个病号证。休息时间最多的是黎道（化名），他说脚踝关节痛，被多次批

---

① 病号 2 天复查一次。为保证出勤率，组建医防站，2 天内对病号复查一次，该休息的发病号证。《全军总动员　猛攻土方关　总司令部向各师下达战斗任务》，《青年运河》，1958 年 10 月 5 日第 1 版。

② 各团建立疗养院，病人经过医生检查，挂上病号证即送入疗养院休养，让病人得到安静的疗养，工棚不住病号，以杜绝懒汉装病不出勤的现象。《取长补短　提高工效：司令部作出学习黄沙水库的八项规定》，《青年运河》，1958 年 10 月 20 日第 1 版。

准休息。在一次休息期间，他得知黄略团的食堂宰猪加菜，就拐到食堂对炊事员说自己是黄略民工，因脚踝关节痛想讨一只猪脚熨脚，还把脚伤给炊事员看。一个食堂有几千民工就餐，炊事员不可能全认得，便信以为真，给他一只熟猪脚拿回去熨脚。后来炊事员知道他是洋青团民工，就不给他熟猪脚了，但没有要求他付钱。一来他没钱，我们民工在鹤地劳动，是没有工资的；二来猪是食堂养的，不用花钱买。当时食堂用淘米水、老黄菜叶、虫蛀番薯、粥水饭粒、菜汁洗锅水等来饲养猪、鸡、鸭、鹅等，适当时候宰杀，用来改善民工生活。

当时，我们民工生活艰苦，在食堂吃饭只求吃饱不求吃好。对我们民工来说，食堂宰猪是天大的好事，像过年一般让人高兴，上级也想方设法改善我们的生活。记得抢险结束之后，施工感觉轻松一些了。可能是公社搞养殖需要鱼种，溢洪道经常开闸放水。每当溢洪时，指挥部便安排我们各团民工去溢洪道下面捕鱼。溢洪道渠内起伏不平，有一大群鱼顺水从岭顶的闸门冲出水库。那些大头鱼、鲩鱼有十几斤重，能把人撞伤。当时领导派我去捕鱼，每次都能捕到1000多斤。我们把捕到的鱼分给各食堂，给民工加菜。

离开工地

长时间在鹤地建水库，总会有人想回家，一是消除对家庭的挂念，二是想回家带点零花钱来满足日常生活需要，因鹤地工地只负责伙食，没有工钱。要回家只能是请假或逃跑，请假要向营部申请，由团部审批。团部一般在两种情况下会同意民工请假：一是因公请假，如社里农忙，急需个别生产能手回家搞生产，待农忙结束再回工地；或者社里派出老年或幼年人来替换该生产能手，这是部分老幼年民工来工地的原因之一[①]。二是因私请假，如民工家里有红白喜事、因病需回家治疗等。

离开工地的民工中，少数因偷懒而擅自离开，大多数因缺粮挨饿、劳动艰苦、身体素质弱等离开。无论是由于什么原因离开工地，大多数只是民工的一时之举，不能说明他们不赞同建造雷州青年运河。有人仅离开工地两三天，其他时间都在工地，该突击就突击，该打冲锋就打冲锋，他们中有人甚至很能干，会得到衣服等奖励。

往事现说

如果不对民工进行纪律约束，任由他们擅自离开工地，雷州青年运河就无法建成，我们的生活也无法得到改善。想起当时种种经历，看看现在的生活，也就能理解当年的管理了。

① 据记载，建库开河民工最低年龄 11 岁，最高年龄 83 岁。老幼民工到工地有的是充数，为完成民工任务，“像石岭公社上工地民工质量算是较好的，在 2386 人中有 231 个没有劳动力的老弱者，有 74 个是十一二岁的小孩”。老幼民工到工地参加劳动，有不少表现积极，成为模范。像来自横山团的黄光景老人，83 岁，到工地探望孙子，被热火朝天的工地所吸引，多次请求参加鹤地水库建设后被批准；有的老人还成为工地标兵。建库开河期间，涌现出许多老少功臣人物，如黄略纵队罗成突击队队员 11 岁的杨仔、王金，13 岁的劳动英雄陈金保；8 名平均年龄 14 岁的民工组建“红孩儿班”，14 岁的吴云英多次被评为特等功臣；“工地五老”钟绍明（74 岁，特等功臣）、徐益（72 岁，特等功臣）、李炳南（62 岁、突击队长）等，以及马如松（74 岁，日运土 170 车，红旗车手）、莫炽煌（73 岁，勇士突击队队长）、钟志成（76 岁，少年突击队队长，纵队学习榜样）、朱德方（72 岁，17 人组成的“千岁突击队”队长）。《祖父和孙儿》，《卫星报》，1959 年 3 月 27 日第 2 版；廉江县委：《县委书记陈华荣在电话会议上的指示》（1958 年 12 月 6 日），雷州青年运河管理局档案室藏，12－5－19；《热爱运河的年青一代》，《青年运河》，1960 年 4 月 7 日；《十三岁的劳动英雄陈金保》，《青年运河》，1958 年 6 月 21 日第 1 版；《人老心红春常在》，《青年运河》，1959 年 11 月 16 日第 4 版；《队队办工厂　建突击队　勤俭治水　自力更生——客路纵队实现了车子化》，《青年运河》，1959 年 12 月 4 日第 2 版。

日挑泥土六千斤

陈康恩　口述

采 访 人：林兴

受 访 人：陈康恩（78 岁，遂溪县洋青镇水浮坡村人，农民。21 岁参加雷州青年运河修建工作，直至工程结束。其间从事过扛石头、拉车子等工作）

采访时间：2015 年 8 月 17 日

采访地点：遂溪县洋青镇水浮坡村

采用语言：雷州话

协助采访：陈玉山

采访口述人陈康恩

远赴鹤地

我已经忘记具体什么时间去鹤地修建水库，只记得是村干部派我去。当时人们都服从社里安排，很少有不服从安排的，我们村有二三十人去鹤地修水库。不是所有年轻人都去鹤地修水库，得有人尤其是生产能手留在家搞生产。

我们集中步行到遂溪火车站，再乘火车到鹤地。我属于文寮乡民工，寮客村的参伯当营长，外村塘的杨庆是副营长，我们村的陈新是连长，文寮营的民工都住在一起。在鹤地修建水库，我做过几类工：

一是刚上到鹤地就参加搭工棚，工棚用竹木、稻草搭建。

二是在丹兜扛搬石头。丹兜有个石场，专门有人打石供给鹤地工地。石场民工把打好的石头运出来堆放在铁路旁，通过火车运回鹤地。我们的任务是把石头扛上火车，这个工作有点危险，没有规律，但相对轻松。危险是因为容易发生砸伤、划伤民工等事故。石头笨重，什么形状都有，有规则的方形、长条形石块，也有不规则的、有棱有角的。民工被石头砸到或划破手脚的事时有发生。没有规律是我们吃饭作息没有规律。当时有条运石头到鹤地工地的铁路专线，它与黎湛铁路共用一段，专线不能影响黎湛铁路的正常使用，只能利用空隙时间抢运石头。火车一到，我们就必须出动搬石头，即使是半夜睡着了也要爬起来装车，中途放下碗筷甚至误餐几个小时更是常事。轻松是有火车来就出工，没车就停歇，相对自由；还可以在附近到处走动，但不能跑远，因为不知道火车什么时候来。这种轻松的活轮流做，每个营抽调一两名民工，我是与陈西营民工一起去的，干了两三个月。

三是清基运土填坝。这种活干的时间最长，我主要是拉车运土填坝。在鹤地拉车子是我们这代人修水库的代名词。

堵九洲江

在拉土填坝前，我们先开展清基工作，包括清除山岭的干枯树枝、树叶、杂草、泥土里的腐根杂质，以及墓坑石头瓦片和筑坝区域的地面杂物，此时工程不算太紧张。过了一段时间后，开始截流（即堵九洲江）。

截流之前，民工先将削尖的木桩一排一排打入河床，插入木板挡水，步步推进。随着河口收窄，水流越来越急。开始截流时，河口两边的人将装有石头、沙包的长竹笼推进河口。接着有人从上到下传送沙包，沙包接二连三地被抛进江中，听说还有不少人跳进江中堆叠沙包，这才把河口堵住。完成截流后，我们接下来的工作就是清淤，即清理堰口下游填筑大坝位置的地面杂质以及河床里的淤泥、沙石砾。清理河床时，恰逢天冷时节，我们下到河床，因水未排干，淤泥淹没到小腿肚位置。我们没有长筒胶鞋穿，只能赤脚下去，用畚箕挑走淤泥，不少人因此受寒着凉。河床清理完后，在河床位置铺一层石块，然后填上几层粗沙，再填上几层细沙，才开始拉土填筑，层层夯实。大坝就是这样一层一层填筑起来的，非常坚固。

填筑大坝时，我年富力强，一直拉车运土，没感到有多辛苦。随着堤坝日益升高，运距变长，路面变陡，虽然有人在较陡处帮忙推车，但长距离拉车上坡，我感到越来越吃力。堤坝又大又长，一个团千几百人在道上拉车上下。无论满车、空车，只要你一开始拉车，就要不停歇地拉，根本慢不下来。因为你一慢下来，后面的人就撞上来。大家都要快跑快拉，有少数民工可能会通过假装大小便或拖延大小便时间来喘息、偷懒。装土的人也不可能有时间停歇，因为当时打泥牛松土，用码头装土①。码头装土就是把泥土堆放在高处，木工用木板制成漏斗安装在泥土旁边，在漏斗下面挖空一个位置停车子，车子的车板对准漏斗口，上面有两人按住耙柄，一人拉耙把土推进漏斗装入车里。下面还有一个人，如果泥土装得太满，

① 即装土码头化，它体现出雷州青年运河工程建设者的改革创新精神，其中自动卸（装）土码头经过全国两次水利工具评选，决定向全国各地推荐、研究和试验推广。装土码头化：①善于学习的结果。装土码头化是1958年10月20日雷州青年运河工地学习黄沙水库的八项规定之一。②改革创新的结果。根据不同地形、车子，运河工地先后创造出9种装土码头，分别是：万能卸土码头、平地活斗装土码头、活底列车码头、鸳鸯码头、两脚活动码头、自动装土码头、牵引码头、自动开关码头、坑道自动装土码头。③提高工效的关键。码头装土速度快，2秒钟1车；工效高，与人力用畚箕装土相比，最高提高工效60倍，一般也有20～30倍。洋青团推广洋青营第三连连长苏元汉创造的万能卸土码头，1958年12月中旬全团建有63个码头，实现了装土码头化。《水利建设促进工具改革高潮》，《南方日报》，1960年4月8日第2版；《节约木材，省力轻便，装土迅速——苏元汉创造万能卸土码头》，《青年运河》，1958年12月17日第2版；《年轻力壮　应干双份——记特等功臣赖勤》，《青年运河》，1959年9月19日第4版；中共雷北县委水利指挥部：《水利施工工具图选》，第1、3、5、7、9、12、14页；《消灭锄头和畚箕　洋青团实现码头化》，《战讯——青年运河增刊》，1959年1月5日第1版。

车子拉不出来，他就将部分泥土铲出；如果不满车，他再加铲部分泥土，满车即走，后车跟上。整个装车过程非常快，就是一两分钟的事。

鹤地抢险

第二年清明节前后，堤坝填筑到了一定高程，开始堵导流渠①。堵导流渠作为一项重要工作，全由身体强壮的党员、积极分子参加②。水库蓄水后，没料到不断下雨，河水不断上涨，此时堤坝还没筑到安全高度。如果不赶紧把堤坝填高到安全高度，水满溢出，堤坝即被冲毁。你知道水库

---

① 1959 年 4 月 3 日堵导流渠。堵导流渠要满足的条件是拦河坝河床段填筑到 30 米高程，有若干条件影响拦河坝河床段填筑及其进度：①先决条件：围堰导流。填筑拦河坝河床段，必须先筑防水围堰壅高水位，导引九洲江河水经防护堤第 1 号坳口开挖的引水渠入排水渠，排至坝址下游。②时间条件：秋收后填筑。确保当年库区粮食丰收。拦河坝坝址附近的库区为廉江县主要大面积稻作区之一，田面高程一般在 21 ~ 24 米。排水渠排水时水面可能高达 25. 5 米，高于一般耕地田面。为了保证当年库区秋收，故拦河坝的河床段应在秋收后填筑。③政治条件：劳动时间缩短。为落实党中央提出的“八小时工作、八小时休息”工作制，工地党委提出“保证实际工作八小时，保证学习两小时”，民工劳动时间由原来的 14 小时以上缩短到 8 ~ 12 小时，在一定情况下影响土方任务的完成。④人力条件：节后民工减少，截至 1959 年 3 月 8 日，原计划上 5 万人，实际上只来了 3. 2 万人，劳动力没有达到原来的要求。⑤天气条件：延迟堵导流渠时间。1959 年汛期来得早，如果拦河坝河床段填筑 30 米高程就堵导流渠，下 200 毫米雨量，水库就装不下了。为确保水库安全，拦河坝河床段填筑到 35 米高程再堵导流渠。尽管工地党委在 1958 年 9 月 5 日召开的第七次行政（扩大）会议上提出明年 4 月放水，湛江地委在 1958 年 12 月 17 日召开的南方十四省水利施工现场观摩会议上做出“1959 年 1 月蓄水，4 月放水”的政治承诺，但基于上述条件影响，堵导流渠时间从 1959 年 1 月 5 日延迟到 3 月 15 日，最后 4 月 3 日才堵导流渠。为此，春节前掀起突击周、红旗竞赛活动，春节后开展高工效运动、红旗突击手与突击队活动等。以拦河坝河床段为例，1958 年 12 月 16 日九洲江截流围堰合龙，计划用 8 天时间清淤，再开始填筑拦河坝河床段，1958 年 12 月 31 日，河床段已完成 9666 个土方，坝面高程 17. 2 米，距离 30 米高程仍有 302489 个土方。1959 年 4 月 14 日，河床段已完成 345215 个土方，坝面高程 31. 8 米，距离 35 米高程仍有 45145 个土方。《鹤地水库工程任务安排的说明》（1958 年 10 月 14 日），雷州青年运河管理局档案室藏，15 - 16 - 81；《新情况　新认识　新的战斗部署》，《青年运河》，1959 年 3 月 13 日第 1 版；《工地党委王勇书记对当前情况和今后工作做了重要指示——迅速掀起突击运动迎春节》，《青年运河》，1959 年 1 月 28 日第 1 版；《四保证　好得很》，《青年运河》，1959 年 1 月 1 日第 3 版；《鹤地水库主要填挖方变更计划及完成情况表》，《青年运河》，1959 年 1 月 5 日第 1 版；《各土坝高程进度表》，《青年运河》，1959 年 4 月 14 日第 1 版。

② 参加堵导流渠是一件极为光荣的事情，所有参加队员都要自报公议，由领导批准，严格挑选，保证全部成员是最优秀、最积极、最勇敢的突击队员和战士。运河战线上所有团队和各公社可派遣 10 ~ 15 人的代表队，参加堵导流渠工作，以扩大堵导流渠的积极影响。《关于三月五日堵导流渠的通知》，《青年运河》，1959 年 2 月 25 日第 1 版。

有多大么？横直起码都有 10 铺路，从河唇到石角、广西文地等处。如果堤坝被冲毁，那么多水涌向下游，水库被冲毁不说，下面的人无处可逃，人命关天啊。

指挥部号召所有民工赶快抢险，还紧急召集很多新民工来到鹤地。人多工棚住不下，便采取一个床位两人轮流睡觉，即一人出工，一人睡觉。无论白天黑夜，烈日骤雨，为抢时间民工都要突击筑坝，每日三餐都在工地吃。民工既劳累又困倦，有不少民工拉着车、端着饭碗打瞌睡，甚至有民工一回到工棚，还没来得及换衣服、洗澡就睡着了。总之，大家都不敢停下来，担心一停歇就睡着。因库区的水位上涨太快，我们看着库区里无法拆除的火砖屋一座一座被库水淹没，心里着急；看到水面漂浮着可能是移民户来不及搬走的糖缸、竹木、木柜等，感到心疼。因此，无论多辛苦，大家都坚持到底，即使有轻微病痛，也没人请假休息。有一次，我冒雨参加突击，路面泥泞，赤脚拉车，运土上坝。长时间拉车，使我感到疲劳困乏，饥饿眩晕，脚底打滑，摔了一跤，被车子重重地撞了一下。保健员用红汞水消毒，跌打药酒涂擦，为我进行简单治疗。即使这样，我依旧忍痛拉车，直至完成突击任务。

受伤在整个水库建设期间时有发生，我们营出现过民工到山岭拾柴遭雷击以及打泥牛被坍塌泥土砸伤等事件。最严重的是抢险期间溢洪道爆破时发生的事故，当时我们几个团的民工在靠近溢洪道的地段填筑大坝。宗武是营部安全指挥员，他通过摇不同颜色的旗子指示我们或走或停。即将爆破时，宗武摇旗示意停工，我们到附近的铁路桥下躲避，其他团的民工躲在我们相反方向。但爆破时扬起的石片、泥土仍砸到几十人，其中洋青团只有宗武受伤。

日挑三吨

在整个雷州青年运河建设期间，我全程参加鹤地修建水库大坝、廉江那良开凿运河和洋青填筑运河大塘堤坝的工作。水库和大塘堤坝是填筑而成，前者用大型拖拉机拉巨大石磙碾压，后者靠人工拉石碌砸实。在那良不用筑坝，是劈开山体挖出河床，运河水从山体中间流过。比较而言，那良开凿运河这段工程最为艰苦，表现在三点：寒冷、饥饿、坡高。

鹤地水库主体工程基本完成后，我们开挖那良河段。工程进展到后期已是冬天，渠道越挖越深，河床到处涌出泉水。积水沾湿手脚，寒风吹过，手脚冻得发麻。我们加快劳动节奏，希望通过身体发热来缓解手脚的麻痹，但无济于事。因为粮食短缺，民工吃不饱，没有足够耐力保持快速拉车。有人会减慢拉车速度，因工期紧张，上头催得紧，队干部也催促民工快拉。为了鼓励民工提高拉车速度，干部用饼干或糖果作为奖励，但都没法提高。除了饥饿之外，混杂着石砾、小石块的泥土湿度很大，这使得泥土变得更重，再加上道路坡度太大，从河床拉车到泥土坝面，要爬7个平台、20多米高。施工困难，粮食短缺导致民工有心无力，无法提高工效，这段河渠迟迟不能挖通。后来，我参加水库工程的修补，当时粮食充足，每天定额3000斤土方，超额奖励，每挑1000斤土奖0.2元。民工自己挖、挑土方，没有车子，只能用畚箕挑土上坝。我挑土时担上加担，一次挑200斤左右，一天挑5000~6000斤。

在那良工段，由于物资不足，上级只能通过增加民工人数、延长施工时间来加快工程进展。我们村临时也来了几个新民工，他们对周围情况不熟悉。在鹤地，工棚搭建在空旷山岭，民工容易辨认；在那良，工棚搭建在村庄空地，民工又多，工棚杂乱，不容易辨认。新民工一上来就搞突击，一日三餐在工地吃。挑灯夜战，每天施工时间长达17~18小时，干了七天七夜[①]才结束突击。夜晚，大家都头晕眼花，有几个动作慢的新民工迟迟没回工棚，急得我们派人去找。原来，他们在众多工棚中兜兜转转，找不到自己的工棚。

---

① 陈华荣1959年11月28日晚在北段运河广播大会中提出："以每人每天计，要求做到大队八方、中队十方、小队十五方、突击队三十方。"全体党团员、全体干部和全体民工必须立即动员起来，苦战七昼夜，完成北段任务，要求干部、民工食住在工地。《苦战加巧干　功上加功　坚决大战七昼夜完成北段运河》，《青年运河》，1959年12月12日第1版。

食堂蹭吃

我们到鹤地后，刚开始可以吃饱，后来就挨饿了。因为吃不饱，有人就想出各种各样的计谋，希望能多吃一点。我记得有两种情况：

一是吃空饷。当时按人头领取粮食，由负责后勤的干部上报每天出勤民工人数，领取相应数量粮食。我记得有段时间上面经常派人到工棚清点民工人数，工棚呈长方形，前后有门，检查人员守住一个门，逐个清点民工，被清点过的民工出来后又从另一个门进去，造成同一个民工被清点两次。像我们洋青民工有近 2000 人，即使在民工之间，相互都不全认得，检查人员怎么可能都认得出来？有人被重复清点，这相当于多报民工人数，可以从上面多领取粮食，民工才能吃饱。如果被发现，就口头批评，警告一下。

二是蹭饭吃。一个团一个食堂，民工数以千计，厨房有 60 ~ 70 人煮饭。10 个人一钵饭一钵菜，有些人提前端回一钵饭藏在床底，再让人去端钵饭回来围吃，这批人就吃两钵饭，肯定吃得饱。还有蹭吃现象，即有些民工在这一桌吃了，又组一桌再吃。在自己团的食堂蹭吃，这是不少民工的经历；在 2 个团的食堂蹭吃，这是最离谱的行为，我们曾抓到来我们食堂蹭吃的其他团民工。蹭吃不应该，但民工是因吃不饱才蹭吃。蹭吃的民工总比因吃不饱而逃跑的民工要好，起码他还留在工地劳动。

当时团与团之间民工的生活不一样，像我们洋青团还算过得去，大米不够还有番薯补充。像遂溪沿海的民工团，可能是男性外出捕鱼了，参加修水库以妇女居多，她们吃得比较差。我们把番薯藤剁碎给她们熬煮来吃，她们非常感激我们。运河工程结束好多年后，我们曾经到过她们那里买耕牛搞生产，被她们认出来。她们免费提供住处、厨房、柴草、蟛蜞汁，帮助我们解决外出食宿的后顾之忧。

往事现说

兴建雷州青年运河有利于农业生产，提高了人们的生活水平，改变了以番薯为主食的局面。党和政府号召我们奔赴鹤地修建水库、挖填运河，我不后悔那几年的付出，也认为值得付出，毕竟我们直接受益于这条运河。只是想不到修建这条运河这么艰难，要凭借人力去完成这么繁重的土方任务。相比那个年代的赤脚医生、接生婆、大队干部，我们这批人的功劳不低于他们。

我们这代人的历史就要过去，希望后人知道这条运河是人工挖填而不是自然形成的。

锁江劈山开河人

陈进保　口述

采 访 人：林兴

受 访 人：陈进保（77 岁，遂溪县洋青镇其连村人，农民。20 岁参加雷州青年运河建设，在鹤地修建水库主坝、在那良开凿运河、在洋青填筑洋青大塘大坝，直到工程结束。其间主要负责拉车子）

采访时间：2015 年 7 月 31 日

采访地点：遂溪县洋青镇其连村

采用语言：雷州话

协助采访：陈家兴

采访口述人陈进保

转战鹤地

加入农业合作社时，我母亲已经不在了，劳力少，家庭超支，我回家帮工，如割牛草、搞生产、筑水利（如参加罗马坛水库建设）。1958 年雷州青年运河开始修建，那年我 20 岁。

修建雷州青年运河初期，每个社都有名额，公社想派谁就派谁，安排谁去谁就必须去。不过，社里也必须留人搞生产，如留下善于拖车驶牛、犁田耙地、插秧割稻、砍蔗种薯的生产能手，一些年纪大的社员也留下饲养耕牛。

我是先填筑洋青大塘后上鹤地修水库。我记得水稻刚刚收割完[①]就上到鹤地，工棚已经搭好，有大批民工一起进场，仅我们村就有二三百人，整个洋青团数以千计。洋青、其连、文相、马群、百桔仔[②]等社的工棚紧挨在一起，其连、马群、文相 3 座工棚并排，工棚门口向东，延伸到山顶。男女同住一座工棚，中间隔开。我们上到鹤地时，每人领取一番尾巴长长的、用蓑叶编织的涯仔蓑。我以为它是雨蓑，但又与家乡的不同，且穿着这雨蓑拉车挑担，碍手碍脚。原来我们使用错了，它是睡垫。说到睡觉，我们的“床位”没有床板[③]，为避免睡觉时身体被泥风吸附受寒，将涯仔蓑垫在地面，铺上草席即为“床”。后来涯仔蓑烂了，我们用稻草铺垫。稻草是社里派人拖运上来的，许多民工都曾拖过稻草送到鹤地。他们途中派人割草煮薯来饲牛，人也靠这番薯填饱肚子，露宿路边，历经一番周折才到达鹤地。

---

① 笔者所采访过的建库开河亲历者基本都是第一次向外人谈及这段历史，相隔近 60 年，基本上都忘记具体时间。有些可能凭借农忙季节或重要节日的时间节点记起这些经历。像陈进保老人谈起去鹤地的时间是水稻刚刚收割，即是夏收后，这与历史相符。1958 年 7 月底，遂溪民工首批上鹤地，8、9 月大批民工前往鹤地，鹤地水库工程开始全面动工。陈进保老人是水库工程全面动工时上鹤地。

② 这些名称既是村名，在当时也是农业社名，后农业社改为生产大队，每个社由若干个自然村组成。

③ 民工睡铺既没床也没板。民工集中居住工棚，同时又是睡地下（大部分未带床、板），很容易受凉，增加发病率。卫生保卫处：《鹤地水库工地卫生工作报告》（1958 年 11 月 1 日），雷州青年运河管理局档案室藏，19 -6 -58。

共克时艰

上鹤地艰难，建库开河更艰难，具体来说：

第一，生活艰难。一天的粮食供应由 1.5 斤米减少到几两米。刚上鹤地时，营办食堂，粮食供应充足，能吃饱吃好，这与我们的领导世方伯有关，他善于从社里筹集粮食，既能督促社里运来番薯、芋头等杂粮补充，又能在工地领足大米。公社化后，俩塘、芝兰的民工粮食紧张，向我们借粮食，我们借了好几百斤大米给他们，这些借粮变成“老虎借猪，有借无还”了①。后来洋青团集中办了一个食堂，取消营办食堂，几千民工一起在食堂用餐。粮食逐渐欠缺，“两干一稀”变成“两稀一干”，米饭变成番薯掺米饭，大米越来越少，后来由饭变成粥，还吃了几天番薯干粥。社里杂粮收成青黄不接，无法及时运送过来，我们只能通过快吃多装以求吃饱。后到那良开河，我们人均一天只有几两米，根本吃不饱，勒紧裤头带、饿着肚子挖土拉车，这是最困难的时期。

第二，施工艰难。刚开始填筑大坝时，我专门拉车子。开始是 2 个人拉 1 辆车子，男女搭配，前拉后推，我主要是在前面拉车子。施工处全是

---

① 当时称为发扬共产主义风格，实际上是农村体制改革，实行公社全民所有制。1958 年 11 月 3 日，根据湛江地委决定，遂溪全县人民公社一律实行粮食定量供应，社员吃饭不要钱，生活实行部分供给制。公社化后，社员的自留地等所有物资被收归社有，政府和公社可以无偿调拨生产队的土地、物资和劳动力。1959 年 4 月中下旬，中共雷北县委贯彻《关于人民公社管理体制的若干规定（草案）》精神，明确生产队（大队）是人民公社的基本核算单位，将生产的管理权、产品分配权下放归生产队。陈进保老人所述“借粮”事情发生在这个时期。俩塘、芝兰等缺粮社，凭借公社调粮证明到公社辖内的余粮社无偿提粮。其连、文相等是余粮社。从他们的角度来看，俩塘、芝兰是借粮，从公社的角度来看是统一分配。工地报纸也报道过类似例子：①北坡团喜获粮食。1958 年 11 月中下旬，鹤地工地的北坡团从红星人民公社（1958 年 9 月 16 日北坡乡与下六、草潭两乡合并成立）领回 2 万斤粮票和 700 斤咸鱼。北坡分得 6000 斤粮票、362 斤鱼。本来应该是按照人数每天 2 餐干饭标准分配，北坡团 1572 人可分得 1.1 万斤。但北坡民工说：如果不是人民公社，我们连一顿干饭都吃不上，哪有机会吃两顿干饭呢？这些话说明北坡是缺粮社，但公社在辖内无偿调拨余粮社的粮食分配给北坡民工。②洋青团获赠车子。1958 年 12 月 5 日至 1959 年 4 月期间，洋青、黄略、附城 3 个团同属于遂城公社。附城团在技术革新能手许成本带领下，在全军成为最快实现车子化运动的一个团。他们发挥共产主义大协作精神，赠送 170 多辆车子给洋青团和黄略团。中共遂溪县委党史研究室编：《中国共产党遂溪历史大事记（1949.11—2009.09）》，2009 年，第 67 – 70 页；《舍己为人情可嘉》，《战讯——青年运河增刊》，1958 年 11 月 23 日第 1 版；《技术革新能手——许成本》，《青年运河》，1959 年 6 月 24 日第 2 版。

上坡，每隔一小段，都安排人专门推车上坡，一段接一段。我埋头拉车往前冲，几次躲闪不及，眼看就要撞到前车，赶忙呼喊前面推车者闪开，避免相撞。

突击冲锋

堤坝成型但还没完成时，上面安排我们去挖排水沟。工程是这样安排的：挖通排水沟，堵塞九洲江，清理河床，在河床位置填筑堤坝，与之前填筑的堤坝相连构成拦河大坝，堤坝到某个高程，堵导流渠，水库蓄水。

开挖这条沟非常辛苦，经常是突击冲锋几天几夜。这几天没觉睡，整个人都变成泥人了，疲惫不堪，只要眼睛一闭上，就会睡着。上面经常发起各种各样的竞赛活动，号召我们民工争荣誉立大功。年轻人的干劲被鼓动起来，事关面子不能输，也想立功获得衣服之类的奖品。当时我们既没钱又没有布票，要添件新衣服是很困难的。于是，大家纷纷要求搞突击或参加突击队，这无关力气大小，只要肯跑耐走就可以参加突击队。村里的突击队员有很多，像我、泰友、红鱼利、牛哥都是不二人选。除牛哥是团部突击队员外，我们这些人都是临时抽调来与别人竞赛的，就是活比别人干得多，但吃的饭跟别人一样。这类竞赛大多数为荣誉而战，偶尔才有物质奖励。

当时各营团工种不同，各司其职。开沟、筑坝、清淤、扛石……整个工地都在突击，看谁进度快。有时候，夜晚 10 点刚下夜工回来，又接到扛石任务。石头是由汽车运回来修溢洪道的，如果不马上搬走，就影响到我们明天施工。于是，干部马上组织我们突击，先把车上的石块卸下来，再扛到溢洪道那边，方便其他团民工第二天修溢洪道时使用，像这类突击什么时候完成什么时候才回去睡觉。有些工种环环相扣，你慢了，就会影响到别人的施工进度，就会落上“乌龟”的名声。像我们挖排水沟时，有一段要挖断施工路道，要在路道底部安装 2 ~ 3 个排水涵，再回填泥土铺路面。我们待别人停止使用这段路道后，马上突击至工程完成，不能影响别人再次使用。

挖通排水沟，清完河床淤泥，就开始拖土下河床填筑主坝。这条主坝，我猜不出有多高[①]，从岭顶拖土下河床，人拉着车子，只是扶紧车头，车尾紧贴地面，车子像飞鸟那样快，“呼呼”地冲下河床。坡太陡了，只能用车尾紧贴地面摩擦减速才安全，即使这样，还是撞伤了一些人。

唱歌鼓劲

主坝高程填筑到30多米，导流渠已堵塞，水库开始蓄水，我们开夜工就少些了。但有段时间下大雨，水位天天升高，我们也不知道会不会冲毁堤坝。上面要求我们不分晴天雨天、白昼黑夜，天天突击，每突击一日或一夜就可以休息一段时间。当时宣传部的人教我们唱歌来鼓劲：“小雨当流汗，大雨当冲凉；大干、苦干、拼命干，要带水还乡！”我们拉车，他们站在路边敲锣打鼓，吹号唱歌。他们唱一句，希望我们也唱一句，可我们拉车气喘吁吁的，喘气都来不及，哪有力气跟着唱呢？不过空车返回时就跟着唱“大干、苦干，拼命干，要带水还乡”。说真的，这样唱歌能振作精神，多少会缓解一点疲劳。别看宣传部的几个人只唱歌不拉车，貌似轻松实际也辛苦。他们面对全团几千人，车流不断，一天到晚不停地敲打吹唱，也不容易。

总之，在鹤地做工，没有哪一个工种是轻松的，无论哪个民工，说起自己修建运河的经历都说自己的工种最辛苦。像我说运土辛苦，其实，装土、松土一样辛苦，我先说铲土装车，再说打泥牛松土。

铲土装车这种活由老少两类人负责。车子有中、小之分，中车需要6个人拉，1个人掌握牛轭，2个人在两旁拉，3个人在后面推，中车需要几十铲才能装满。他们不停歇地弯腰挥铲，车子一辆接一辆，怠工了，车

① 堤坝高程在1959年3月初达到30米，4月下旬达到35米，民工运土上坝，低的要爬10多米，高的要爬20多米。5月抢险，堤坝高程先从35米抢筑到38.5米再抢筑到40米。从5月开始，民工冒雨运土上坝普遍要爬20多米以上的高度。《擂响跃进鼓　跑在洪水前》，《青年运河》，1959年3月16日第1版；《鼓起更大干劲　提前完成任务》，《青年运河》，1959年4月24日第1版；《抢险战斗掀起新的更大高潮》，《青年运河》，1959年5月26日第1版。

子就堆在一起，出现窝工现象。

我打过泥牛，打泥牛的人都是一些身体强壮的人。我们在某个高高的岭头打泥牛，有人在岭脚撩岩，一路撩过去。差不多可以放泥牛的时候，撩岩者又被派去其他岭脚继续撩岩。打泥牛的木桩是用荔枝木或者其他更加结实的木料制作的，三角形，下尖上圆。木桩顶部用铁箍箍住，几个人抡起大铁锤像打铁佬一样轮流猛击木桩。你一锤我一击，岭面出现裂缝。有人在岭顶用铁钎撬，直至泥土坍塌。双向打泥牛工效高，但太过危险，虽然山体里面没有石头，但山岭坍塌，一大堆泥土就会倒塌冲到几十米远，撩岩民工躲闪不及就会被砸到。

险象环生

像拉车被撞伤这种情形在当时很难统计，民工伤亡的情况不少。总的来说，我们洋青团民工是安全的，但也发生过伤亡事故。据我所知，一人到山岭拾柴，遭雷击身亡；两人因工程事故受伤，一个是打泥牛时被泥土压伤，一个是被炸药炸伤眼睛。

爆破溢洪道也出现过伤亡情况。溢洪道建在山岭上，与现在青年亭这座山岭相连，位置顺序是青年亭、溢洪道、主坝。很多民工在这段工地施工，也住在附近的几个山岭，像洋青团在西向，靠近铁路桥这个方向，离铁路桥还有一段距离。当时我们放工吃午餐，听说准备爆破，我们端着饭碗想靠近围观爆破，被人拦住。北坡、河头、草潭等团民工负责主坝另一方向，在紧挨着溢洪道的地方拉土填坝。这次爆破威力比以前大得多，炸起来的泥土、石砾射向四周，溢洪道附近一座桥（用于拉车子）的树木被砸断，施工员的安全帽也被砸烂，躲在铁路桥底的人没事，在附近坝面施工的民工出事了，听说伤了几十人。

鹤地抢险

溢洪道爆破事故好像发生在鹤地抢险期间，当时堤坝高程已经填筑至

34 米左右，因连续下了几场大雨，我们在筑坝时目睹水库的水位天天上涨[①]，着实吓人。心里难免嘀咕着：未来几天还会不会再下大雨，不断上涨的水会不会淹没堤坝？土质堤坝能不能拦得住这么多的库水？还有，工地广播不间断地呼喊：今天水位又上升多少米，堤坝需要多少高程才安全，我们要紧急突击筑高堤坝。现场目睹加上广播渲染，感觉堤坝就要被冲毁，搞得我们非常紧张。

在这期间，我们频繁突击，哪里需要到哪里去。第一，抢筑堤坝。晴天运土上坝；雨天，坝面泥土变成泥泶，为避免泥土流失我们把泥泶勾回坝面，待底部泥土变硬再填土。第二，突击铺盖路面，拖运刨花和捞河沙填路防滑，刨花来自工地师团营部的木具社。我们营也有木具社，专门制作和修理车子等工具。社里稍微懂得一点木工手艺的人都被抽调到鹤地当木匠，人手不够，便采取师傅带徒弟的方法。木具社有几十个民工，也有专门打铁制作车轴的。很多人在鹤地水库学会木工手艺，我们村昌哥就是在鹤地跟随别人学会制作车轴、打牛车等手艺，工程结束后为社里打了不少牛车。铺盖路面需要大量刨花，工地各木具社无法满足施工需要，我们便到河里捞沙，湿漉漉的河沙能防止路面打滑。满载河沙的车子一辆接一辆，像蜻蜓一样飞奔着，把河沙倾泻到路面。

抢险期间日夜施工[②]，大家连凉都没时间冲，躺下就睡。不论晴天雨

---

① 1959 年 5 月 4 日至 8 日，鹤地水库水位从 26.5 米突增至 30.3 米。4 日到 23 日，水库水位涨了 7.4 米，大坝才加高 4 米。《后浪推前浪　一浪高一浪　抢险战斗掀起新的更大高潮》，《青年运河》，1959 年 5 月 26 日第 1 版。

② 抢险期间，工地党委提出：集中全力，突击抢险，日夜奋战，确保安全，共同努力，保卫成果。以 5 月 22 日北方寒潮南下雷北地区降特大暴雨为例，当夜洪水上涨速度 0.3 米/小时。工地党委 21 日晚上 10 点接到湛江地委电话后，决定全军马上行动起来，从 22 日凌晨零时起，拼命突击，限于 22 日上午把堤坝全线高程抢筑到 38.5 米，护坡石高程抢筑到 38 米。北坡、草潭团民工刚收工回来准备躺下睡觉，接到紧急抢险指示，立即奔出工地，一口气干到天亮。太平团的民工已经突击一天一夜了，21 日晚 11 点收工回工棚休息，12 点起床号令响起，全团 4000 名民工紧急集合，任务是抢运石头并把第 1 至第 4 号坝的护坡石高程由 34 米抢筑到 38 米，天亮前要完成。承担挖通溢洪道任务的下六公社雨天夜战，一次担 8 畚箕泥土，日夜突击，普通民工一直干了 36 小时，突击队员干了 43 小时。类似这类的突击在抢险期间比比皆是。综合《防洪抢险通讯》1959 年 5 月 12 日至 6 月 3 日的报道。

天都在施工，很多人因此感冒、发烧、咳嗽不断，到医防站里吃药的人非常多，我们村有3个人被抽调到医防站里帮忙，她们说在医防站的辛苦程度与拖车运土上坝有得一拼。那些病情较重的民工，经过医生检查出证明，可以休息，集中到团部疗养院，由保健员负责照料，专门从食堂取饭菜回来给他们吃。如果病情更严重，保健员就到团、师部医生取药给病号或者将其送到工地医院治疗，治愈后再回工地劳动。

武争文斗

为加快工程进度，提高工效，我们经常与其他团民工竞赛，这种竞赛实际上是武争工效、文斗口才，彼此都想压倒对方。

武争工效就是竞赛比工效，看谁的土方做得多，以人均土方论胜负。同等条件下，身体强壮一方胜出机会多。但孰胜孰负由上面派人丈量，还要结合运距远近做出综合判断。我记得有好几次都是宋伟让[①]带人监督，丈量土方。宋伟让是洋青后昌村人，后来是遂溪县人民法院院长，在鹤地担任什么职务我不知道。那时谁胜谁负我记不清了，但总感觉有点问题，尤其是那些没有什么奖励的竞赛，总觉得上面到我们这里就宣布我们胜对方负，到对方那里就宣布对方胜我们负。竞赛双方得到面子，上级达到加快工程进度、多运泥土填坝、提高工效的目的。有奖励的话，大家才会认真计较结果。

文斗口才就是双方在竞赛过程中呼喊口号以求在气势上压倒对方，喊什么口号就要看双方的宣传员文化水平，民工是跟随宣传员呼喊的。有一次，我们跟黄略民工竞赛，他们从靠近文寮营那边的山岭拖土，我们在另一个方向，大家上堤坝都要经过铁路桥底下，我们在这个汇合点相互斗嘴。我们遇见对方，宣传员大呼："压倒黄略大番薯啊！"黄略民工就喊："啃掉洋青菜头补啊！"相互之间你来我往。还有一次，我们与姓谢营民工

---

① 宋伟让，1980年8月至1984年6月任遂溪县人民法院院长。中共遂溪县委党史研究室编：《中国共产党遂溪历史大事记（1949.11—2009.09）》，2009年，第156页。

竞赛，我们村民工吴哥自创雷歌教我们唱，至今我还记得：“纸做擂台草做撑，棉花包头竹做青；说起武艺十八手，碰到其连拆擂台。”我们一边劳动一边唱歌，既嘲笑对方没用，又给自己鼓劲，这类竞赛很有意思。

滑头表演

在建库开河期间，大多数民工拼命干活，年轻男女一起有说有笑，劳动劲头十足。有获奖无数的，但也有些民工想方设法偷懒，我见到的有逃跑、开工时故意掉队、诈病等情况。像亮（化名）在鹤地做工还没有几天，就去坡脊趁圩好几次，还购买蒜种回家种植。最传奇的是景公（化名），上鹤地劳动仅一天半就诈伤休息 49 天。

有一天晚上，他跟随我们民工准备去开夜工。工棚门口有一条细水沟，他跨越水沟的瞬间，故意摔一跤掉到水沟里。他大喊：“哎哟！你们听闻没有啊？‘噼啪’一声响哦！我脚骨断了。”他动弹不得，有人立即背他起来，送回工棚，又去请洋青团中医成林哥[①]。成林哥医术高明，专门负责治疗工伤民工，与景公是好朋友，成林哥马上给他敷上草药。景公好喝酒，他以跌断脚骨需要酒与中草药一起捣烂敷、熨烫等才能治愈为由，要求成林哥给他开证明买酒。如果没有医生证明，不允许在工地买酒[②]。

每天，景公比我们更早起床，架起灶头煮开水，用粗布把包好的中药浸入开水中，熨热烫脚。边烫边说：“哎！哎！我成林哥的药真是好，敷伤口，脚松多了。”有时他半躺在睡铺，用药酒涂擦伤处，说：“我成林哥的药酒效力非常好。”他嘴里呼出的气，弥漫着一股浓烈的药酒味，简直能把人熏倒。

---

① 吴成林，洋青民工团中医，水库工程结束后，在洋青镇水流大队医疗站当赤脚医生。笔者小时候曾找他治疗过感冒、发烧。

② 档案记载：“民工因工受伤需要烧酒治疗者（仅限于白酒）需经医生证明并核定数量。”雷州半岛青年运河工程指挥部：《雷州半岛青年运河工程建设开支标准及财务管理制度》（1959 年 9 月 23 日），雷州青年运河管理局档案室藏。

当时厕所建在岭顶，用两块红砖头架成简易便坑，筑有4根柱子，用稻草做屋顶。头几天，他上厕所需要别人扶着上上下下才行。扶他几天后，他对扶他的民工说："你放开手，我尝试一下，能不能自己走路。"他用木棍拄着，一拐一拐的，边走边说："脚勉勉强强可以下地了，以后上厕所我不麻烦你们了！"

以后他一直休息，总共49天，养得肥肥胖胖。他"伤"愈后，不能买酒医治脚伤，自然就没酒喝了，后来不适应鹤地的劳动环境，只好逃跑回家。景公后来到那良开运河，才跟我们讲起这段经历。大家也是一笑了之，没人学他耍滑头偷懒。

大发雷霆

在那良，民工缺粮挨饿，劳动辛苦，负责后勤的世方伯对此非常关心。他曾从大队的鸭场带了24只鸭乸以及白酒到那良慰问我们民工，那次我与李醉得几乎不省人事。宰鸭后的某一天，上级派我们去某个工地捞杉木、竹木，搬给其他民工队，这工种比较清闲。世方伯本着节俭原则，认为工作清闲可以吃少一点饭。问：究竟放多少米煮饭才吃得饱呢？有人说22两米就够吃了。我说：22两米不可能吃得饱，非得24两米才吃得饱。世方伯质疑我：你是否吃得了24两米？如果吃不了，就硬咽下去？我说："可以！"世方伯要求炊事按每人24两米煮饭，大家吃后，饭所剩无几。

世方伯见状，大声呼叫："世玉、希权、成啊！"

他们慌忙地问："什么事啊？"

世方伯说："水利完成了，你知道吗？怪不得今天派人上到那良开运河，晚上就有人跑回家了。单是饿就要把民工饿死了，难道你们不知他们饿吗？你留那么多米下来干什么？"

世玉他们没再说什么，自此以后，我们每天能吃饱了。不久那良工程结束，大家回到洋青大塘，算是回家了。我们回来时，留7个人在那良拆工棚，大队派人到那良把工棚材料和大米拖回来，大队保管这批大米，后将其中的600斤大米送去后湖运河段以补充民工粮食。我与牛哥一起到后湖劳动，用硕大的土钵装粥，非常稠结，猫都睡不下啊！

都说那良开河时期粮食紧缺，为什么还有大米带回家呢？首先，这些米是在工地领取的，不是从大队、公社带去的。其次，是供粮人数与实际人数相差的结果。当时是按照人头供应粮食，民工人数由各中队给上面申报，上面如数供应粮食。因为饥饿，经常有民工逃跑。如我们今天收工时有200个民工，那么就按照200人申报明天的粮食，结果夜里跑了10人，第二天依然按照200人的量供应粮食，煮饭是按照190人的量，大米是这样积余的。

世方伯为什么生气呢？是因为世玉等干部按照上报人数领取大米回来后，按照实际劳动的民工人数煮饭。我说的那良粮食短缺是指工地供应的粮食量无法让民工吃饱，如果世玉他们懂得多拿些计划供应的米出来煮饭给我们在场的民工吃，我们就不会饿得那么厉害。因为挨饿，前方不断有民工跑回家，世方伯在后方不断督促民工回去工地，出现恶性循环。所以这次世方伯到那良工地慰问民工，看到有米积余民工却吃不饱，非常生气。

我们留在工地的人对有人跑回家也有点怨气，但心里不会真的责怪他们。不跑的人无论什么情况都不会跑，想跑的人总是会想方设法找机会跑。

三次获奖

安心在工地的人都想得到一个好名声，别输给其他人，也想赶快完成工程快点回家。于是，大家都拼命干活。我们一般是两个人拉一辆车，像我们村民工松（化名），身材高大，力气比我们要大得多，他自己拉一辆车。无论两人拉车还是一人拉车，上坡时都有人推车。我专门留意过我们村民工成渝，他专心推车，坎坡比较长，他从这里推到那里，又快跑回来推另一辆车子，如此反复，多少力气都使尽了。大家都说，成渝推车，拖车的人轻松很多。我与希俊拉车，总是拖着空车跑起来，有一次把车床板震飞出去，掉到沟里。当时如果碰着人，就可能出人命了。

在工地干活期间，大部分人争当先进，获奖品。我在雷州青年运河工地也多次获奖，印象最深的有 3 次：

第一次是在那良。我一天拉 160 车泥土，得到一件薄笠①的奖励。鹤地堤坝脱险不久，我们转到那良开河。那良山岭高，从山岭中间开挖河渠，山岭里面全是石头。经过爆破，我们用车子把土石拉到两边，层层推进，河渠逐渐变深，路坡变长，到运距 200 ~ 300 米的位置时，全是上坡，有人推车。一辆车子，前面的人控制车子方向，后面的人推车，极其艰难才把车拉上山顶。这时，我们在平坦的山顶才有喘气的机会，卸下土石后又冲下河底。

为了提高工效，工区对个人加大奖励力度，由专人发牌子②统计车数。奖励规定：一天拉 160 车，得到一件薄笠。有一天，我拉了 160 车土石，得到一件薄笠。当我拖着空车下来时，双腿颤抖，站都站不住了。我们村很多民工都在争取获奖，但我和玉哥拉一天就不敢拉了，只有纪哥连续拉了 2 天，得到 2 件衣服的奖励。

第二次是到廉江县城开会，得到薄笠、毛巾和口盅奖励。这次是在鹤地还是那良施工我记不清楚了，反正领导叫我回廉江县城开会。这次会议我一次性领到 3 件奖品，这样的奖励在修建运河期间很少见，一般都是一次奖励一件。

第三次是自取厚笠。本来奖励厚笠只限于突击队员，他们与其他队竞赛时，人均工效 6 个土方就奖励厚笠。世方伯为了鼓励民工，许诺：没有参加突击队的民工，一天完成 6 个土方也奖励厚笠。我和秀英等 6 个人拼

---

① 当时那良工区开展红旗车手活动。以车定额，70 车为基数，按路程远近增加车数，实行定额奖罚制度，决定超过定额达到 100 车的奖 1 元，最高超过定额达到 170 车的奖 5 元。1959 年 10 月 28 日，洋青大队突击队员马如松 74 岁运土 170 车、陈进娣运土 185 车被评为“红旗车手”。《总路线教育深入人心　高工效运动波澜壮阔》，《青年运河》，1959 年 10 月 31 日第 2 版；《红榜——突击队干劲大》，《青年运河》，1959 年 10 月 31 日第 4 版。

② 为防止只管车数不管车子是否装满的现象，采取半车的即两车发一个牌子，满车的即发一个牌子。《总路线教育深入人心　高工效运动波澜壮阔》，《青年运河》，1959 年 10 月 31 日第 2 版。

命干，最后也达到6个土方。结果厚笠不够分，如果发给我们，突击队员就没有；如果发给突击队员，我们就没有。世方伯左右为难，干脆不发奖品了。后来其他民工去后湖修河，我们几个人去新桥修建大渡槽。其间我惦记着厚笠是否发了？这么拼命做工，就是为了这件厚笠。后来我回家时，问世方伯："厚笠是否发放了？"他说："还没有。"于是，我进入干部居住的工棚，当场拿走一件厚笠。这件厚笠，布料是蓝色的，手感滑溜溜的，非常漂亮。有人看见，说："进保拿走人家的厚笠了。"但干部不吭声，也没有人上来夺回去。世方伯知道我家里穷，缺少衣服，也没有意见。世方伯说："反正都要有人拿去穿，让他拿去穿吧！"至于剩下的究竟发给谁，与我无关了。

觥筹交错

前面讲到在廉江开会领奖的事，印象最深的还不是领3件奖品的事，而是喝酒吃饭的情景。一是酒任喝。食堂里每个角落都摆满酒埕，因民工挨饿已久，又恰是最饿时，大家都饥不择食，担心没有酒喝，开始都倒得满满的。有倒酒溢出的，有端碗抖落的，有碰撞洒出的，有边走边喝滴下的，还有互敬碰碗漾出的，整个食堂里弥漫着浓浓的酒味。

二是饭抢吃。当时听说总共有1000多人参加这次会议①，用牛耳大锅

① 根据老人描述，推测其可能参加了1960年1月2日在廉城举行的青年运河第六次功臣代表大会。这次大会有功臣模范和各水库的代表共1276人参加，庆祝运河北段工程胜利竣工。《青年运河》3次报道功臣代表大会：①全军首届功臣代表大会。1958年11月5日在鹤地工地召开，总结10月份4次战役的成绩，评选出受奖单位64个，一等功臣178人，二等功臣566人，三等功臣1344人，并以"疏河填海历代英豪俱往矣　民办运河真正英雄看今朝"为题在《青年运河》刊登评比受奖名单。②第二届功臣代表大会。1959年6月15日至17日在鹤地水库召开，参加代表1000人，陈华荣指出这次抢险共涌现出功臣18849人，先进单位44个。③第六次功臣代表大会。1960年1月2日在廉城召开，有1276人参加，评选出先进单位70个，先进突击队57个，特等功臣648人，一等功臣2011人，二等功臣5866人，三等功臣6422人，奖励厚笠、薄笠、文化衫、毛巾和口盅等。《全军首届功臣代表会议隆重召开》，《青年运河》，1958年11月5日第1版；《全军第一次评比受奖名单》，《青年运河》，1958年11月5日第2、3版；《继续鼓足干劲万众一心一鼓作气　为七月底完成上游工程任务而奋斗》，《青年运河》，1959年6月20日第2版；《青年运河第六次功臣代表大会召开》，《青年运河》，1960年1月3日第1版。

煮饭，先煮14锅，用几十个谷箩装饭都没装完。看到锅里还有，炊事员认为够吃了。谁料到喝酒的人吃得慢，部分不喝酒的人吃得快。待不喝酒的人吃饭后，所剩寥寥无几；喝酒的人赶快盛饭，只有一碗饭，没吃饱。有人嚷道：没饭了！没饭了！领导纳闷：召集这些模范来开会，连饭都吃不饱，那还得了？赶快下令放米煮饭。再煮4锅，饭刚煮好，这些人争先恐后去盛饭。可是，先前吃完的那些人又饿了，也来盛饭，结果还是有人没吃饱。在政府食堂煮饭，又不存在把饭端回家的可能。饭究竟到哪去了呢？怎么刚煮好饭，就见箩底了？怎么回事？领导也找不出原因。最后加煮两锅，吃完这两锅，还有人嚷嚷没饱。领导没办法，只好说：饱就饱，没饱就没饱，不再煮饭了。

1000多人吃了20锅米饭，我估计有两个原因，一是当时的人确实太饿了，重复吃饭；二是有人饭量大，吃得多，个别人吃饭慢，又喝酒，没吃够。

智破窃案

数以万计的民工在鹤地劳动、生活，民工一日三餐由工地食堂免费供应，其他的生活必需品由民工自备。我记得上鹤地差不多一年时间，上面总共才发2元钱，民工劳动基本上是没有报酬的。因此，除了个别人从家里带来一些钱，民工普遍都没钱，穷得很。

有一天，邻村一个名叫狗哥的民工眼眶红肿、哭着说：有人在工棚里偷了我7块钱。这令大家吃惊不已，一是想不到他有7块钱。7块钱在当时属于小巨款了，民工一天菜金才两三毛钱。二是公安人员破案有本事。他们在工地召集我们，训诫说：我们牵到谁谁就是小偷。我心想：牵到谁就是谁，倘若牵到我，岂不是死定了？大家忐忑不安地盯着公安人员，看他牵哪个民工，却迟迟不见有谁被牵出来。不久，只见民工干部带着公安人员把工棚里所有的包袱搬到工地。公安人员待我们认领完毕，把燔（化名）牵出来。大家见状，都松了一口气，怦怦乱跳的心渐渐平静下来。

经调查，燔承认是他偷的。原来狗哥和燔曾一起拖车运土，狗哥曾经掏出钱来让燔看。晚上，燔趁狗哥脱衣服睡觉，把钱给偷了。第二天，燔不敢把钱随身带去工地，而是藏在包袱里。狗哥发现钱被偷了，报告给公安保卫处。公安人员让我们在工地排队，又派人到工棚里抄查民工包袱，看有没有钱藏在里面。结果，他们在一个包袱里查到7块钱，顺着包袱查到燔。燔承认后，把钱还给狗哥，狗哥不再计较。公安人员知道两人是同营不同村，且关系不错，把燔训诫一番后，没做进一步处理。

工地情谊

1957年，李作为下放干部到其连村参加生产劳动，国家定量给他供应粮食（折现为粮票）和发放工资，每月18元。他作为知识分子，慢条斯理，言行谨慎，精打细算，刻苦耐劳，但不习惯我们农民粗犷的生活方式。

雷州青年运河开始修建时，社里派李去修建雷州青年运河。我们从牛滚窟开始来往，后一起到鹤地、那良等地建库开河，睡铺相邻，一起出工、收工，从而结下深厚情谊。

他跟我们一起劳动时，比我们更加积极。他成分特别，深知言语的敏感性，出言谨慎，我与他交往，从没听过他对雷州青年运河发表任何言论，就是老老实实劳动。

当时在工地公共食堂，按规定李要交粮票给食堂，与民工一起就餐，但他没有与民工一起吃饭。他比较斯文，不情愿与其他人争先恐后抢吃。别人三下五除二喝了两三碗稀粥后，还想再添加，可他还没喝完一碗。如果一起围吃，他肯定餐餐挨饿。他自己负责伙食，由于他的身份不容许提前收工回来煮饭，便叫我帮他煮饭。

我记得在那良的时候，大家都挨饿。他给我钱和粮票，让我买饼干和米，还买饭罐藏起来。他经常收工回来后，以饼干充饥；他想吃饭或喝粥了，就提前告诉我。我在出工前帮他煮好藏起来，偷偷告诉他：李哥啊！饭我煮好了，放在某某处，你回去后记得吃。他有时偷偷溜回来，吃饭后再去做工。李对我也很好，平时给点饼干或留一点饭、粥给我吃。

在鹤地，他还救了我一命。当时拉车没有几个人跑得赢我，上面经常派我去参加突击。有一次突击，我被车子撞伤。经过一段时间的治疗，我面黄肌瘦，已无法劳动，还得不停地吃药治疗。我父亲也在鹤地劳动，非常担心我的身体。父亲问我怎么变成这个样子了？我说："吃不下粥，一闻到粥的味道就呕吐。"父亲说："这是伤药吃过量造成的。如果有钱买猪肉粥吃，补补胃口就好了。"但父亲也没有钱。其实，鹤地工地曾经给民工发过一次钱，2 元[①]，但我早已花完。我无奈，便去找李，说："李哥啊！我父亲说我吃伤药过量了，需要吃些肉粥补补身体，但我没有钱，想向你借 2 元钱。"当时 2 元钱不算少了，猪肉粥才 3 毛钱一大碗。我拿到钱后，每晚都去河唇附近的豆腐圩仔吃粥。花完 2 元钱后，我的身体得以恢复，又可以继续劳动。

往事现说

回想起来，我对这段经历感到既辛苦又骄傲，不后悔自己艰难的付出。修河时，我们虽然不知鹤地水库的水能否流进我们的田地，但都有决心：无论有多艰苦，都要带水还乡。

最终，雷州青年运河洋青大塘横亘在我们村前，运河水灌溉到田，改变了我们的生活。

---

① 孟宪德 1959 年 6 月 21 日在运河上游工程工地全体民工大会上的讲话中指出：为解决民工抽烟、零用钱的困难，现决定每个民工发工资 0.8～1.2 元。在这次讲话中，孟宪德宣布民工的粮食从 6 月 21 日起，全部由政府供应，每人每月供应 35 斤大米，菜钱由公社负担。如果民工还不够吃，可由公社补助一些杂粮。湛江地委：《孟书记对当前施工工作指示》（1959 年 6 月 24 日），雷州青年运河管理局档案室藏，39－13－44。

鹤地工地拓荒牛

陈妃寿　口述

采 访 人：林兴

受 访 人：陈妃寿（79 岁，遂溪县洋青镇其连村人，农民。22 岁参加雷州青年运河修建工作，直至工程结束。其间从事拉车、打泥牛、锯树等工作）

采访时间：2015 年 7 月 31 日

采访地点：遂溪县洋青镇其连村

采用语言：雷州话

协助采访：陈家兴

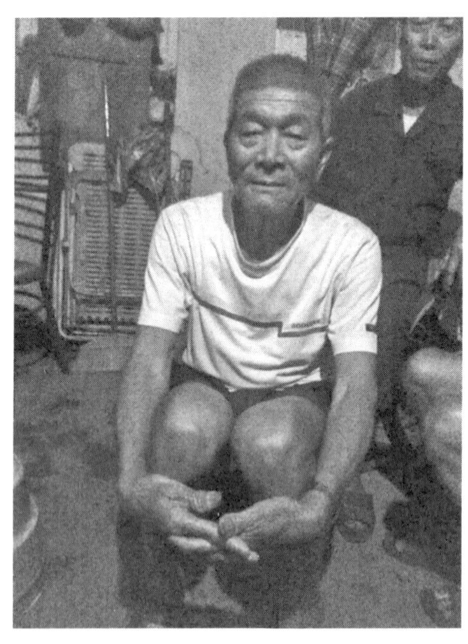

采访口述人陈妃寿

开路先锋

我在鹤地时，相熟的人给我起了个带“牛”字的绰号，叫我“牛哥”。鹤地修建之前，我们已经在螺岗岭附近修好了罗马坛水库。人们从水库引水到牛滚窟，形成一个大水塘，用以灌溉周围土地。雷州青年运河开始修建后，我在牛滚窟那里修运河。工程差不多完成一半后，就接到去鹤地修水库的任务。我二话没说，带好衣服，加入由车路头村的春祥所带领的民工队伍，步行到遂溪火车站，乘坐火车去鹤地工地。

1958 年 7 月左右，每个生产大队派 2 人去鹤地搭工棚。我们洋青乡来了 30 多人，一起到山岭割草砍竹，搭建自用工棚。另外，我们还要搭建自己大队民工住用的工棚，家里还有大量民工在等待上鹤地修水库的命令。搭建这类工棚所需的工料，由生产大队派人运来。工棚搭好后，后续民工还没上来。我们 30 多人为打通分处不同地方的住处、堤坝和土塘的交通，搭桥铺路，修整交通便道，以满足洋青乡民工施工的需要。我们完成这些准备工作后，民工大部队才上来鹤地，鹤地水库全面大动工。

木匠帮手

在鹤地，我经历过好几个岗位，取料搭棚、铺路架桥、铲草清基、扛树锯板、运土扛石、突击竞赛、偷岩取土、文娱表演等等。至于说哪种工作辛苦呢？我觉得哪种工作都不辛苦。当时年轻，力气足，确实不感到辛苦，也不怕辛苦，要不大家为何喊我“牛”呢！

我拉了一段时间的车子后，被抽去师部锯木厂。民工最初使用的车子由各团从家里带来，但人多车少，加上车子损耗严重，每个民工团便成立木具社制作车子。团部木具社不能锯木料，因为整个师部才一部锯树机。锯木厂人手不够，便从各民工团抽调民工去帮忙。洋青团挑选我们 7 个人组成锯树小组，其实我们只是木匠帮手，不是木匠。木匠锯树有工资，我们仅由社里记工分。我们把别人砍运回来的树木扛上机床让木匠锯成木板，然后再把锯好的木板分配给如草潭、下六、北坡、黄略等民工团的木具社。木具社制造车子，一辆车子的车床仅需 1 ~ 2 块木板。这树木又大又粗，要好几个人才扛得起，我们一天要扛 1 万多斤的树木。大坝筑到 32 米高程左右，车板已经锯好，车子也造得差不多了，锯木厂不再需要帮忙，我又回来拉车子。

偷岩取土

木匠晚上停止锯树，我不用出勤，可以在工棚休息。我看到其他民工白天干活后晚上又去开夜班，自己不好意思休息，就与其他民工一起去拉车子。我回来拉车子后，是一人拉一辆车子。当时堤坝已经很高，车子拉到高处时，需要有人帮忙推车。一个团民工集中在一个岭头，路上的人非常多，因民工身体条件不同，拉车有快有慢。上坡时，拉得快的人要注意，防止撞到别人。偶尔有人被撞伤，不过我们营被撞伤的民工很少。有时候拉得快的人恶作剧，看到前面的人拉得慢，就紧紧地挨上去，两车接连，无形中增加前面拉车人的负担。搞突击的时候，三人负责一辆车，车子上下坡都有专道，因为拉车太快，路道必须分清楚，否则会撞到人。

运土的车子多了，松土进度赶不上。我力气大，被干部安排去打泥牛松土。我经常和企塘村的世清等人一起打泥牛，每天晚上收工后就赶紧睡觉，睡到第二天四点多钟，有时候两三点就起床开始打泥牛了。打泥牛的操作方法是这样的：选择一片山体，有人在山体下面挖空，形成一条岩带，有人用树桩打击岭面。我们在几米高的山顶把泥牛打倒，坍塌的泥土遍布周围。一般来说，打一个泥牛得到的泥土，可供很多车子拉好几天。但打泥牛有危险，动不动就会砸到人。我们营没有民工被泥土砸到，但有一次泥土差点就砸到世清。当时情况是这样的：我们在岭面仅是定好打击点，还没开始打木桩；底下世清他们已经在挖岩了。突然，“轰隆”一声，好在世清跑得快，只有锄头被泥土掩埋。洋青团寮客营的民工在打泥牛时，有人被泥土压伤了脚部，送医院治疗了一段时间。

蓬头垢面

我们洋青团在鹤地除了填筑堤坝外，还承担开挖排水沟的任务。我们交叉进行挖沟和填坝，经常是雨天不能填筑堤坝就去挖沟。我们开挖这条排水沟也够费劲的，排水沟像电影里解放军打仗时挖掘的战壕那样大，不知道从哪里延伸过来。我们沿着山岭低处开挖一段，底下全部是白胶泥，开挖不太深就有泉水渗出，沟渠里全是泥滏。我们要把泥滏清走，白胶泥柔软有黏性，锄头、铁锹挖（铲）下去会被黏住，不好施工。更多时候，我们是徒手将泥滏捧到畚箕，浆滏溅射四周。一天下来，我们都变成泥人，黑发变白发，脸部洒满浆滏，就像做戏佬化妆上舞台后的白面人，都分不出谁是谁了。

开沟结束后，我们准备好沙包，开始截水（即截断九洲江）。一声令下，人们把沙包抛入江中，阻断江水。然后我们开始清理江底淤泥，江底大约有1米深，2~3米宽，有卵石、沙、发黑的腐泥。挖排水沟时，我们可以徒手捧起一团团的白胶泥；在清理江底时，面对黑色的泥滏，我们只能用畚箕、竹箩捞装。这时候，我们民工就像包公一样，分不出谁是谁，只能看到白白的牙齿。

清淤结束后，我们从岭头运土填筑坝基，有人拉车，有人挑担。可能担心坝基无法承受拖拉机的重量，我没见到拖拉机在坝面碾压，只看到有人在用我讲不出名字的石器砸实坝面。这个石器类似石牛，但远比石牛小，圆圆的，长条形。4名民工用绳子系住4个方向，反复将石器拉起放下，夯实堤坝。当时有很多个民工团在一起填筑主坝，春节前填到大约20米高程。春节后，民工回来继续填筑，这时干活就不容易了，总是突击竞赛。

做到30米高程时，开始下大雨。我们担心堤坝发生危险，日间运土、夜间扛石。石头用来铺设堤坝内堤，防止堤坝被洪水冲击，铺到33米高程后我们仍继续运土填筑堤坝，一直填到34米高程，但师团部仍担心堤坝抵挡不住洪水袭击，便命令民工：无论晴天雨天，都要日夜突击，不能停下来。堤坝填筑到38米高程时，我们干活就没有那么辛苦、紧张了。

工地生活

初到鹤地时，是一个社办一个食堂，粮食由社里送到鹤地。民工先吃干饭后吃番薯干粥。食堂合并为一个团办一个食堂后，整个团的民工集中在食堂就餐，经常吃番薯干粥，基本上都能吃饱。

因我有牛一般的力气，被抽调到突击队，我既是营部突击队员，也是洋青团部突击队员。突击队不是人人都能参加的，上级总是抽调勤快肯跑、身体强壮的人参加突击队，因为突击队经常要参加突击竞赛。我们跟黄略的突击队竞赛最多。这种跨团突击不仅仅是突击队员的事，团部搞宣传的人也来助威加油。郑贻东专门吹号，“嗒嗒嘀嘀嗒嗒”一响，宣传员边敲锣打鼓边呼喊“加油！加油！”。突击队员精神上得到鼓舞，全身心投入竞赛当中，越赛劲头越足，一心想着竞赛，不知苦和累。

突击队员比一般民工要辛苦得多，饭菜也比他们好些。突击竞赛时，会有鱼、肉供应给突击队员吃，其他民工就没有这些。记得有一次与黄略突击队对抗，输赢忘记了，只记得那是在鹤地吃得最好的一次：饭任吃，有白斩的肉类，也有炒煎焖蒸的肉菜，还有汤水。汤水可不是工地常见的菜炒至半熟加水煮成的菜汤！

在鹤地工地，我算是“自由人”，经常被调派到各个岗位，基本上都是一些艰苦的岗位，但饭菜丰盛。如果想吃得好又不太辛苦，可以参加春节文娱活动。指挥部1959年春节期间放假3天，让民工欢度春节，但鼓励民工不回家。洋青团有几百人留在工地，团部不让我回家过春节，留我参加体育活动，如打球、拔河、顶棍等等。为了参加这些文娱活动，我们在春节前也经常训练，不用突击加夜班做土方。

开挖运河

水库修好后，洋青民工就到那良开运河。那良岭头高，我们要把山岭中间劈开，挖出一条河渠，从河底到坝面修7个平台。拉土到坝面，我们要兜兜转转，一段一段推拉，到第6个平台转弯处有人推车，才把泥土拉到坝面。我们天蒙蒙亮就开始施工，夜间拉车子到11点钟才收工回工棚睡觉，早上四五点钟又要进场开工。爆破施工就轻松一些，民工去挖炮穴、装镗缸、填炸药，引爆把岭头炸开，民工继续拖车运土。爆破时停止其他施工，否则就可能发生像鹤地爆破溢洪道施工时那样伤及民工的事故。

那良施工艰难不是在岭间挖河，而是没饭吃。当时粮食供应非常紧张，每人一天才几两米。食堂早上煮粥都不够民工吃；午、晚餐时，10个人一钵粥，大概人均2碗稀粥。

完成那良河段后，我们回到家乡修雷州青年运河洋青大塘段。未上鹤地之前，我们已经填筑洋青大塘一部分工程，现在回来再修建洋青大塘，感觉这个已不是难啃的工程。这里离家近，施工简单，就是运土筑坝而已。洋青大塘施工任务由公社分配到生产大队，再由生产大队负责组织民工，大队提供工具，修建洋青大塘使用的工具比之前的先进，运土的车子也多。不过洋青大塘堤坝太高，有两个平台，后期主要是靠民工用畚箕挑土填坝，从洋青大塘一直挑到后湖河段才结束工程任务。

往事现说

我参加雷州青年运河工程建设，始于洋青大塘，止于洋青大塘①。两年轮回，留下拉车运土、春节娱乐、那良挨饿的深刻印象，换来我们洋青布满田间地头的沟渠。我们摆脱“担死条命才有水喝”的窘境，利用运河水灌溉田园几十年。直到现在，我们洋青一直受益于雷州青年运河，运河两边的其连、洋青、水流、外坡、牛栏等村委会都有鹤地水灌溉到农田。

运河工程结束之后，几十年没有人来问过我关于修建运河的事。趁此机会，把自己修河的经历讲出来，是一件愉快的事。

① 1958年6月1日洋青大塘开始修建，1960年5月14日鹤地水库的水流进洋青大塘。

工地年夜饭

谢成由　口述

采 访 人：林兴

受 访 人：谢成由（中共党员，84 岁，雷州市唐家镇田西村人，农民。26 岁参加雷州青年运河修建工作。其间担任团支书、大队书记，曾带队参加鹤地水库抢险）

采访时间：2016 年 11 月 5 日

采访地点：雷州市唐家镇田西村

采用语言：雷州话

协助采访：吴小青

采访口述人谢成由

南无战事

1958 年开始修建雷州青年运河时，按照当时规划，雷州青年运河从鹤地水库引水经廉江、遂溪、海康，在城月公社实荣村开始分东运河、西运河，唐家处于西运河末段。当时唐家民工正在修建郑家水库，没有承担雷州青年运河初期的修建任务，后来才参加鹤地水库抢险、运河北段、运河南段的修建工作[①]。

星飞电急

有一年，鹤地水库出现险情[②]，上面要求各公社紧急动员民工前往鹤地水库抢险。我当时担任大队团支书，下村发动群众，有自愿去的，也有不想去的。以前抽调民工建设运河南段时，采取两种办法：一是按照家庭劳动力抽调；二是采取轮班制，每月轮班一次。基本上每个劳动力都要参加运河建设，因此人员抽调比较容易。这次抽调民工到鹤地参加抢险有点困难[③]，主要原因有两个：一是河唇距离唐家太远，两地相隔有 100 多公里。当时很多人连 30 公里外的海康县城都没去过。因此，部分民工在动员时流露出不愿意去的心态。二是出于利益考虑不愿去。当时垦殖场也在招人从事种植橡胶的工作，月收入 15 ~ 18 元，还有粮食供应。鹤地水库抢险只有粮食供应，没有工资收入。面对困境，唐家公社党委催促赶快派人到鹤地水库抢险。大队党支部开会讨论时提出“抓两头促中间、软硬两手抓”，一头是党团员、积极分子，他们响应号召主动报名，促使大部分游离观望的社员参加；另一头是“五类”分子，因他们成分不好，都服从调派；“促中间”是规定参加抢险是一项硬任务，必须完成，对不服从调派的人采取扣工分、办学习班进行思想教育措施，直至做通思想工作。不服从调派的人，不允许他们在公共食堂就餐，因他们的粮食已送到鹤地的

---

① 唐家民工参加运河南段工程时间为 1958 年 12 月上旬。之前南段工程只有东洋一团、沈塘二团、客路三团的民工参加建设，后唐家民工加入，为唐家四团。雷州半岛青年运河海康师政治部：《书记动手　一把柴刀制木耙》，《运河工地》，1958 年 12 月 13 日第 1 版。

② 这里是指 1959 年 5 月鹤地水库发生的险情。

③ 唐家民工思想混乱，存在三怕三忧：①怕在上游工程工地的时间长，忧路程遥远，往返困难；②怕家人责备，因从运河南段上来时未和家人告别，忧青黄不接时家庭生活困难不能解决；③怕大突击劳动时间长，忧吃不饱饭，没工资领，衣服破烂无人缝补。在鹤地水库民工分 2 批次：①1959 年 2、3 月为完成 4 月放水目标，从南段工程调派到鹤地的老民工；②1959 年 5 月从社里抽调参加抢险的新民工。谢成由老人口述所指即为新民工。无论是新民工还是老民工，思想动态基本一致。《唐家团出现新面貌》，《青年运河》，1959 年 4 月 30 日第 2 版。

食堂。完成调派任务后，我带领几十名民工步行约 10 铺路到客路，集中乘坐运河工程指挥部派来的货车去鹤地水库参加抢险。

形势催人

民工来到鹤地后，只能临时搭建简陋工棚。工棚用杉木桁子搭架，棚内铺设参差不齐的方块石作为睡铺，棚顶直接钉一两层草席遮风挡雨。我们住在一层草席的工棚，草席直接铺在方块石上做床铺。雨天工棚漏水，棚内湿漉漉的，我们睡在硬邦邦、凹凸不平、湿润的方块石上，因抢险工作艰苦，很多人和衣勉强入睡。过了一段时间，民工趁晴天各自到附近山岭割茅草垫在方块石上，才解决睡觉问题。

在鹤地水库抢险时，堤坝已经筑得很高了。由于连续暴雨，水库水位上涨很快，有可能淹没堤坝。我们的任务主要是筑坝，尽快把堤坝抢筑到安全高度。根据上级分配的任务①，民工每天的劳动有：有人用锄头、十字镐挖土、松土；有人用木耙、铁铲装土上车；有人运土。运土时，2 人负责一辆车子，轮换推拉。拉的人绑着草袋，用绳缆斜绊着肩胛，弯腰大声吆喝，拉着 300～400 斤重的泥土；推的人呼应着把腰弯得更低，竭力推车，一步一步地沿着弯弯曲曲的道路艰难地向前推。在堤坝高坡度处，还安排专人推车上到坝面。

眼看着库内水位天天上涨，如果出险，九洲江下游的几十万人将遭受洪水冲击，损失惨重，连在水库施工的民工都有生命危险。大家你追我赶拼命干活，整个工地都在高速运转，尤其是路上的运土车队。整条道路长长的，熙熙攘攘往前冲。即使累了，有偷懒放慢的念头，也只能一闪而过。因为你不快走的话，后面的推车就会撞到你。当时曾出现碰撞现象，有的是不小心撞着，有的是调车时相撞，还有的是前面拉车突然放慢速度

① 为克服窝工，唐家团采取：①分段包干：全团 19 个营划为 19 段，从而避免坝面填土混乱；②实行定量：每辆车 6 小时内完成满载 18 车，畚箕挑土每担 80 斤，少于此标准即为下游，不足 100 斤即为中游，超过 100 斤即为上游。《唐家团采取措施克服窝工》，《青年运河》，1959 年 5 月 29 日第 2 版。

被后面拉车追上而碰撞。每天出勤时，我都要提醒大家做好安全措施，车辕抓紧，车速适当。

我干活相对机动，哪里需要到哪去，多数时候在土场松土、装土，有时候拿起广播筒给大家加油鼓劲。当时民工积极肯干，基本不用督促。在土场干活比拉车运土轻松些，但也不存在窝工、怠工现象，最多是节奏稍微放慢些，不能影响松土、装土效率，否则泥土供应不上，影响到堤坝填筑速度，无法完成抢险任务，这可是大罪呐！

按照轮班制，我们到这里修建水库一个月，其他班次民工来替代，我们就可以回家。但我们连续在水库抢险了两个多月才回家。水库脱险后，水库工程也基本完成。轮班民工上来后被派往运河北段工程开挖河渠，唐家公社民工被安排在那良工区开挖运河。我从鹤地水库回来后参加生产队劳动，没有参加廉江段运河开挖。待运河南段工程开工时，我已入党，担任大队干部，负责管理田西中队的民工。

欢度春节

雷州青年运河南段工程①西运河从城月实荣经北坡、河头、纪家到唐家的土乐村，我们在纪家与河头交界处的河段施工。

在修建运河南段时，已是公社化后期。以前说“人民公社好，走到哪吃到哪”。去鹤地抢险时还能吃饱，回到运河南段工地后，粮食开始紧张②，民工一日三餐吃生虫番薯粥，人瘦得好像猴子，甚至有人患上水肿病。有个熟人的女儿在工地食堂当炊事员，她总会偷偷给我爱人添加一碗

---

① 南段工程1959年11月底全线开工，1960年5月结束，全长158公里，由28个公社和垦殖场分别承担某段河渠的工程，唐家公社负责雷家坡至新港村河段，属于西运河次末段。雷北县委：《关于开展今冬明春水利大高潮的指示》（1959年11月9日），雷州青年运河管理局档案室藏，31-43-111。

② 民工生活安排不当，造成粮食前松后紧。1960年3月，唐家纵队土方任务还有20多万方，但土方包干粮食已全部吃光了，建筑物粮食包干亦吃了1万多斤，主要是过去补助，粮食按松方计多吃了。中共雷北县委水利指挥部办公室：《情况简报》（1960年3月9日），雷州青年运河管理局档案室藏，20-1-1。

饭，这才使我爱人坚持下来。

运河南段修建期间跨越春节，上面提出民工要在工地过春节①。我作为大队负责人带头留在工地，动员民工安心在工地过春节，只有极个别民工在年二十九晚潜回家，按照农村习俗准备一些用品给家里人过春节。记得春节期间天气冷得挺可怕的②，有个姓黄的书记从社里拉来一头牛，宰了给民工加菜，喝血酒驱寒，欢度春节。如果纯粹因春节给民工加菜，宰杀耕牛，这是犯罪，要坐牢，因为耕牛是生产队最重要的生产工具。黄书记敢宰牛，只能有两个原因：牛要么是老弱病残，要么被寒潮冻伤。我不是经办人，不知道具体是何原因。

亲人优先

我们这里地势高，历史性干旱导致泥土坚硬，河渠以挖方居多。施工期间曾经出现一段长时间的寒冷天气，民工缺衣少被。我夜晚巡逻冻得哆嗦，民工也无法入睡，经动员民工孖铺共睡才勉强解决问题③。

---

① 1960年春节前，工地指挥部采取“上级提倡、党员带头、精神鼓励、物质奖励、活动充实”的措施稳定民工在工地过春节。陈华荣1960年1月25日（腊月廿七）说：“为完成地委要求‘五一’完成（包括全部河渠）任务，提出稳定民工在工地过春节的意见：要求全体干部党团员要带头留在工地，全体干部包干负责进行发动全体民工安心工地过春节，发动积极分子带头报名或分工串连民工留在工地过春节；在此同时工地上立即开展第3次评功表模、奖励模范；工地上每个民工发2元工资，公社里也拿工资来每人发给几元。工地民工还要保证吃好吃饱，要比在家过节吃的还好，大力组织文娱活动，使春节在工地的民工愉快地度过节日，比在家过节还要愉快。”《战胜寒潮　安定情绪　过好春节》，《青年运河》，1960年1月26日第1版。

② 1960年1月28日是春节。1960年1月底，寒潮又侵袭工地，工地民工缺衣的有12502人，少被的有6942人，24日县委书记常怀忠凌晨2点到运河总部召开会议，贯彻县委“坚决做好防寒工作”的指示，25日出动7000多人检查防寒工作，解决12302人无被或少被的困难，全县冻死了6头耕牛。《战胜寒潮劲更高》，《青年运河》，1960年1月26日第1版。

③ 1959年底寒潮突袭运河工地，短短3天内，气温从21度左右骤降到4~6度，吹偏北风6~7级。工地报纸报道与唐家纵队相邻的纪家纵队应付寒潮的办法：1959年12月23日，纪家纵队在民工中采取互助、调剂、借让、同性共睡等方法，具体解决了315人的衣着、睡觉问题。《冷空气正影响本区》，《每日新闻》，1959年12月20日第1版；《纪家纵队防寒工作搞得好》，《青年运河》，1959年12月31日第1版。

上面希望尽快完成最后一段工程，多次提出要增加民工人数[①]。修建运河持续一两年了，民工轮班已经多次反复了，不少人产生厌倦情绪，一些人以要照顾家庭为由不愿意去。上面催得紧，完成抽调民工任务有点困难，我们大队干部必须反复动员。按照轮班制，还没轮到我爱人，但我就让她把两岁多的孩子交给外家父母照顾，抽派她去修运河。她带头提前参加轮换，我更容易发动其他民工参加。其他公社也存在这种情况，有一个年纪比我大的企水公社干部，为完成民工任务，多次下村催促民工参加修运河。有一次，天寒地冻，他下乡抽调民工，从臧家村回来，途中因太累在路旁草丛边睡着，差点冻坏身体[②]。

---

① 雷州青年运河南段工程施工期间，为贯彻地委“集中力量完成去冬今春水利工程配套、发挥工程效益”的指示，中共雷北县委员会决定采取大兵团作战方式尽快完成任务：①4 个月内连续发出 4 份抽调民工的通知。从 1959 年 11 月 9 日至 1960 年 3 月 11 日，发出《关于开展今冬明春水利大搞的指示》（1959 年 11 月 9 日）、《关于支援水利建设高潮的几项规定》（1959 年 11 月 17 日）、《关于增加水利民工人员的通知》（1959 年 11 月 17 日）、《关于贯彻地委指示集中力量完成去冬今春水利工程配套、发挥工程效益的情况报告》（1960 年 3 月 17 日），抽调民工。②提出“32 万民工，一个也不能少”。雷北县委抽调民工人数由 20 万、25 万增加到 32 万，要求 1960 年 1 月 10 日前进场 32 万民工。赵立本连续召开电话会议、现场会议强调民工进场人数一定要保持 32 万，谁也不能减少，要以党团组织保证。因春节以及连日下雨，民工没有全部上场。③纵队完成任务力不从心。如唐家纵队，1960 年 3 月民工有 8000 人时，完成 54.3% 的任务，工地党委在 3 月 23 日的现场会议上批评唐家等 3 个纵队民工进场慢，要求落后公社要高度集中力量开通运河，迅速把水放到东洋，同时指定 10 个纵队民工上场人数，其中唐家 15000 人。《大搞爆破大抓高工效　二十五号完成运河干渠任务》，《青年运河》，1960 年 1 月 12 日第 1 版；《立即组织 32 万民工进场，本月 25 号坚决完成干渠任务》，《青年运河》，1960 年 2 月 3 日第 1 版；《保证三十二万水利大军上工地争早造放水到田》，《青年运河》，1960 年 2 月 10 日第 1 版；《鼓干劲争上游　看谁完成任务快》，《青年运河》，1960 年 3 月 5 日第 1 版；《进一步贯彻省委六级干部会议精神　二十万雄师上阵大战十天　坚决完成运河河床任务》，《青年运河》，1960 年 3 月 25 日第 1 版；《大干特干七昼夜　彻底完成河床任务》，《青年运河》，1960 年 4 月 24 日第 1 版。

② 据笔者统计，运河南段工程施工期间，民工进场人数一般占计划人数的 70%，影响到工程计划任务的完成。因此，催促民工进场是民工干部的一项工作。如 1960 年 5 月初，雷北县委决定组织一个总体战，集中 30 万劳动力以 3 天时间一举挖通运河，6 日前民工全部进场，9 日则完成任务。2 日原有水利民工 144557 人，到 5 日止则增加到 209486 人。由于民工进场人数不足，河头公社撤换 3 个对组织民工思想有抵触的党委委员，实行大动员，干部、共青团员亲自带领民工进场，并规定每个党员带 20 个民工进场，每个团员和干部带 10 个民工进场。把民工进场任务落实到党团员、干部是当时的普遍做法，出现干部动员民工进场累得在路边睡着不足为奇。中共雷北县委水利指挥部办公室：《情况简报》（1960 年 5 月 6 日），雷州青年运河管理局档案室藏，20－1－1。

往事现说

修建雷州青年运河已经过去六十多年，这事过去就过去了，谁也不会去刻意记它。几十年来也没有人问过这件事，很多事也忘记了。现在的年轻人不了解这段历史，以为鹤地水库、青年运河是自然生成的，不是老人挑、挖出来的。现在想来，当时什么机械都没有，建成这座无边无际的水库，凭的是一腔勇气、一股干劲。共产党能带动雷北县老百姓修成这项工程，确实是一件了不起的事情。民工饿着肚子、没有报酬，却有那么大的劲头劳动，恐怕也是那个时候的产物。还有水库移民，也做出牺牲。企水公社附近有个移民村，是从鹤地水库水浸区迁移来的。他们来时，生活习俗、言语与我们不一样。他们劳动勤奋，一日出勤三次。后来赢得本地女孩喜欢，互通婚姻，现在生活不错，融入本地生活了。

唐家所处的西运河河段是雷州青年运河末段，当年修建河渠不知道耗费了多少人力、物力。现在只有纪家河段有少量运河水，企水以下空荡荡的。好在土乐水库和曲溪水库[①]有一些水，可以灌溉企水、渡海的万亩良田。

---

① 两个水库均与西运河连成结瓜水库。

建库开河少年人

刘名东[1]　口述

采 访 人：罗嘉茵（学生）、林兴（指导）

受 访 人：刘名东（76 岁，廉江市吉水镇梧村垌村人，农民。建库开河期间是泥水匠，参加鹤地水库溢洪道、河渠水电站等建筑物的施工）

采访时间：2017 年 11 月 25 日

采访地点：廉江市吉水镇梧村垌村

采用语言：白话

协助采访：罗嘉茵等

采访口述人刘名东（右二）

三益三损

早在 1957 年，经过工程师的测量，认为可以堵塞九洲江建引水灌溉

① 刘名东（音），名字也有可能是刘铭东。

工程，但工程益三县损三乡。益三县，即廉江、遂溪、海康和湛江市受益；损三乡，即水库周围的太平、石角、河唇三乡受浸，并且要移民。于是，召集三个县和湛江市的人来商量是否同意修建运河工程。办合作社初期，我们这里没水插秧，只能捻一棵棵秧插田，亩产仅有二三百斤。因此，大家都同意修建运河工程。雷州青年运河由廉江县、遂溪县、海康县和湛江市负责修建，他们派民工来到鹤地修水库。廉江县的民工一般是拉土、砌石、筑坝，把堤坝修到广西陆川。因为运河水来自九洲江，九洲江源头在陆川。

登记土方

1958 年，我初中毕业，回来在生产队负责登记全村人的工分，和妇女去做掘番薯等农活。1958 年 7—8 月，湛江大搞江头水库、鹤地水库等水利工程建设，吉水民工负责修建江头运河、江头水库。我先参加江头运河建设，修建基本结束后，转到鹤地修水库和青年运河。

修建青年运河的时间来到第二年的冬天，上级担心九洲江在来年三四月份有春汛，提出要增加人马，抓紧时间修好堤坝，以防春汛。那些青壮年男性纷纷参加青年运河建设，我也报名参加。生产队调派去修建运河的民工，一个月就轮班一次，一天记 10 工分。

我觉得修运河不怎么辛苦。队长见我年纪小，没有安排重活给我，让我负责登记土方，当时施工主要靠人力。

工地歌声

松土时，因炸药很少，对于太过艰巨的地方就用炸药来爆破；很多时候是放泥炮（即打泥牛），在岭壁挖一条槽，上面掘几个坑，用木桩打迫把泥土迫倒，“轰隆”一声，一大片泥土坍塌下来。施工时如果不小心就会发生意外，如一块泥土要打下来，就要在上面把泥土迫松。泥土没松动时，人不能跑，泥土松动发生坍塌，若人来不及跑，就会顺着泥土翻下去，被泥土淹没，发生伤亡事故。

运土时有车子、畚箕。运土的车子简陋难拉，但没有车子，工很难做。车子全是木头制作的，只是把车子卡稳在木轴上，靠木轴转动，没有滚珠，没有轴承，没有胶轮，很难拉动。民工直接把手放在车头拉车，车上最多绑一条绳子，挂在民工肩膀上，拉、推车上大坝。也有民工用畚箕，两三担、两三担地挑着土，伴随着“啪啪啪”的响声，向前飞奔着。发现挑多担的民工，工地广播就大力宣传报道，高喊：某某人挑了多少担泥土……当时工地总是开着大喇叭高呼“鼓足干劲，力争上游，多快好省建设祖国、建设青年运河”的口号，目的是鼓起青年人的干劲。

填筑鹤地水库堤坝时，只有几部推土机在压土，更多的是靠民工砸硪来夯实堤坝。夯实堤坝的民工，抬起硕大的圆木，重重地砸下去，如此反复。他们边砸边唱：“嘿哟！嘿哟！嘿嘿嘿哟！嘿嘿哟！你做（挖）泥来我挑土，日头两餐大家乐哟！”歌声、砸土声响彻工地。充满嘿哟声、砰砰声的施工场景，让人感觉到砸硪的民工很得意、够乐观。

每天，我们早上6点开工，干到12点，下午2点开工，6点收工。晚上轮流开夜工。施工时，有少数民工偷懒。怎么样偷懒呢？我们村有个叫强（化名）的民工经常偷懒，人家批评他：“强，几长的日子都熬不过你三堆屎哦。”其实他不是去屙屎，而是偷懒。他一天几次跑到岭头上屙屎，爬上又爬下。最后一次回来时，我们也就收工了。不过，偷懒只是少数人，大多数人都积极干活。兴修水利，大家比较配合，都是为国、为民建水库。

浇溢洪道

建库开河期间，我参加了溢洪道建设①，专门负责搅浆、扒石、洗石。

---

① 溢洪道设于坝址左岸两山头之间，与大坝相连，净宽50米，分5孔，五底高程35.2米，设4.5米高弧形钢闸门5座，在正常高水位至设计洪水位之间能维持经常泄洪900立方米/秒。1958年10月5日《青年运河》报道溢洪道施工，1959年6月4日溢洪道基础挖通，并第一次排洪，12月15日胜利竣工。《轰响大单位高土方的第一炮——石塘全营破七方》，《青年运河》，1958年10月5日第1版；《英雄驯服九洲江　半岛河山重安排》，《青年运河》，1959年3月17日第1版；《混凝土第一排日创181槽的高纪录——溢洪道第一个滚水坝完工，六月四号下午开始溢洪了》，《青年运河》，1959年6月9日第1版；《溢洪道工程全部竣工》，《青年运河》，1960年1月8日第1版。

搅拌混凝土的民工，实行三班倒。工程差不多完成后，我又用16磅铁锤打掉不合格的桩柱，重新浇筑或添加钢筋。吴川也派人来这里参加建设，他们有先进的工具，如电钻。如果我们确实打不通的，就可以叫他们来。无论打石穴还是打桩，他们的电钻突突突地硬钻进去，工效很高。

我在溢洪道修建一个多月后，又被调派去麻省田修堤坝。鹤地水库堤坝完成80% ~90%后，我们被调派到新屋仔（工区）修灌渠。灌渠从渠首开始修建，渠首是排水出来灌溉的地方。灌渠修建至80% ~90%时，广东省委第一书记陶铸来视察，题写：雷州青年运河。

灌渠完成后就铺设草皮，铺设草皮后，开春一到，运河水就来了。当时太干旱了，大家看到运河水来到，高兴得哈哈笑。运河水越来越多，村附近的水塘蓄水满了，我和同村的启秀、振华等人一起搅浆、浇水泥，在水塘头（通过涵洞与运河衔接处）修建水电站，发电用于碾米、照明等。

精湛厨艺

我们在运河工地搭茅棚住。一个大队一两座茅棚，厨房也要搭茅棚，不能露天，否则下雨天就无法煮饭。

民工集中在食堂吃饭。每天来多少民工，每队来多少人，有多少人请假，有人专门负责统计。早上放几个人的米、午餐晚餐煮几个人的米（饭），一天需要多少米，有人统计好，写个报告交给粮所，然后把米拉回来。

每天分的饭不可能吃得饱。我们一餐要吃1斤多米才能吃饱，一般（每餐）只有4两米饭，配菜是从海边调拨来的咸鱼、冬瓜、金瓜、椰菜、通心菜及火筒菜。火筒菜有一米多高，可能来自北方，是支援我们修建水利的。为了满足我们的口味，食堂炊事员经常轮换菜式。我们村有个炊事员用大锅灼通心菜非常拿手，灼出来的通心菜看起来清油油的，吃起来脆脆的，大家都喜欢吃。

工地娱乐

每隔一段时间，工地就开一次庆祝会，评功奖励。通过开会，看哪个人工作积极，没有缺勤，又能起带头作用，就对他进行评功表彰。评功表彰场面很热闹、很得意，能鼓舞人。

工地还有文艺节目表演、放电影等活动，这是指挥部安排文工团来表演节目给民工看。我在工地看过剧团做大戏、耍杂技。那些耍杂技的女孩子只有丁点高，耍起杂技来可以把头绕过屁股，身段柔软得很。

施工期间，民工有时也会自娱自乐。溢洪道工程基本完成后还需要修补坚固。当时，男女在一起施工，女生在下面用工具来凿花（水泥柱），我们男生在上面浇水泥，时常会议论哪个女生漂亮。但她们都是低头工作，有人说哪能看到哪个漂亮哪个不漂亮呢？我说："这很容易啊，你们等一会儿，我叫她们抬起头，把脸给你们看。"说完，我就扔下一个桶子，"轰隆"一声响。她们全抬头往上看，不知道发生了什么事。上面的人在笑，下面的人也在笑。一时，大家的劳苦之困得到缓解。

往事现说

修好运河后，对运河周围搞种植的人来说，可以种菜、种水稻了，也方便了人们各方面的生活，大家很高兴。只是以前参加建库开河的人付出太多，估计健在的民工不足 1% 了，像我们村只剩下两三个，现在已经八九十岁了。

师生抢险

学校派我去抢险

卜　赐　口述

采 访 人：林兴

受 访 人：卜赐（中共党员，77 岁，遂溪县洋青镇俩塘村人，农民。在遂溪一中读书时，停课到鹤地水库参加抢险，毕业后参加雷州青年运河洋青大塘段修建工作）

采访时间：2015 年 7 月 20、23 日

采访地点：遂溪县洋青镇俩塘村、鹤地水库

采用语言：雷州话

协助采访：卜英才

采访口述人卜赐

鹤地记忆

1958年开始修建雷州青年运河时，我刚考上遂溪一中，一边读书，一边参加劳动，几乎是半工半读。恰逢全面炼钢，学校在课余时间组织我们学生去砍树炼钢铁；学校还办农场，组织我们去喂牛；遇到筑运河高潮时，学校带学生参加劳动。1959年暑假前，学校组织我们到鹤地水库参加抢险①，全校初中、高中各有两个年级12个班，我们班有50人左右，挑选那些思想进步、积极上进、服从安排的学生在老师带领下，坐车直接

---

① 卜赐老人在这个时期参加一个月左右的水库抢险后回学校继续学习。关于中小学生参加雷州青年运河建设的情况，根据各类资料，综合如下：①每个学生分配120个土方任务。雷州半岛青年运河工程指挥部规定："机关干部和学校师生工友（学生中少先队员除外）每人120土方（普通民工每人350土方）。"②假期在家乡修河。雷州青年运河开工初期，遂溪、海康和廉江等县中小学生就近参加运河建设。城月乡13岁的小学生、少先队员陈金保就近参加青年运河劳动，每天赶牛车运土15立方，被誉为"少年英雄"。学生"把工地当课堂"或"用假期来突击"，廉江县良垌乡中塘民办中学把课堂搬到工地，白天劳动，晚上上课；或晴天劳动，雨天上课。运河南段工程全线动工后，各地中小学生利用寒假参加家乡附近河段工程建设。1960年1月20日，洋青公社组织中小学13岁以上的学生到工地参加劳动，学生表示要突击七昼夜，完成干渠任务。运河主渠全线放水后，为了尽快完成雷州青年运河的配套工程，实现引水灌田，发挥雷州青年运河经济效益，1961年1月雷北县组织全县25所中学12000多名师生利用寒假到运河工地劳动18天，参加配套工程建设，创造了"中间开沟两边倒土"的取土方法和"铲挑、前后方、点面促进的连环三促"操作方法，涌现出无数每天工效达三四个土方的"铁姑娘""标兵班"等先进个人和集体，有20%的学生获得工地党委的奖励，其中特等功3~5名，发给运河纪念章一枚。雷州市住建局退休干部郑永浩于2014年10月22日给雷州青年运河管理局的一封信中曾回忆他获得运河纪念章的经过：他当时是海康县第二中学初二学生，1961年1月参加雷州青年运河建设工程，由于坚守岗位、日夜奋战、吃苦耐劳、积极工作、出色完成任务、成绩显著，荣获湛江专区孟宪德书记颁发的"兴建雷州半岛青年运河纪念章1959"一枚。③停课到鹤地参加抢险。1959年5月鹤地水库发生险情，学校响应工地党委的号召组织学生前往鹤地抢险。像安铺第四中学294名学生12日晚上12点到达鹤地，参加运土上坝，进行防洪抢险工作。5月27日，险情稳定下来后，县委陈华荣书记提出学生回校继续上课。雷州半岛青年运河工程指挥部：《雷州半岛青年运河建设动员民工完成任务的办法（草案）》（1958年6月13日），雷州青年运河管理局档案室藏，1-6-47；《遂溪工地的先进人物》，《青年运河》，1958年6月12日第2版；《工地当课堂　文化当口粮》，《青年运河》，1958年6月21日第2版；《洋青纵队工效高》，《青年运河》，1960年1月26日第2版；《关心群众　有劳有逸——工地党委召开学校师生代表座谈会》，《青年运河》，1961年1月15日第1版；《中共雷州青年运河工地委员会关于学校师生参加运河建设评功奖励的通知》，《青年运河》，1961年1月15日第1版；《郑永浩自述》，《雷州青年运河·鹤地水库建库开河签名录》，雷州青年运河管理局档案室藏；《斗志昂扬　干劲冲天——安铺中学学生奋战四十高程》，《青年运河》，1959年5月23日第1版；《乘胜追击　再打一个漂亮仗》，《青年运河》，1959年5月29日第1版。

到鹤地工地。

学校没有专门搭建工棚供学生住，让学生见缝插针睡在民工工棚的流动睡铺。我们分散插到各个民工营的工棚，与民工一起吃住。为了抓紧时间筑坝，炊事员把饭菜送到工地。精明的民工第一次盛饭不装满，以便快点吃完，第二次就装得满满的，一般第三次就没了。我们学生往往吃到最后就没有饭了。

学生没有专门的施工队伍，随某个营的民工劳动。学生从事什么工种由工地安排，因学生身体单薄，工地也不安排繁重任务。我因为年纪还小，去铲土装车较多，很少挑土。其实，我们学生也干不了多少活，人家干你也干，不敢偷懒，如果表现不好，学校也会批评你。说真的，我们更多时候是去充数的，做一个月左右就回学校上课了。

洋青大塘

我初中毕业未能考上高中，回家务农，被生产队派到洋青修建运河大塘。洋青大塘河床最宽处有四五百米，整条运河渠道比较特别。两条堤坝不是平行填筑，而是按一定弧度填筑，东堤坝坡度比西堤坝要大得多，是两级平台的高填坝。我们拉车上坝很艰难，因为从第一级平台上到坝面还有一段距离，只能以挑土为主，尤其是平台最高处几乎都得挑土填筑。

我参加建造青年运河时，洋青大塘工程已进入末期施工阶段。我每天挑土上坝，感觉比读书时到鹤地修水库更辛苦。老民工说他们在这里施工非常轻松：首先，施工安全。施工基本不用打泥牛，拉车上坝很少，施工危险性低。洋青大塘周围属低丘陵地带，没有山岭。施工取土仅需在堤坝周围的坡地，我们用锄头、铁铲可以挖掘，里面全是泥土，没有石砾。运土上坝已经没有车子横冲直撞的现象，民工以挑土为主。其次，坝面由铁链拖拉机拉着石碾来回碾压，堤坝边缘碾压不着，靠人工拉石硪砸实，由专业民工队伍负责。最后，粮食基本充足。我们在工地附近村庄里搭建工棚，用来解决吃住，日出而作日落而息。当时由大队办食堂，偶尔加夜班时也供应夜宵。

往事现说

我对修建雷州青年运河工程的印象不深，累计参加建库开河的时间仅半年左右。我与很多修河民工唯一不同的是，曾经以学生身份参加抢险。我完成洋青大塘河段的修建任务后，回家务农至今。

鹤地抢险一个月

郑　进　口述

采 访 人：林兴

受 访 人：郑进（90 岁，遂溪县洋青镇寮客东村人，农民。雷州青年运河建库开河期间以学生身份到鹤地水库参加抢险。爱人梁桂芳，同为雷州青年运河建库开河亲历者）

采访时间：2022 年 10 月 31 日

采访地点：遂溪县洋青镇寮客东村

采用语言：雷州话

协助采访：李诗婷

采访口述人郑进（左一）

卅八高程

1958 年鹤地水库建造时，我在遂溪四中读书。1959 年，学校召集学生去鹤地水库抢险。溢洪道爆破事故发生后的第三天，我们到达鹤地工地。这时，堤坝已经填筑到 36 米高程。水库已蓄水，库水只进不出。来参加抢险的人非常多，在堤坝上一眼看去，人来人往。两个民工拉一辆车，男女搭配，前拉后推，满装快跑。我们学生一人一车，想争取成绩、立功受奖。我们抢险的任务是尽快把堤坝填筑至 38 米高程。我抢险一个月，得到背心奖励①。

工地用餐

抢险时，民工不是一般的饥饿。当时雷北县全部中学生都参加抢险，学生集中管理，没有分散到学生所属的民工团。当时工棚不够，我们没地方住，便以班为单位被安置在河唇食堂打地铺。食堂负责我们的伙食，我们早晚餐在食堂吃，午餐在工地吃。午餐由炊事员送到工地，米饭只有半竹箩，人均不够两碗。我们班有 60 个同学到鹤地修水库，国家给我们每人每月供应 16 斤米，带到鹤地工地，食堂负责补充不足的部分。由于粮食紧张，食堂无法足数补充给我们，导致我们挨饿。面对饥饿，我们也没办法，没有怨气，没有偷懒，也不敢偷懒，因为大家都饿。我大哥托人给我带来一点糖票和零用钱，我用来买糖果，饿的时候就含着糖果拉车上坝。

宣传威力

我们在溢洪道附近抢筑大坝，主要是拉土上坝。我们学生与民工的劳动节奏一样，闻号而动，天蒙蒙亮就出工，晚上才回来，没有午休。我们

① 抢险期间，师生艰苦奋战，取得很大的成绩，鼓舞了民工队伍工作的积极性。据工地报纸记载："安铺中学学生奋战 40 高程时，平均工效 3 方以上"；"遂溪第二中学师生和部分小学教师冒雨拉土上坝，对民工鼓舞也很大"。《斗志昂扬　干劲冲天——安铺中学学生奋战四十高程》，《青年运河》，1959 年 5 月 23 日第 1 版；《城月公社抢先攻下四十高程》，《青年运河》，1959 年 5 月 26 日第 1 版。

学生比民工年轻，劳动不能落后于民工。拉车去时一条道，回来时一条道。总之，道路上的人都在跑，拉车的在跑，挑担的在跑，装土的也不停歇，总怕输给别人。

我每次卸土时，施工员都竖起大拇指，对着我摇啊摇，也不知他是什么意思！我无论干什么活，都是积极分子。

我们拼命干，没有偷懒，这跟宣传员用喇叭、锣鼓在路边敲打吹拉鼓劲有关。这种锣鼓喧天的声音，让人无形中受到鼓舞，竭尽全力拉起车子奔跑起来，“屎流都没得闲去放”①。宣传员也拼命，通力擂鼓，快速敲锣，倾情吹号。他们一路跟着民工车子跑，民工耳边全是鼓劲冲锋的声音，这种情形下谁都不会放慢脚步。在那种饥饿的环境下，宣传能让民工忘我地劳动，十分了不起。我想不到宣传有这么大的威力！

往事现说

险情解除后，我回校继续读书②。后因为超龄，我离开学校回家参加生产劳动，大队派我去拉广播线。当时青年运河各地的河段已经开始修建，我没有参加洋青大塘段的修建，后来去牛滚窟参加劳动。牛滚窟在后湖水库那里，建在一个山岭上，工程量很大。牛滚窟建好后，青年运河也基本修建完成。

雷州青年运河修建时没有机器，大部分民工用畚箕挑土填筑。运河全线连绵到海康（南渡河），工程之大难以想象，一畚箕泥土倒在大坝上，犹如大海里的一滴水，要多少滴水才能汇成大海啊？

自己的这段经历，我没有跟其他人说过，后辈的年轻人可能也不知道这段建库开河史。

① 雷州谚语，忘乎所以之意，即干起活来什么都忘记了。

② 当时从后方召集3.8万人（包括师生）到鹤地水库抢险。抢险结束后，雷北县委决定，由工地党委根据工程需要确定劳动力的安排。现除学生（农业中学除外）、商人和体弱多病的回家外，其余的全部留下来。郑进老人作为遂溪四中学生，在结束抢险后回校继续学习。陈华荣：《乘胜追击　再打一个漂亮仗》，《青年运河》，1959年5月29日第1版。

我带学生到鹤地

陈梁生　口述

采 访 人：林兴

受 访 人：陈梁生[①]（中共党员，87 岁，遂溪县洋青镇水流尾村人，农民。雷州青年运河建库开河期间以教师身份带领学生到鹤地水库参加抢险）

采访时间：2023 年 4 月 8 日

采访地点：遂溪县洋青镇水流尾村

采用语言：白话

协助采访：陈焯宇

采访口述人陈梁生

① 陈梁生在 1958 年 11 月鹤地工地举行的 4 次战役中表现突出，被评为三等功臣。《光荣榜》，《战讯——青年运河增刊》，1958 年 12 月 2 日第 2 版；《能干的陈梁生》，《战讯——青年运河增刊》，1959 年 4 月 25 日第 1 版。

半工半读

我从遂溪一中毕业后，到城揽和西埔两个大队合办的初级中学当民办教师，每个月只有40元，没有工分，也没有粮食补贴。1958年，雷州青年运河开始建设。不久，县委号召全县民办中学搬到雷州青年运河工地上，半天上课、半天劳动。我们响应号召，几十名师生把学校搬去鹤地水库工地。

现代愚公

我们到工地时，大坝已经做到差不多20米高了。上课时，我给学生讲《愚公移山》这篇课文，指出愚公自己不能搬走的山就让子孙搬，我们筑运河修水库就是做愚公移山的事，都不知道移了多少座山了。后来工期紧张，半天的教学时间挪用来劳动，我们师生组成施工队伍，加入洋青民工团，在大坝工区从事挖泥、拖泥、舀泥、扛石等工作。

挖泥，就是到山岭上打泥牛，把泥土层层削掉，堆积起来，形成土料，用于填筑堤坝。通过打泥牛，我们像愚公那样把一座座山岭搬走。有一次，我们打泥牛时，一大片泥土坍塌下来，淹埋了一个民工，附近的民工赶忙扒泥土，很多人的手指都扒出血了，才把人救出来。

拖泥，就是用车子把泥土运去填筑大坝，鹤地水库堤坝全是泥土填筑而成。装车时，民工在山坡上挖一个洞，把车子推进洞底；有人用木耙把备好的土料推到洞里，唰啦一声，就装满车子了。两人一拉一推，运土上坝，靠其他人在上坡处帮忙推，才能把车子拉上坝面。

舀泥，这是挖排水渠时的工种。当时水库还没蓄水，但河口已经拦住。排水沟有一段用来导引九洲江的水到库外。我们从几十米高的山岭向下挖十多米深的沟渠，沟渠内的泉水不断涌出，泥土变成泥涟，我们需用手捧或畚箕捞才能清除。

扛石，就是把石头从铁路旁扛到水库坝面。石头是用来砌堤坝迎水坡的，以防止库水冲刷堤坝。在鹤地修水库后期，水库遭遇险情，我们不分日夜地扛石头给水工砌防浪墙。石头重，加上坡面湿漉打滑，我们两个人扛一块石头，前爬后推才上得去，非常艰难，但我们谁都不偷懒。

七天七夜

水库要蓄水就必须要把导流渠堵塞。有一次，我们去堵塞导流渠，随着填土越来越多，隘口越来越小，水位越来越高，水流冲击力越来越大。一车车泥土进到水中，立刻被水冲得无影无踪。民工看到抛下去的沙包也被江水冲开，只能加快速度抛沙包，与江水的流速比快慢。有个民工抛沙包时不慎跌落江中，旁边几位民工赶紧手拉手去救他。拉住他后，几个民工也下到江中，用身体阻挡流水，其他民工快速把一个个沙包抛到江中。他们被溅起的浪花淹没，估计喝了不少水，但一直在江中。民工就是这么勇敢，不顾危险，不怕辛苦，一心想把导流渠堵住。

最艰苦的是在水库抢险时，当时我在突击队里参加施工，一日三餐在工地吃，连续突击七天七夜①。我完成任务后，回到工棚，饭都没吃，一躺下就睡着了。在我的人生中，七天七夜连续突击的经历仅有这一次。

---

① 这次险情非常严重，5 月份鹤地工地共降雨 670 毫米，出现三次特大洪峰。各级领导非常关心，也很担心。陶铸打来几次电话指示工作，广东省副省长安平生、孟宪德非常担心，谢永宽、赵立本亲临工地研究部署抢险工作。工地党委提出：集中全力，突击抢险，日夜奋战，确保安全，共同努力，保卫成果。要求奋战五昼夜，全线猛抢 38 米高程，挖通溢洪道基础，抢高迎水坡砌石。五昼夜是指每天包括开夜工做 18 个小时，人停工不停，人员轮流换班。抢险期间，涌现出大量连续突击几昼夜的集体和个人，工地报纸曾报道了一些集体和个人。集体如渠首工区 7—9 日奋战 3 个昼夜，廉江建筑公司混凝土工和北坡三合连蔡志英排连续突击 5 个通宵，下六公社北坡团在抢险中连续干了 36 个小时；个人如横山团教导员莫湖，三天三夜没睡觉，杨庆连续四昼夜不睡觉；赖勤连续干了 43 个小时，拉车、挑沙、扛石轮流做。有些单位人员少，无法轮班，便出现一些积极分子连续几个通宵劳动。陈梁生老人所在学校只有几十名师生参加抢险，他在人少无法轮班的情况下，坚持突击七天七夜。在 7 万多抢险人员中，评选出 19994 名功臣。《奋战一年　战果丰硕》，《青年运河》，1959 年 6 月 14 日第 1 版；《继续鼓足干劲万众一心一鼓作气　为七月底完成上游工程任务而奋斗》，《青年运河》，1959 年 6 月 20 日第 2 版；陈华荣：《想尽一切办法争取七月底完成上游工程》，《青年运河》，1959 年 6 月 14 日第 2 版；《集中全力　突击抢险　日夜奋战　确保安全》，《青年运河》，1959 年 5 月 12 日第 1 版；《英雄的人们征服洪水》，《青年运河》，1959 年 6 月 9 日第 1 版；《看谁夺得红旗》，《青年运河》，1959 年 5 月 15 日第 2 版；《溢洪道第一个滚水坝完工》，《青年运河》，1959 年 6 月 9 日第 1 版；《艰苦工作、关心群众的好营长》，《青年运河》，1959 年 6 月 3 日第 2 版；《无畏的战士——赖勤》，《战讯——青年运河增刊》，1959 年 5 月 26 日第 1 版。

堤坝画船

在工地，我兼任宣传员，做几项工作。一是文字宣传，在宣传栏、黑板、山壁、箩筐、畚箕、楼牌上写标语，如“鼓足干劲、力争上游”“愚公移山，改造雷北”“带水还乡搞生产”等等。二是写大字报、画漫画等，宣传好人好事，批评坏人坏事，给民工鼓劲加油，提高他们的劳动积极性。对偷懒怠工、屡劝不改的民工，我写大字报、画洋相贴在宣传栏上；对工效低的民工，我画乌龟来批评。三是利用工地广播、手提广播筒现场宣传。我当宣传员时，拿着广播筒在工地到处走。如果看到民工劳动情绪低落，便停留在他们周围，呼喊口号给民工鼓劲。发现挑多担、满车加担的积极分子，马上通过工地广播指名道姓地表扬、宣传他们，激励其他民工向他们学习。当时宣传队伍人员多，敲锣打鼓、摇旗呐喊，整个工地锣鼓喧天，宣传威力让民工不知不觉地学习先进分子，争当先进分子。

从鹤地回来后，我在大塘口工段开挖运河。运河基本建成但还没通水时，我用黑泥浆在运河堤坝迎水面画了一艘船。有人问：你在渠里画旱船有用吗？我说这是水船，不是旱船，待运河放水后，会有船开过来，运河来水后，我们可以灌溉搞生产，用船运货物。不出五天，运河水流到这里，大家实现了带水还乡的目标，高兴得不得了。

工地生活

关于工地生活，我印象较深的有两点：一是遗憾的奖励。经历过修筑鹤地水库的人，无论什么苦活累活都能做。修筑鹤地水库的那种艰辛是常人难以忍受的，我拼命拉车，把衣服都磨破了，没有一件完好的衬衫，没有哪个民工的衬衫比我的更破了。上级几次评定劳动积极分子，我都入选，共获得 3 件衬衫的奖励。可惜，无论在工地还是在学校，我都没领到这些衬衫，大队干部可能把衣服奖给其他民工了。二是工地饮食。我们半工半读，伙食由公家提供，在洋青民工团的食堂用餐。上千人的食堂，我们每餐只有一盅饭或一盅粥。我从家里带了 30 元到工地，每天只吃 0.15 元，纯米饭不够吃，只能补充糠米饭。我记得 10 个人一组吃 1 钵饭菜，但有个民工人小志大，做工积极，吃完一组之后又加入其他组吃饭，每餐吃多次，每次吃3碗饭。干部发现他多吃后，批评他不能乱吃、多吃。当时，这种情况不少，主要是年轻民工精力充沛，人又太饿，不多吃干不了重活。

艰辛付出

我在鹤地工地，遇到过不少险情，看到过伤亡事件。有的是生产安全问题，有的是自然现象造成，也有人为、偶然因素引起的。像在大坝工区溢洪道爆破，飞溅起来的石片造成不少人伤亡，就是生产安全事故。上级集中大量人力、物力来修建鹤地水库，工程出现生产事故难以避免，但造成这次事故有几个原因：一是爆破威力太大，距离爆破点好几百米远的民工都被砸到；二是民工有侥幸心理，没有很好地隐蔽自己，甚至还有民工站在远处观望起爆情景；三是爆破时间，当时民工正在施工，停工时民工拖拖拉拉，不按要求迅速隐蔽。

自然因素引起的安全事故有雷击。鹤地水库工地经常出现雷雨天气，电闪雷鸣，曾经发生洋青民工去拾柴时遭雷击的事故。人为因素也有，洋青民工因拾柴与当地人发生矛盾，险些发生斗殴事故。那天下雨，我们没做土方，千儿百人上山捡柴，有人捡干枯树枝，有人折新鲜树枝，把地面、树上的柴枝柴桠一扫而光，引起与当地村民的冲突。因柴火问题，工地流行一种说法：雨天吃饭，晴天吃粥。

偶然因素也会引发事故。我记得在大坝工地曾发生过大石牛滚落堤坝的事。一天中午，民工收工回食堂吃午饭，我回来较迟，看到一个几千斤重的大石牛从坝面沿着民工施工出入的路道滚下来，把路道底部的木桥撞崩一大块。好在当时路道上已经没有人在走动，否则也会造成严重的伤亡事故。

还有一种情况是施工中发生事故，像前面讲到的打泥牛有民工被坍塌的泥土淹没。我还遇到一起工伤事故：我们在鹤地冒雨施工，有一个女生挑土上坝时脚底打滑，摔伤腰骨，被送到工地医院紧急治疗。1959年六七月，师生回学校上课，学校把情况告诉女生的母亲，不断给予安慰和慰问，直至女生伤愈回家。

往事现说

我讲这些情况，无非是因为修水库、建运河很艰难，民工用锄头、畚箕、车子等简易工具，历经两三年建成雷州青年运河。这条运河，是人们用汗水铸成的。现在很少有人主动问起建库开河的事，如有人问我，我会把自己建库开河的经历告诉他。

遥思故乡

遥思鹤地故乡

吴六寿　口述

采 访 人：吴华美（学生）、林兴（指导）

受 访 人：吴六寿（76 岁，遂溪县城月镇大岭村人，农民，鹤地水库移民。16 岁参加鹤地水库建设，其间从事挑泥工作）

采访时间：2018 年 6 月 10 日

采访地点：广东省湛江市广前公司

采用语言：涯话

协助采访：吴华美

采访口述人吴六寿（中）

建库开河

鹤地水库开始修建时，乡里按照上面分派的任务，调派青壮年到工地。当时民工容易调派：一是积极分子主动报名，以党团员、社干部居多；二是部分人被雷州青年运河能消除九洲江洪涝灾害的前景所吸引；三是粮随人走，到鹤地修水库有饭吃。雷州青年运河工程采取民办公助方式修建，民工粮食由社集体供应。工地民工一天供应 1.5 斤米，在家社员一天只有 3 两米，餐餐吃稀饭。民工由生产队来调派，同时把民工粮食分配到工地。公社化时，如有民工不服从调派或从工地逃跑回家，因他的粮食已经供应到工地，集体食堂不再给他供应粮食。

开始时，民工居住的地方有两个：一个是向工地附近的村庄借房子住；另一个是自己搭建茅棚居住。后来因为借住村庄的房子比较零散，相比搭建茅棚来说距离工地较远，不好管理，就集中住在自己搭建的茅棚。

修建雷州青年运河花了两年时间，分期分段由廉江、遂溪、海康三县民工修建。第一期先修建鹤地水库，三个县民工集中在鹤地的坡脊、大坝、渠首三个地方修建；第二期工程是修建河渠，河渠经过廉江、遂溪、海康三县境内，早期三县民工集中在廉江河唇到石城段开凿河渠，后期各县民工分段各自承担自己境内的工程任务。我们河唇公社民工先后在坡脊、莲塘口、塘背等地施工，直到运河开通后才回家。有些人还获得不少衣服、毛巾等奖励。我年纪小，上工地以充数为主，什么工种都尝试过，但没得过奖励。

在坡脊工区，我们主要是运土填坝。松土时，采取打泥牛方式，在一座有两层楼高的山坡取土，有人在下面挖出一条很长很深的岩洞，有人在上面打桩直至泥土坍塌。如果下面的人躲闪不及，会被坍塌的泥土淹没，建库开河期间有此类伤亡事故发生。筑坝主要靠人挑土，一些大队自己有铁木工厂，制作少量车子来运土，但大部分人用畚箕把泥土一担一担挑上坝。

每天早上 6 点，工地广播一响，我们就起床，除一天三餐外，都在工地劳动。有时候，我们要挑灯夜战，施工到凌晨 1 点多才回来冲凉睡觉，第二天早上 6 点又要起床开工，开始新一轮的劳动。民工没有休息日，靠一种战天斗地的精神去面对严冬酷暑、刮风下雨，传唱“小雨当出汗，大雨当冲凉”的歌谣以鼓舞斗志。工地经常搞娱乐活动，有时候放电影，有时候由工地、公社、县里的文工团演出木偶戏、白戏仔、涯歌、粤剧等节目。这些娱乐活动很受民工欢迎，一来不用加夜班，二来疲惫、紧张状态得以缓解。

告别家园

修建鹤地水库，要淹没家园，我们村属于后迁村，即待鹤地水库开始蓄水后才搬迁。我们先从库区搬迁到河唇公社坑仔唇村，1969 年，又迁移到遂溪县城月公社大岭村。

每次迁移之前，迁安部门都会提供几个地方给我们选择。有次迁移，上级派车送我们的代表到徐闻、海康、遂溪等地方考察后，才确定迁移到城月公社。每次迁移都是双向选择，为什么会重迁呢？我想主要有两个原因：

第一，迁移后生活水平有所下降。这又包括两个方面：一是住房紧张。当时有三四个村的人住在一起，国家补贴一些钱，搭临时的房子住，一户一间房子，移民在里面煮饭、吃饭、睡觉，互相没有隔开，一眼望穿。像一些家庭人口较多，经上面批准，可能多分一间房子。二是我们迁到农村所划拨的土地以干旱、贫瘠的坡地居多，熟地、宜耕坡地少且分散，生产收益差，生活水平下降。

第二，1962 年农村推行四固定政策，开始对土地确权，我们要求迁回去。当时已经出现移民回流现象，有人利用鹤地水库的水位差在水库边缘地带耕作，甚至有人提出降低水库堤坝高度，以满足回迁需要，这相当于毁坝，显然不可能。但我们生活困难是事实，为此，我们向公社、县、地委层层反映，要求迁回去，地委要求县里解决。县里每次接到我们的反映，就给我们补助一些粮食和生活费，但这种救助式补助不可能持续。再说，生地也养不熟移民。待我们吃完粮食后又向县里反映，要求迁回去。如此反复多次后，经廉江、遂溪两县协商，就把我们迁移到现址。

往事现说

修建雷州青年运河非常艰苦，但我没有后悔。因为它不但对当地人有好处，而且对廉江、遂溪、海康、湛江等地群众有好处，解决了他们的用水难题。我们搬迁到城月后，直到20世纪80年代，农村搞联产承包责任制之前，农田灌溉用水仍源自鹤地水库；在农村农田水利设施失修、毁坏之前，源源不断的运河水还能勾起我们移民对故乡的记忆。现在，我们只能靠清明节维系这种思念之情。搬来城月这么多年，每逢清明我都会回河唇，搭船横过鹤地水库去祭拜祖先。我望着那些已不相识的晚辈，会指着水库里某个地方，对他们说："我们以前是住在这里的，水库底下可能还有我们当年的房屋。"他们只是好奇，没有追问为什么，因为我们很少谈起当年修建雷州青年运河的事，这是我第一次讲起。

鹤地移民的心声

廖锡善　口述

采 访 人：林兴

受 访 人：廖锡善（84 岁，广前公司退休工人，鹤地水库移民。24 岁参加鹤地水库建设。搬迁前在鹤地水库参加拉车子、工地统计工作）

采访时间：2018 年 6 月 17 日

采访地点：广东省湛江市广前公司

采用语言：白话

协助采访：吴华美

采访口述人廖锡善

迁移安置

我原来是廉江县河唇公社园丹大队筒琅柏（音）村村民，1959 年因修水库成为移民户，被安置在农村。后来，雷州青年运河管理局在它管辖区域内成立了一个生产队重新安置我们。1964 年，我们迁移到粤西农垦局属下前进农场（即广前公司）至今。①

移家纾国

鹤地水库还没动工之前，测量人员通过测量标出要迁移的村庄，然后按照红旗、白旗的标志先后搬迁。我们村地处水库大坝下面，属于后搬迁对象。

鹤地水库动工兴建时，我们村属河唇乡管辖，村民有修建水库的任务。上级把修河名额分配到农业社，由农业社调派青年人参加。初期，我们本来对修水库要迁移的做法就有看法，现在又抽调人员去修建水库淹没自己的家园，那就更加不情愿。但在参与修建水库期间，我们的心结解开了：一是接受宣传教育，进一步了解修建雷州青年运河后的各种好处；二是受施工环境影响，一些没受益地区的民工也来参加水库建设，热火朝天的施工情景让人置身其中；三是萌发“舍小家为大家”思想，迁移我们是为了雷州半岛更好地发展，让廉江、遂溪、海康等地方的园坡得到灌溉，消除九洲江流域洪水灾害，且我们迁移到新地方也受益于雷州青年运河。

我仅短期参加鹤地水库的修建工作，没有参与河渠施工。鹤地工地按照师、团、营、连、排、班对民工进行军事化管理，我属坡脊师河唇团三营，在十七坝施工，对两类工作印象深刻：

第一，参加堤坝填筑。我们经常参加大会战，在规定时间内完成一项

① 当时修建鹤地水库，淹没廉江县的石角、太平、河唇及化县，广西壮族自治区玉林地区的博白、陆川等部分地区，需要安置移民 42000 多人。移民采取“远近结合，统一安排，自行选择，领导批准”的办法搬迁，一般采取属地安置原则，就地消化。以廉江移民为例，基本上安置在当时的雷北县（包括廉江、遂溪以及海康南渡河以北地区）境内。其安置方式一般有三种：①到厂矿企业，如到阳春矿厂（当时属湛江专区两阳县管辖）；②到湛江专区境内垦殖场；③到雷北县各地农村入社。搬迁费用主要包括迁安费和赔偿费，广西移民执行国家政策，迁安费为每人 200 元，彻底赔偿；因鹤地水库作为民办公助工程，国家投资 1500 万元，当时提出要全专区一盘棋，勤俭治水，发扬共产主义大协作精神，廉江、化县移民迁安费为每人 120 元，适当赔偿。鹤地水库移民费用合计 700 万 ~800 万元。

任务，或完成多少土方，或填筑某段堤坝到一定高程。我们日夜施工，晚间施工有夜宵。大会战的节奏就是吃饭—施工，根本没有休息时间。有人因工作辛苦而离开工地，这些人要么被民兵拦住，送回工地；要么回家后又自己回到工地，因为家里没饭吃。

劳动工具主要有锄头、畚箕、车子，车子多为独轮车。为了提高工作效率，取土以打泥牛为主。打泥牛时，我用木尖、木槌打迫一大片泥土坍塌下来。打泥牛比较危险，我听说有伤人的现象。待堤坝填筑到一定高度，以用车子运土为主，拉车人数比挑土人数多，车子上下坡，必须有人拉有人推。

第二，任营里的统计员。主要统计劳动工具、出勤人数、完成土方、民兵训练的枪支弹药等，并将每天统计的数目往上报。记得车子等劳动工具由师、团、营层层划拨。当时我的想法是要当一个积极分子，白天挑土、拉车、打泥牛，晚上才做统计工作。我在修建鹤地水库期间荣立三等功，获得背心、短袖文化衫等奖励，衣服上面印有“三等功臣”字样。

鹤地水库围堰后，水位日渐升高，我目睹库区里一个个熟悉的村庄、一丘丘祖祖辈辈耕作的田园被水淹没，心里有一种说不出的酸楚。水库开始蓄水后，我们村也要搬迁了。因拆迁需要，我离开十七坝，回家做准备工作。

搬迁安置

鹤地水库把廉江、化州、博白、陆川等部分地区淹没，廉江境内有石角乡、太平乡以及河唇乡等地，这些地方基本处于九洲江沿河两岸，地势平缓，土地肥沃，水源充足，是廉江粮食主产区。有些村庄老百姓生活水平高，像坡脊村的村民多数有自建火砖屋。这些地方的人因修建鹤地水库要迁到其他地方，开始不愿意搬迁，心里有抵触、有怨气。说真的，在当时的情况下，迁移是大势所趋，毕竟修建雷州青年运河事关整个雷州半岛北部的发展，是湛江地委推动的大工程，不可能因迁安问题影响到湛江的发展。

迁安工作先易后难推进，国家对和气村庄有些照顾，优先安排他们。石朗村[①]是第一个搬迁的村庄，位于大坝工区的主坝下面。这个村人少，没有提出过高要求，服从政府安排，主坝还没修建时就搬迁到前进农场。像太平乡、石角乡那些大村庄由族居形成，如吴姓、罗姓等，也由杂姓聚居形成，某个安置点不可能有那么多的岗位或土地提供给他们，因此把整个村庄的人分散安置到某个垦殖场、厂矿或某个农村的农业社。这些大村庄地处库区中心，太平乡洞滨水位最高，这些地方的移民必须先搬迁，否则水库按计划施工后，库区水位上涨会把村庄淹没。

我们村地势较高，处于库区边缘地带。测量时被插上白旗，表示高水位，待鹤地水库即将蓄水再搬迁[②]。1959 年水库开始蓄水，我从鹤地水库工地回来拆除自己的房子。村里有些椿墙大屋，拆除时需用钢钎凿出几个孔，再将粗大麻绳系在拖拉机上才能把墙拉倒。指挥部派车把拆下能用的建筑材料[③]、家庭杂物运送到早已明确的安置地点。

我们村有 300 多人需要迁移安置，从 1959 年开始到 1964 年，先后迁移三次：

第一次，按照就近安排原则，1959 年安置到附近农村。刚迁到农村，我们没有房子，又没及时搭建。大部分人只能将就，栖身于当地暂借的祠堂、伙房、柴房，甚至牛栏、猪圈内。

第二次，因纠纷安置到雷州青年运河管理局辖下农场。鹤地水库已淹

---

① 地处大坝工区的石朗村迁了 66 户，其余都没有动。雷州半岛青年运河廉江县工程指挥部迁安委员会：《关于迁安工作情况综合》（1958 年），雷州青年运河管理局档案室藏。

② 搬迁时间安排：①预计 12 月上旬大坝围堰合龙开始导流，在导流期间如遇洪水水位可能达到 24.7 米高程，需在 12 月 10 日前将 25 米高程以下范围的村庄全部迁出；②导流渠围堰预计于明年（即 1959 年）1 月中旬合龙，水库开始蓄水，到明年 3 月底水位可升至 31 米高程，所以从日前起到明年 3 月底前随着水位上升陆续把库区内的搬迁户全部迁出。雷州半岛青年运河廉江县工程指挥部迁安委员会：《鹤地水库廉江受浸地区迁安规划意见》（1958 年 11 月 28 日），雷州青年运河管理局档案室藏。

③ 建筑材料主要是火砖与木桁，其主要去向：①火砖供应给茂名石油厂，他们包拆包运；②木桁供应鹤地水库工地作为搭工棚材料；③待用木桁暂借给部队，部队包运。雷州半岛青年运河廉江县工程指挥部迁安委员会：《鹤地水库廉江受浸地区迁安规划意见》（1958 年 11 月 28 日），雷州青年运河管理局档案室藏。

没家园，我们无路可退，要求上级重新安置我们。雷州青年运河管理局在辖下农场组建一个新生产队安置我们，专门种植果树，但居住条件更差[①]。数以百计的人住在紧急搭建的类似大食堂的茅棚内，只有床铺，父母带着子女住在相邻床位，家庭与家庭之间没有房间或木板隔开。

第三次，分散安置。1964 年前进农场有条件地接收我们部分人为农场职工，夫妻都是管理局辖下农场生产队的工人可以迁移，但家属不能随迁。我迁到前进农场成为正式职工，工资约 20 元/月。我上有母亲下有 3 个未成年子女，要给他们寄回伙食费，生活异常艰难。部分人不愿与家人分居两地或远离家乡或条件不具备，没有迁到前进农场，自发回到水浸区剩余的岭头安营扎寨，发展生产。

往事现说

沧海变桑田，良田成银湖。移民为湛江的整体利益牺牲自己的局部利益，贡献巨大，使得雷州青年运河今天成为湛江人民的“母亲河”。弹指一挥间，60 年前的是非曲直，由人评说。据我了解，现在从生活来说，当年搬迁出去的人大部分生活比没迁移的要好，安置到农场的又比搬迁到农村的生活要好。当年没迁移的人，现在靠山吃山靠水吃水，大搞副业发财致富，生活一年比一年好。很多地方建设移民新村，改善了水库移民的生活环境。

---

① 凡在本公社安置的迁居群众，一律安插到附近不受浸的村庄调整房屋暂住，并实行住宿军事化，除两夫妻外，其余都分别按男女、老幼集体平铺暂住。雷州半岛青年运河廉江县工程指挥部迁安委员会：《鹤地水库廉江受浸地区迁安规划意见》（1958 年 11 月 28 日），雷州青年运河管理局档案室藏。

参考文献

一、档案

雷州青年运河管理局档案室藏档案

广东省湛江市遂溪县档案馆藏档案

广东省湛江市档案馆藏档案

二、报纸、杂志

（一）日报类

《人民日报》（1955—1965 年）

《南方日报》（1958—1963 年）

（二）工地报纸

《青年运河》（雷州半岛青年运河工程指挥部编）

《战讯报》（大坝工区编）

《卫星报》（坡脊工区编）

《渠首报》（渠首工区编）

《战报》（青年运河平坡仔指挥部编）

《运河快报》（雷州半岛青年运河中段指挥部编）

《运河工地》（雷州半岛青年运河中段指挥部编）

《移山报》（黎塘石场编）

《防洪抢险战讯报》（雷州半岛青年运河工程指挥部编）

《东海河战歌报》（0239 部队政治部出版）

《工地生活报》（卫生厅大队编）

《大坝捷报》（大坝师部编）

《石场报》（雷州半岛青年运河丹兜师编）

《水利快报》（中共雷北县委水利指挥部编）

三、资料汇编

中华人民共和国国务院秘书厅编：《中华人民共和国国务院公报》，1955 年。

《当代中国的水利事业》编辑部编：《1949—1957 年历次全国水利会议报告文件》。

《当代中国的水利事业》编辑部编：《1958—1978 年历次全国水利会议报告文件》。

中共遂溪县委党史研究室编：《中国共产党遂溪历史大事记（1949. 11—2009. 09）》，2009 年。

广东省亚热带资源开发委员会编：《广东省海南、湛江、合浦地区热带、亚热带资源开发方案（草案）附件》，1956 年。

四、年谱、文集

中共中央文献研究室编：《周恩来年谱》，北京：中央文献出版社，1998 年。

中共中央文献研究室编：《朱德年谱》，北京：人民出版社，2006 年。

中共中央文献研究室编：《邓小平年谱》，北京：中央文献出版社，2010 年。

中共中央文献研究室编：《陈云年谱》，北京：中央文献出版社，2000 年。

《陶铸文集》编辑委员会编：《陶铸文集》，北京：人民出版社，1987 年。

五、日记、回忆录、文史资料、方志

杨尚昆：《杨尚昆日记》，北京：中央文献出版社，2001 年。

苏宗伟、高庄主编：《竺可桢日记》（Ⅲ）（1950—1956），北京：科学出版社，1989 年。

阎明复：《阎明复回忆录》，北京：人民出版社，2015 年。

中共湛江市委党史研究室编：《孟宪德在湛江研究资料》，北京：中共党史出版社，2014 年。

长治城区史志办编纂：《古城的骄傲——孟宪德的铿锵脚步》，香港：科教文图书出版社，2009 年。

陈华荣：《青年运河工程纪实》，香港：科教文图书出版社，2009 年。

谢永宽：《风雨六十年》，广州：花城出版社，1998 年。

谢声濂：《第一把钥匙是怎样锻造成的》，海口：海南出版社，2015 年。

中国人民政治协商会议广东省湛江市委员会编：《新中国成立以来湛江文史资料选编》，2016 年。

广东省遂溪县政协文史资料研究委员会编：《遂溪文史》。

广东省廉江县政协文史资料研究委员会编：《廉江文史》。

广东省湛江市政协文史资料研究委员会编：《湛江文史》。

高州县政协文史组、鉴江流域水利工程管理局编：《高州文史·高州水库史专辑》，1987 年。

雷州青年运河管理局：《雷州青年运河志》（内部稿），2015 年。

广东省遂溪县水利志编写组编：《遂溪县水利志》，广州：广东高等教育出版社，1990 年。

《廉江县水利志》编辑组编：《廉江县水利志》，广州：广东科技出版社，1992 年。

广东省地方史志编纂委员会编：《广东省志 · 水利志》，广州：广东人民出版社，1995 年。

广东省地方史志编纂委员会编：《广东省志 · 农垦志》，广州：广东人民出版社，1993 年。

湛江市地方志编纂委员会编：《湛江市志》，北京：中华书局，2004 年。

中国热带农业科学院、华南热带农业大学编：《中国热带农业科学院、华南热带农业大学志（1954—1998）》，1998 年。

六、著作

水利部农村水利司编：《新中国农田水利史略（1949—1998）》，北京：中国水利水电出版社，1999 年。

中国水利百科全书编辑委员会、水利电力出版社中国水利百科全书编辑部编：《中国现代水利人物志》，北京：水利电力出版社，1994 年。

王瑞芳：《当代中国水利史（1949—2011）》，北京：中国社会科学出版社，2014 年。

魏向青、邓清、郭启新等主编：《世界运河名录》，南京：南京大学出版社，2017 年。

刘彦文：《工地社会：引洮上山水利工程的革命、集体主义与现代化》，北京：社会科学文献出版社，2018 年。

罗平汉：《农村人民公社史》，北京：人民出版社，2016 年。

陈华荣等：《银河纪事》，广州：广东人民出版社，1962 年。

尼尼：《碧绿的湖泊》，北京：北京出版社，1958 年。

伊始、郭小东、陆基民等：《突破北纬十七度》，广州：花城出版社，

2006 年。

洪学智：《抗美援朝战争回忆》，北京：解放军文艺出版社，1990 年。

军事科学院军事历史研究部编：《抗美援朝战争史》，北京：军事科学出版社，2000 年。

竺可桢：《竺可桢全集》（第三卷），上海：上海科技教育出版社，2007 年。

《叶剑英传》编写组：《叶剑英传》，北京：当代中国出版社，1995 年。

杨学新主编：《根治海河运动口述史》，北京：人民出版社，2014 年。

李珂：《中国劳模口述史》，北京：社会科学文献出版社，2018 年。

姚力等：《生命叙事与时代印记：新中国 15 位劳动模范口述》，北京：人民出版社，2017 年。

七、论文、期刊

高峻：《新中国治水事业的起步（1949—1957）》，福建师范大学博士学位论文，2003 年。

刘彦文：《水利、社会与政治：甘肃省引洮工程研究（1958—1962）》，华东师范大学博士学位论文，2012 年。

杨泽华：《多维视域下雷州青年运河的研究》，华南农业大学硕士学位论文，2016 年。

彭昭蝶、朱俊英：《人文自然耦合视角下红色生态旅游的时代价值研究》，《西部学刊》2020 年第 20 期。

杨泽华：《雷州半岛青年运河建设的历史考察》，《老区建设》2016 年第 4 期。

梁向阳、王涛、李秀珍：《雷州青年运河印象记》，《广东党史》2005 年第 1 期。

广东省湛江专署水利局：《移山造海，征服自然：广东省湛江专区一年建成三项民办大型水利工程》，《中国水利》1959 年第 21 期。

后　记

一

我的家乡在雷州青年运河中部，水塘星罗棋布，干支斗毛渠纵横交错，猪肚状的洋青大塘运河段如悬河般横亘在平坦的大地上。烈日当空，我们在水塘里捉虾戏蟹；狂风暴雨，我们三五成群爬上大塘坝面，欢呼雀跃，纸鹞扶风而起，长空摇曳；夕阳下，大塘风平波息，河水微澜，我们翻波戏浪；河床里冒出小山丘，犹如出浴美女般伫立水中央，似在招呼，又似在等待，更像在追问，那顾盼生姿的倩影伴随着我无邪的童年！

1991 年大学毕业，我到吴川参加社会主义教育运动。客居他乡，夜深人静，偶读宋人李之仪的《卜算子》："我住长江头，君住长江尾。日日思君不见君，共饮长江水。"浮影掠水的伊人一闪而过，到运河源头走走的念头顿涌心间，2002 年才完成夙愿。

有一次与母亲闲聊到鹤地水库，始知母亲数十年前曾到鹤地修建水库。2011 年，我带母亲重返鹤地水库。在鹤地水库建设工程指挥部旧址门前，母亲上前抚摸大石碾，笑着说："想不到有生之年还能来到鹤地！"纪念馆里那些反映热火朝天的建设场景的旧照片让她驻足。她踱步盯着一幅幅旧照片，一反外出游玩静观不语的常态，给我们绘声绘色地讲述照片里九洲江截流、突击抢险、偷岩取土、筑坝修库的陈年旧事。我听得目瞪口呆，鹤地一年多的经历不过是其人生七十五分之一，可她有如此强烈的感慨。莫非建库开河是他们这代人刻骨铭心、挥之不去的记忆？

2014 年，母亲在电话中提及村干部找她填写雷州青年运河建库开河者签名登记表，问道："近些年政府对农村老党员、退伍老军人、大队老干部、民办老教师等特殊身份者调查摸底、登记造册工作完成后给予经济补助，现在政府对我们'运河人'有什么优惠政策吗?"母亲的询问再次触发我关注雷州青年运河建库开河的历史。

一直以来，父辈的修河经历、水库美景是我们同学、朋友茶余饭后的谈资。我几次与刚到湛江工作的夏松涛院长谈及雷州青年运河建库开河的历史，他得知这段气吞山河的历史后为之震惊。他以史学博士的专业嗅觉，认为同是社会主义建设时期的水利工程，红旗渠今天声誉如日中天，而雷州青年运河横跨两省三市，30 多万人参与其中，23 个月水库、主河建成使用至今，雷州青年运河建库开河史可能是新中国成立后湛江颇具研究价值的一段历史。

2015 年，我通过中国知网和百度检索发现，关于雷州青年运河史的文章寥寥无几。1959 年广东省湛江专署水利局在《中国水利》发表文章《移山造海，征服自然——广东省湛江专区一年建成 3 项民办大型水利工程》；1962 年 8 月，广东人民出版社出版《银河纪事》并在全国发行，该书用报告文学体裁记录了 16 位雷州青年运河修建者的事迹，通过描写党员干部、运河功臣、少年模范、部队官兵、工程师、突击队员、抢险民工等人物形象来歌颂修河人"艰苦奋斗、无私奉献"的伟大品格。2005—2009 年《广东党史》、省内报刊曾发表 4 篇关于雷州青年运河建库开河史的文章。显然，雷州青年运河建库开河史没有引起学界足够的关注。2015 年，我指导学生进行"雷州青年运河历史认知"专题调查，发现新生一代、湛江外来者对这段历史几无认知。显然，修河人的故事渐被湮没。

二

如何在浩如烟海的历史长河中切入主题至关重要。2015 年 1 月，通过朋友得知雷州青年运河管理局正在鹤地水库着手筹建建库开河纪念馆，已经把征集到的1.3万多名当年参加雷州青年运河建库开河亲历者的亲笔签名整理成册。“踏破铁鞋无觅处，得来全不费工夫。”一番务虚，如梦初醒，原来散居湛江的雷州青年运河建库开河亲历者就是最好的切入口，他们是雷州青年运河建库开河的“活历史”。

口述历史即抢救历史，要与时间赛跑，也需要资金支持，更要清楚建库开河亲历者在哪儿。

钱在哪儿？2015年3月，陈玉山同学私人支持工作启动；4月，我申报的“我的运河——雷州青年运河建库开河者口述史”被列入湛江市哲学社会科学规划项目；2017年，我申报的“雷州青年运河工程研究（1958—1964）”被列入广东省哲学社会科学规划地方历史文化特色项目。这些项目资助的经费缓解了我的经济压力。

人在哪儿？2015年5月，雷州青年运河管理局赠送一本《雷州青年运河·鹤地水库建库开河签名录》给我，我从中得到数十位建库开河者的信息资料。我按图索骥，没想到出现“电话打通没人接、来到村口家难寻、进门老人不愿讲、话不投机半句多”的尴尬局面。曹锦清在《黄河边的中国》中说进入田野调查最有效的办法是“沿着私人的亲情朋友关系网络进入现场”，我依葫芦画瓢。2015年7月，我成立团队开展“铭记　感恩　传承——走访雷州青年运河建库开河亲历者实践”活动，拟定采访提纲，通过亲朋好友、同事、学生，利用周末或寒暑假，辗转于遂溪、廉江、雷州等地的乡村角落，行程万里，寻找到数以百计的建库开河者。在宽敞的客厅、逼仄昏暗的房间、古树底下、麻将桌旁、日杂店前、养老院里、昔日工地，了解他们当年的工作经历、生活点滴，探究建库开河亲历者的内心世界和酸甜苦辣。

三

许多老人在建库开河期间从事底层工作，文化水平低，对采访的准备不足，仅凭记忆回答采访者的问题，他们大多数是第一次对外讲述自己的建库开河经历。他们的讲述夹杂大量方言，存在地名、人名、时间模糊，以及事件不详、传说听说、真伪莫辨等问题，给团队整理材料带来极大困难。因此，我辗转广州、湛江等地的博物馆、图书馆、档案馆，搜集雷州青年运河建库开河时的档案材料，获得数百件珍贵的原始档案以及包括《青年运河》在内的 14 种工地小报。

阅读档案资料是一件痛苦的事情。这些档案资料以油印、书写居多，很多誊写、抄写在粗糙的草纸上，字迹模糊、褪色、潦草，简繁字体、错别字混用；最恼人的是部分档案资料标注的时间不全，省年缺月只标日，必须多次通篇阅读，结合其他资料从档案的蛛丝马迹中推测出年月。

为了阅读、查找方便，2017 年，我花两个月的时间将 356 份档案按编年体形式编出档案目录，编出 15 本档案汇编，命名为《雷州青年运河工程档案汇编（1958—1964）》。2019 年又将新收集的 156 份档案整理成册。同时，将《人民日报》《南方日报》关于雷州青年运河建库开河的重要报道集结成 1 册（本），编写《青年运河》等 14 种工地小报目录及内容摘要，将《青年运河》等工地小报关于建库开河的重要文件、讲话、总结集结成 3 册（本）。这些资料成为本书主要引用资料。

四

2020 年初，我开始整理录音资料，并利用原始档案和历史资料来印证、甄别及注释建库开河亲历者口述内容，直至 2022 年初才完成《雷州青年运河建库开河亲历者口述史》初稿的撰写工作；经数次修改完善，2023 年 12 月定稿。

在本书写作期间，中共中央于 2021 年在全党开展中共党史学习教育，激励全党不忘初心、牢记使命，在全社会进行党史、新中国史、改革开放史、社会主义发展史的宣传教育，学史明理、学史增信、学史崇德、学史力行。

兴建雷州青年运河作为湛江解放以来具有重大影响力的历史事件，建库开河史被融入到湛江地方党委开展“五史”学习、宣传教育中。笔者作为岭南师范学院党委党史学习教育宣讲团成员、首批理论宣讲团成员，应中共湛江市委宣传部、中共湛江市委党校、湛江市社科联、岭南师范学院及其他党政机关邀请，以建库开河史、“担当、奋斗、奉献、创新”精神为主题宣讲100多个场次，受众逾万。2023年应广东志愿者行动指导中心邀请，参加“共青团广东省委员会等部门主办的‘人生，应当有志愿’年度分享直播第三季”活动，为年轻人带来难忘的建库开河故事。

“铭记　感恩　传承——走访雷州青年运河建库开河亲历者实践”荣获中共广东省委教育工委“庆祝建党100年·践行核心价值观”优秀案例三等奖，“雷州青年运河建库开河精神在实践育人中的应用”入选岭南师范学院2020年度思想政治工作精品项目，“红色资源在思政课程的应用与实践——以寻访雷州青年运河建库开河亲历者为例”入选岭南师范学院2022年立德树人优秀案例培育项目，2023年中期检查结果为“优秀”。

《雷州青年运河建库开河亲历者口述史》入选中国传媒大学崔永元口述历史研究中心举办的第九届中国口述历史国际周·国际口述历史项目展（2023），笔者应邀参加中国式现代化叙事与口述历史学术研讨会暨江苏省口述历史研究会2022年会，并做主旨报告。

本书从雷州青年运河建库开河亲历者的角度讲述这段历史。笔者从寻访的数以百计的建库开河亲历者中，精心整理出34名建库开河亲历者的口述内容。然后利用档案资料、工地报纸对建库开河亲历者口述内容所涉及的历史背景、人物、事件加以考证，在此基础上形成本书。具体而言，本书具有以下特点：

第一，口述内容的原创性，是第一手资料。笔者在采访建库开河亲历者时，通过漫谈细挖式的对话得到口述内容；口述者绝大多数是第一次对外深度讲述其建库开河经历。像预测鹤地险情的陈世俊老人，第一次对外讲述这件事；很多建库开河亲历者之前无人问津，说到底是因为没人知道他是建库开河亲历者。

第二，口述者身份普通。他们是参加过建库开河的普通民工，当时雷州青年运河工程指挥部根据工程进展，将所需民工总数按劳动力比例分配，通过受益的县（市）、公社、大队、生产队逐级落实，由生产队长根据实际情况足数抽派，没有具体名单。寻访团队踏遍雷北地区乡村角落寻访到他们，得知他们是党团支部书记、营长、连长、厂长、施工员、统计员、宣传员、机械管理员、泥水匠、司务员、护士、学生等，有运河功臣、运河纪念章获得者、英雄车手、突击队员、工伤人员、水库移民、工地逃跑者、地主富农，是最普通的一群建库开河亲历者。

第三，口述者从事工种多样。在或全程或短期参与建库开河期间，他们从事宣传动员、调兵遣将、采购材料、排工领料、工具准备、统计规划、拖料搭棚、开路搭桥、钻探土质、清基铲草、淘砂筛石、缝衣做饭、伐木烧炭、拖树锯木、装药爆破、偷岩取土、挖沟开渠、采石卸石、砌石护坡、拉车挑担、打桩砸硪、围堰截流、筑坝抢险、吹号放哨、保健护理等工作，涉及雷州青年运河重点工程如建筑物（像船闸、发电站、运河桥梁等）、溢洪道、排水渠、围堰截流、大坝填筑、四五·一高地攻坚、东海河大渡槽等。他们的口述为我们了解建库开河史提供了一定的参考。

第四，口述内容是自身经历、见闻及感受。他们以普通建库开河亲历者视野讲述他们建库开河期间的经历、见闻及感受。建库开河期间，数十万雷州青年运河建设者来自社会各行各业，工程结束后，来自企事业单位的回到原单位；来自农村的，除了极少数人因在建库开河期间立下显赫战功或学有专长而被安排到有关部门工作外，更多人回农村继续务农。近年来，各种报纸、杂志陆续刊登包括雷州青年运河建设委员会副主任、工程副总指挥、党政部门企事业单位离退休的建库开河亲历者回忆性文章以及普通建库开河建设者的回忆片段，从宏观上回忆雷州青年运河思政工作、工程规划、工程管理、施工安排、抢险决策、制度建设、生活管理、工程效益等内容。本书着重于普通建库开河亲历者的思想动态、心理感受、遣派抽调、起居饮食、突击冲锋、竞赛挑战、立功争先、文化娱乐、迁移安置、工程事故、逃跑偷懒、带水还乡等方面的回忆，这些是他们亲身经历、耳闻目睹的事件。他们对建库开河工作碎片化、细节化的回忆，丰富了人们对建库开河艰难程度的认识。

第五，档案资料与口述内容互相印证。漫谈式采访、碎片化细节叙述、近400个注释是本书特色。作为建库开河期间最普通的民工，无法了解工程决策、施工规划、民工政策等宏观内容，他们只能对自己在建库开河期间的经历、见闻进行叙述。他们接受采访时年龄最大的95岁，最小的72岁，所以对60多年前建库开河的时间、地点、事件、经历仅有模糊记忆。笔者通过与其漫谈，逐渐唤醒他们的记忆。他们文化水平低，难以对这段经历进行条理性总结，只能夹杂大量口语、用方言碎片化地叙述建库开河经历。笔者与口述者用雷州话、白话、涯话等方言交谈的，在整理时也尽量保留方言、口语原貌，确保口述内容的原汁原味。此外，笔者又利用建库开河期间的原始档案、工地报纸、地方史志等对整理出来的200多项碎片化口述内容进行对比印证。对时间、地点、人物以及某些事件的记忆模糊、失真、个人偏好问题，以原始档案、工地报纸来考证口述内容，确保其口述的真实性、准确性；为确保口述内容的完整、连续，采取脚注方式，做近400个注释。引用原始档案120多件，档案内容均为第一次披露；引用工地报纸的报道260多篇。

由于个人能力有限，水平不高，用文字整理讲述录音时，有的把握不准；在把讲述者的方言口语化表达转化为普通话表达时，可能词不达意、句不通顺。另外，笔者未能全面把握雷州青年运河建库开河历史，在理解讲述者的讲述时可能存在一些片面看法，恳请读者批评指正。

五

1960年5月14日，雷州青年运河主渠全线放水灌溉。7月，雷州青年运河工程指挥部通知写作《青年运河史》，提纲已经拟定。一直到现在，只见1962年广东人民出版社出版的《银河纪事》，以及一些零散的回忆性文章，未见《青年运河史》面世。《雷州青年运河志》（内部稿）关于建库开河部分约3万字，概略记载施工过程及人物。总而言之，关于建库开河史的研究书籍很少，希望《雷州青年运河建库开河亲历者口述史》的出版能从某个侧面完成建库开河前辈的夙愿，并对雷州青年运河建库开河史的研究爱好者有所帮助。

本书是在“雷州青年运河工程研究（1958—1964）”部分内容的基础上扩充而成，也是集思广益的结果。在写作过程中，我得到：

广东省哲学社会科学规划办、湛江市社科联的支持。它们立项支持雷州青年运河建库开河史的研究，还提供宽松的研究环境。

岭南师范学院的指导和支持。近两年来，学校原党委书记兰艳泽教授在百忙之中4次参加建库开河主题活动，为本书写作指出方向；阳爱民校长来校时间不长，也3次询问写作进展并听取汇报；其他同事也给予有力的支持。

我所在的马克思主义学院的支持、鼓励。本书在学院的资助下得以出版，学院的邓倩文总支书记、夏松涛院长、原院长何增光教授等人多次带领团队成员到鹤地水库开展调研活动。

中共湛江市委党史研究室有关领导的关注、鼓励和支持。研究室组织骨干力量审阅本书，在给予充分肯定的基础上，提出了宝贵的意见。

雷州青年运河管理局、遂溪县档案馆的有力支持。感谢相关部门提供大量的原始档案和历史资料。

中国传媒大学崔永元口述历史研究中心的支持和鼓励。雷州青年运河建库开河亲历者口述项目两次入选口述历史国际周项目展示板块，增强了我对口述历史研究的信心。

江苏省口述历史研究会的支持和肯定。该会给了我三次在其学术年会上介绍雷州青年运河建库开河亲历者口述项目的机会；江苏省委党校教授、江苏省口述历史研究会会长李继锋教授在学术上帮助我提升口述历史的研究水平，并欣然为本书作序。

北京科技大学熊卫民教授的关心和支持。熊教授对水利工程口述史的肯定增强了我的信心。

宁波大学公众史学研究中心主任钱茂伟教授的指导。钱教授对本书的口述文本整理与档案考订等提出了中肯的建议。

暨南大学出版社的支持。2020 年初，经张仲玲副社长和武艳飞主任的勉励和鼓励，我开始写作本书；编校团队认真负责的工作态度，令我感动。

卜英才、陈玉山、黄志坚等朋友的支持、帮助。他们为我采访雷州青年运河建库开河亲历者穿针引线，陪同我到雷州青年运河各河段开展田野调查，为寻访活动提供第一笔启动资金和车辆资源，并核对档案资料。

岭南师范学院 2015—2022 级学生的协助。8 年来，他们作为“铭记　感恩　传承——走访雷州青年运河建库开河亲历者实践”团队成员，和我一起寻访了数以百计的建库开河亲历者。

诸多雷州青年运河建库开河亲历者的配合。没有他们的口述资料，便没有这本书。

家人的支持。母亲对建库开河刻骨铭心的回忆，促使我研究这段历史；妻子承担了大量的家务，让我安心从事项目研究；在我孤独寂寞、项目研究缺乏灵感、无数次无法撰写下去时，女儿在听我对雷州青年运河建库开河史的叙述后，从外行的角度谈对建库开河过程的认识和理解，触发我写作的火花。

此外，还有众多同仁、朋友的关注、关心。限于篇幅不一一列举，一并致谢!

林　兴

2024 年 10 月